国防科技工业无损检测人员资格鉴定与认证培训教材

射 线 检 测

《国防科技工业无损检测人员资格鉴定与认证培训教材》编审委员会　编

主　编　郑世才
主　审　赵起良

机 械 工 业 出 版

本书作为国防科技工业部门无损检测人员的公共培训教材,除具备一般无损检测教材的内容外,结合国防科技工业射线检测工作的实际,从基本理论、实际应用等方面,对检测原理、检测方法等进行了简要、系统论述。此外,本书的有关章节还在质量管理、辐射防护管理以及射线检验标准等方面进行了必要、清晰的介绍。

本书主要供从事无损检测的人员及公共培训的师生使用。

图书在版编目(CIP)数据

射线检测/国防科技工业无损检测人员资格鉴定与认证培训教材编审委员会编. —北京:机械工业出版社,2004.3(2025.4 重印)
国防科技工业无损检测人员资格鉴定与认证培训教材
ISBN 978-7-111-13952-2

Ⅰ. 射… Ⅱ. 国… Ⅲ. 射线检验-基本知识 Ⅳ. TG115.28

中国版本图书馆 CIP 数据核字(2004)第 007852 号

机械工业出版社(北京市百万庄大街 22 号 邮政编码 100037)
策划编辑:武 江 吕德齐 责任编辑:庞 晖
封面设计:鞠 杨 责任印制:邰 敏
北京富资园科技发展有限公司印刷
2025 年 4 月第 1 版第 11 次印刷
184mm×260mm・15.5 印张・352 千字
标准书号:ISBN 978-7-111-13952-2
定价:49.00 元

电话服务 网络服务
客服电话:010-88361066 机 工 官 网:www.cmpbook.com
　　　　　010-88379833 机 工 官 博:weibo.com/cmp1952
　　　　　010-68326294 金 书 网:www.golden-book.com
封底无防伪标均为盗版 机工教育服务网:www.cmpedu.com

编写委员会

主　　任：马恒儒

副 主 任：陶春虎、郑鹏

成　　员：（以姓氏笔画为序）

王自明　王任达　王跃辉　史亦韦　叶云长　叶代平　付　洋
任学冬　吴东流　吴孝俭　何双起　苏李广　杨明纬　林猷文
郑世才　徐可北　钱其林　郭广平　章引平

审定委员会

主　　任：吴伟仁

副 主 任：徐思伟、耿荣生

成　　员：（以姓氏笔画为序）

于　岗　王海岭　王晓雷　王　琳　史正乐　任吉林　朱宏斌
朱春元　孙殿寿　刘占捷　吕　杰　花家宏　宋志哲　张京麒
张　鹏　李劲松　李荣生　庞海涛　范岳明　赵起良　柯　松
宫润理　徐国珍　徐春广　倪培君　贾慧明　景文信

编委会办公室

主　　任：郭广平

成　　员：（以姓氏笔画为序）

任学冬　朱军辉　李劲松　苏李广　徐可北　钱其林

序　言

　　无损检测技术是产品质量控制中不可缺少的基础技术，随着产品复杂程度增加和对安全性保证的严格要求，无损检测技术在产品质量控制中发挥着越来越重要的作用，已成为保证军工产品质量的有力手段。无损检测应用的正确性和有效性一方面取决于所采用的技术和设备的水平，另一方面在很大程度上取决于无损检测人员的经验和能力。无损检测人员的资格鉴定是指对报考人员正确履行特定级别无损检测任务所需知识、技能、培训和实践经历所作的验证；认证则是对报考人员能胜任某种无损检测方法的某一级别资格的批准并作出书面证明的程序。对无损检测人员进行资格鉴定是国际通行做法。美国、欧洲等发达国家都建立了有关无损检测人员资格鉴定与认证标准，国际标准化组织1992年5月制定了国际标准ISO 9712，规定了人员取得级别资格与所能从事工作的对应关系，通过人员资格鉴定与认证对其能力进行确认。无损检测人员资格鉴定与认证对确保产品质量的重要性日益突出。

　　改革开放以来，船舶、核、航天、航空、兵器、化工、煤炭、冶金、铁道等行业先后开展了无损检测人员资格鉴定与认证工作，对提高无损检测人员素质，确保产品质量发挥了重要作用。随着社会主义市场经济体制不断完善，国防科技工业管理体制改革逐步深化，技术进步日新月异，特别是高新技术武器装备科研生产对质量工作提出的新的更高要求，现有的无损检测人员资格鉴定与认证工作已经不能适应形势发展的要求。未来十年是国防科技工业实现跨越发展的重要时期，做好无损检测人员资格鉴定与认证工作对确保高新技术武器装备研制生产的质量具有极为重要的意义。

　　为进一步提高国防科技工业无损检测技术保障水平和能力，《国防科工委关于加强国防科技工业技术基础工作的若干意见》提出了要研究并建立与国际惯例接轨，适应新时期发展需要的国防科技工业合格评定制度。2002年国防科技工业无损检测人员的资格鉴定与认证工作全面启动，各项工作稳步推进，2002年9月正式颁布GJB 9712《无损检测人员的资格鉴定与认证》；2003年8月出版了《国防科技工业无损检测人员资格鉴定与认证考试大纲》；2003年9月国防科工委批准成立国防科技工业无损检测人员资格鉴定与认证委员会，授权其统一管理和实施承担武器装备科研生产的无损检测人员资格鉴定与认证工作，标志着国防科技工业合格评定制度的建立开始迈出了重要的一步。鉴于国内尚无一套能满足GJB 9712和《国防科技工业无损检测人员资格鉴定与认证考试大纲》要求的教材，为了做好国防科技工业无损检测人员资格鉴定与认证考核工作，国防科工委科技与质量司组织有关专家编写了这套国防科技工业无损检测人员资格鉴定与认证考试培训教材。

　　本套教材比较全面、系统地体现了GJB 9712—2002《无损检测人员资格鉴定与认证》

序　言

和《国防科技工业无损检测人员资格鉴定与认证考试大纲》的要求,包括了对无损检测Ⅰ、Ⅱ、Ⅲ级人员的培训内容,以Ⅱ级要求内容为主体、注重体现Ⅲ级所要求的深度和广度,强调实际应用;同时教材体现了国防科技工业无损检测工作的特色,增加典型应用实例、典型产品及事故案例的介绍,并力图反映无损检测专业技术发展的最新动态。全套教材共11册,包括《无损检测综合知识》、《涡流检测》、《渗透检测》、《磁粉检测》、《射线检测》、《超声检测》、《声发射检测》、《计算机层析成像检测》、《全息和散斑检测》、《泄漏检测》和《目视检测》。

由于无损检测技术涉及的基础科学知识及应用领域十分广泛,而且计算机、电子、信息等新技术在无损检测中的应用十分迅速,教材编写难度较大。加之成书比较仓促,难免存在疏漏和不足之处,恳请培训教师和学员以及读者不吝指正。愿本套教材能够为国防科技工业无损检测人员水平的提高并为促进无损检测专业的发展起到积极的推动作用。

本套教材参考了国内同类教材和培训资料,编写过程中得到许多国内同行专家的指导和支持,谨此致谢。

《国防科技工业无损检测人员
资格鉴定与认证培训教材》编审委员会

前　言

根据《国防科技工业无损检测人员资格鉴定与认证考试培训教材》的编写要求，我们承担了《射线检测》教材编写，并贯彻以下编制原则：一是紧密围绕考试大纲，强调解决实际问题；二是突出体现国防科技工业无损检测工作特色，适当增加典型应用及案例的介绍；三是教材内容编排应按照基础理论、相关标准、编制检测规程和实验与操作四大部分安排章节。

《射线检测》教材共设10章和3个附录。第1章由钱其林、郑世才编写，第2章由鞠清龙、郑世才编写，第4章由赵起良、鞠清龙、汤国祥、钱其林、郑世才编写，第6章由钱其林、鞠清龙、郑世才编写，第3、5、7、8、9、10章和附录由郑世才编写，全书由郑世才整理定稿，赵起良担任主审，郭楚范、李荣生参加了审核。

本教材主要特点有：一是在基本理论方面，明确地确定了射线照相影像质量因素，主要讨论的是射线照相检验技术的理论基础，并以此确立射线照相检验的基本技术，因此，对Ⅲ级人员的射线照相检验基本技术确定为由透照布置选取、透照参数确定、散射控制、暗室处理技术、缺陷定位技术构成；二是在应用方面，本教材结合国防工业射线检测的要求，选取了一些具有一定国防工业应用特点的工件，介绍了它们的射线照相检验技术要点；三是教材从国防工业射线检测工作的实际考虑，介绍了一些其他射线检测技术，并以单独一章介绍射线实时成像检测技术。此外，本教材的有关章节给出了简要的，但较为系统的质量管理、辐射防护管理、射线检验标准方面的内容。附录A对缺陷识别基本条件中涉及的基本概念作了一些讨论，希望引起注意。教材目录中带"**"的章节仅适用于Ⅲ级人员，带"*"的章节，对Ⅱ级人员仅要求了解。

本教材是国防科技工业的通用培训教材，考虑到各行业的特点，还应补充必要的材料、工艺、缺陷等工业部门的标准和规范及一些特殊技术的内容，以期使培训收到更好的效果。

本教材在编写中，除了参考国内外公开出版的一些文献外，还特别参考了无损检测学会编写的培训教材及航空、航天、兵器、船舶、核工业等内部培训教材，编写组对有关作者表示衷心感谢。此外，教材也写入了编写组成员多年从事射线检测工作积累的经验和在培训教学中的一些体会。

限于编者水平，错误和疏漏在所难免，热诚欢迎培训教师、培训学员、读者提出宝贵意见。

《射线检测》编写组

目 录

编审委员会
序言
前言

绪论 ………………………………………… 1
第1章 射线检测的物理基础 ……………… 3
  1.1 原子结构 …………………………………… 3
    1.1.1 原子结构的行星模型 ……………… 3
  **1.1.2 原子核 ……………………………… 5
    *1.1.3 放射性与放射性衰变 ……………… 5
  1.2 射线概念 …………………………………… 8
    1.2.1 射线分类 …………………………… 8
    *1.2.2 X射线与X射线谱 ………………… 8
    1.2.3 γ射线 ……………………………… 12
    1.2.4 X射线与γ射线的主要性质 ……… 12
  1.3 光子与物质的相互作用 …………………… 13
    1.3.1 光电效应 …………………………… 13
    1.3.2 康普顿效应 ………………………… 14
    1.3.3 电子对效应 ………………………… 15
    1.3.4 瑞利散射 …………………………… 15
  1.4 射线衰减规律 ……………………………… 16
    1.4.1 基本概念 …………………………… 16
    1.4.2 单色窄束射线衰减规律 …………… 17
    *1.4.3 宽束连续谱射线的衰减规律 …… 19
  复习题 …………………………………………… 21

第2章 射线照相检验设备与器材 ………… 23
  2.1 X射线机 …………………………………… 23
    2.1.1 X射线机的基本结构
         与类型 ……………………………… 23
    2.1.2 X射线管 …………………………… 24
    2.1.3 高压发生器 ………………………… 27
    2.1.4 冷却系统 …………………………… 28
    *2.1.5 控制和保护系统 …………………… 29

    2.1.6 高压电缆 …………………………… 30
    *2.1.7 X射线机的技术性能、
          使用与维护 ………………………… 30
  2.2 γ射线机 …………………………………… 36
    2.2.1 γ射线机的类型 …………………… 36
    2.2.2 γ射线机的基本构成 ……………… 36
    2.2.3 γ射线机使用 ……………………… 38
  *2.3 加速器 …………………………………… 39
  2.4 工业射线胶片 ……………………………… 41
    2.4.1 射线胶片的结构 …………………… 41
    2.4.2 胶片的主要感光特性与
         感光特性曲线 ……………………… 41
    *2.4.3 潜影形成与射线照相效应特点 … 44
    2.4.4 射线胶片的分类与选用 …………… 45
  2.5 射线照相检验常用的
      其他设备和器材 ………………………… 47
    2.5.1 增感屏 ……………………………… 47
    2.5.2 像质计 ……………………………… 49
    *2.5.3 其他设备和器材 …………………… 54
  复习题 …………………………………………… 55

**第3章 射线照相检验技术的
        理论基础和基本技术** ……………… 57
  3.1 射线检测的基本原理 ……………………… 57
  3.2 射线照相的影像质量 ……………………… 58
    *3.2.1 影像质量基本因素的提出 ……… 58
    3.2.2 影像的射线照相对比度 …………… 59
    3.2.3 影像的射线照相不清晰度 ………… 61
    *3.2.4 影像的颗粒度 …………………… 64
  3.3 缺陷射线照相检出能力 …………………… 64

VII

```
   *3.3.1  细节影像可识别性 ………………… 64
  **3.3.2  细节影像可识别性公式 ………… 65
    3.3.3  射线照相灵敏度 …………………… 68
 **3.4  射线照相检验技术的基本构成 ……… 69
   3.5  透照布置 ………………………………… 70
    3.5.1  基本透照布置 …………………… 70
    3.5.2  确定透照布置的基本考虑 ……… 71
    3.5.3  有效透照区 ……………………… 71
   3.6  基本透照参数 …………………………… 73
    3.6.1  射线能量 ………………………… 73
    3.6.2  焦距 ……………………………… 74
    3.6.3  曝光量 …………………………… 76
   3.7  散射线控制 ……………………………… 78
   3.8  曝光曲线 ………………………………… 81
    3.8.1  曝光曲线的类型与制作 ………… 81
   *3.8.2  曝光曲线的应用 ………………… 84
  **3.8.3  曝光曲线的函数关系
           与厚度宽容度 …………………… 86
    3.8.4  曝光量计算 ……………………… 87
   3.9  暗室处理技术 …………………………… 90
    3.9.1  暗室处理概述 …………………… 90
    3.9.2  显影 ……………………………… 91
    3.9.3  停显或中间水洗 ………………… 95
    3.9.4  定影 ……………………………… 96
    3.9.5  水洗与干燥 ……………………… 98
    3.9.6  存档质量 ………………………… 99
    3.9.7  胶片自动处理 …………………… 99
    3.9.8  暗室处理的质量控制措施 ……… 100
 **3.10  缺陷位置与尺寸测定方法 …………… 101
    3.10.1  缺陷位置测定方法 …………… 101
    3.10.2  缺陷深度尺寸测定方法 ……… 103
    复习题 …………………………………… 103

第4章  典型工件的射线照相检验技术 …… 105
   4.1  铸件射线照相检验技术 ……………… 105
    4.1.1  铸件射线照相检验常用技术 …… 105
   *4.1.2  发动机叶片射线
           照相检验技术 …………………… 106
   *4.1.3  笼型转子射线照相检验技术 …… 107
   *4.1.4  固体火箭发动机药柱质量
           的射线照相检验技术 …………… 108
   4.2  熔焊接头射线照相检验技术 ………… 109
    4.2.1  环形对接接头射线照相
           检验技术 ………………………… 109
    4.2.2  小直径管对接接头射线
           照相检验技术 …………………… 113
   *4.2.3  T形接头射线照相检验技术 …… 117
   *4.2.4  球罐焊接接头γ射线全景
           照相检验技术 …………………… 118
 **4.3  特殊焊接接头射线照相
        检验技术 ………………………………… 121
    4.3.1  电阻点焊接头射线照相
           检验技术 ………………………… 121
    4.3.2  波纹管组件电子束对接接头
           射线照相检验技术 ……………… 122
    4.3.3  钎焊接头射线照相检验技术 …… 123
   4.4  非金属材料与复合材料制件
        射线照相检验技术 ……………………… 124
   *4.4.1  射线照相检验技术的一般考虑 … 124
  **4.4.2  金属蜂窝夹层结构的
           射线照相检验技术 ……………… 125
  **4.4.3  纤维增强复合材料射线
           照相检验技术 …………………… 126
   *4.5  电子元器件射线照相检验技术 ……… 128
    复习题 …………………………………… 128

第5章  评片技术 ……………………………… 130
   5.1  评片技术概述 …………………………… 130
    5.1.1  评片的主要内容与底片质量 …… 130
    5.1.2  评片的主要条件与要求 ………… 131
    5.1.3  评片基本知识 …………………… 132
   5.2  铸件常见缺陷识别 ……………………… 134
   5.3  熔焊接头常见缺陷识别 ………………… 138
   *5.4  复合材料构件与非金属材料
        制件的内部缺陷 ………………………… 143
   *5.5  底片上的其他影像 …………………… 143
```

目 录

　　5.5.1　常见的伪缺陷 …………………… 143
　　5.5.2　静电斑纹 ………………………… 144
　　5.5.3　衍射斑纹 ………………………… 145
5.6　质量评定 ……………………………… 147
**5.6.1　验收标准（技术条件）
　　　　关于内部质量的规定 …………… 147
　　5.6.2　质量分级评定的基本步骤 ……… 148
　复习题 ……………………………………… 152

第6章　射线照相检验质量管理
　　　　与工艺编制 …………………………… 153
**6.1　质量保证的基本概念 ………………… 153
　　6.1.1　质量概念 ………………………… 153
　　6.1.2　全面质量管理概念 ……………… 153
　　6.1.3　质量保证体系概念 ……………… 154
　　6.1.4　射线照相检验的质量概念 ……… 155
**6.2　射线照相检验人员管理 ……………… 155
　　6.2.1　岗位责任制 ……………………… 155
　　6.2.2　技术培训与资格 ………………… 155
　　6.2.3　技术档案 ………………………… 156
　　6.2.4　健康 ……………………………… 156
　　6.2.5　考核 ……………………………… 156
*6.3　射线照相检验设备和器材管理 ……… 156
　　6.3.1　合格证明 ………………………… 157
　　6.3.2　维护 ……………………………… 157
　　6.3.3　校验 ……………………………… 157
　　6.3.4　档案资料 ………………………… 157
*6.4　射线照相检验工艺质量管理 ………… 157
　　6.4.1　射线照相检验规程 ……………… 158
　　6.4.2　射线照相检验工艺卡 …………… 159
　　6.4.3　工艺稳定性控制 ………………… 159
　　6.4.4　新技术、新工艺、新材料、
　　　　　新设备使用的控制 ……………… 160
**6.5　射线照相检验实验室管理 …………… 160
　6.6　射线照相检验工艺卡编制 …………… 160
　复习题 ……………………………………… 162

第7章　射线照相检验标准 ……………… 163
　7.1　射线照相检验标准概述 ……………… 163

7.2　GJB 1187A—2001（射线检验）
　　的主要规定 ………………………… 163
　　7.2.1　标准简介 ………………………… 163
　　7.2.2　GJB 1187A—2001标准关于射线
　　　　　照相检验技术方面的主要规定 … 164
　　7.2.3　GJB 1187A—2001标准关于
　　　　　射线照相检验质量控制方面
　　　　　的主要规定 ……………………… 166
*7.3　国外主要射线照相检验
　　技术标准介绍 ………………………… 167
　　7.3.1　ISO5579：1998标准规定的
　　　　　主要改变 ………………………… 167
　　7.3.2　EN444：1994标准的主要规定 … 169
　　7.3.3　ASTM E1742-00标准
　　　　　的主要规定 ……………………… 171
　　7.3.4　国外射线照相检验标准规定
　　　　　的主要改变 ……………………… 173
**7.4　射线照相检验标准的选用 …………… 174
　复习题 ……………………………………… 174

第8章　射线实时成像检验技术 ………… 175
*8.1　概述 …………………………………… 175
*8.2　射线实时成像检验系统 ……………… 176
　　8.2.1　射线实时成像检验系统
　　　　　的基本构成 ……………………… 176
　　8.2.2　工业射线实时成像检验系统 …… 176
**8.3　射线实时成像检验系统的
　　图像和性能 …………………………… 179
　　8.3.1　射线实时成像检验技术的图像 … 179
　　8.3.2　射线实时成像检验系统
　　　　　图像的主要性能 ………………… 180
　　8.3.3　射线实时成像检验系统
　　　　　性能的鉴定 ……………………… 181
**8.4　射线实时成像检验的基本技术 ……… 182
　　8.4.1　射线实时成像检验技术
　　　　　的一般要求 ……………………… 182
　　8.4.2　常用图像处理技术 ……………… 183
　　8.4.3　射线实时成像检验的技术控制 … 184

**8.5 射线实时成像检验技术	10.2 辐射生物效应 ……………… 211
主要标准简介 …………… 184	10.2.1 辐射生物效应分类 ……… 211
复习题 …………………………… 185	*10.2.2 危险度、权重因子与
第 9 章 其他射线检测技术 ………… 186	有效剂量当量 …………… 212
*9.1 中子射线照相检验技术 ……… 186	10.2.3 辐射损伤 ………………… 213
9.1.1 概述 ……………………… 186	10.3 辐射防护原则、剂量限制体系
9.1.2 热中子射线照相检验技术…… 187	和防护技术 …………………… 214
9.1.3 热中子射线照相技术的应用 … 189	10.3.1 辐射防护原则 …………… 214
**9.2 射线 CT 检测技术 ………… 190	10.3.2 剂量限制体系 …………… 215
9.2.1 概述 ……………………… 190	10.3.3 外照射防护方法 ………… 216
9.2.2 射线 CT 系统 ……………… 191	**10.3.4 外照射防护计算 ……… 219
9.2.3 CT 图像重建原理理解 …… 193	10.4 辐射防护管理 ……………… 221
**9.3 康普顿散射成像检测技术 …… 194	*10.4.1 辐射防护管理的一般规定 …… 221
9.3.1 康普顿散射成像技术检测原理 … 194	*10.4.2 放射工作人员的基本条件
9.3.2 康普顿散射成像检测	与健康管理 …………… 222
技术系统 ………………… 195	**10.4.3 放射性工作场所分类 … 223
9.3.3 康普顿散射成像检测技术	**10.4.4 辐射（放射）事故管理 …… 223
的主要特点 ……………… 196	*10.4.5 放射性物质管理 ……… 225
**9.4 电子射线照相检验技术 ……… 197	**10.5 辐射防护监测 ……………… 225
**9.5 非常规射线照相检验技术 …… 198	10.5.1 辐射防护监测概述 ……… 225
9.5.1 高能 X 射线照相检验技术 … 198	10.5.2 比释动能概念 …………… 226
9.5.2 放大射线照相检验技术 …… 201	10.5.3 辐射防护监测的主要规定 …… 226
9.5.3 扫描射线照相检验技术 …… 203	复习题 …………………………… 227
**9.6 CR 技术 ……………………… 205	**附录** ………………………………… 228
复习题 …………………………… 206	附录 A 关于缺陷影像的 ΔD, ΔD_{min}
第 10 章 辐射防护 ………………… 207	与黑度 D 关系的讨论 ……… 228
10.1 辐射量 ……………………… 207	附录 B 放射性同位素与射线装置
10.1.1 照射量 ………………… 207	放射防护条例 ……………… 229
10.1.2 吸收剂量 ……………… 208	附录 C 国内外射线照相检验的
10.1.3 剂量当量 ……………… 208	部分标准目录 ……………… 233
*10.1.4 吸收剂量与照射量的关系 …… 209	**参考文献** ………………………… 236

绪 论

射线检测技术是一种重要的无损检测技术，它依据的是被检工件由于成分、密度、厚度等的不同，对射线产生不同的吸收或散射的特性和对被检工件的质量、尺寸、特性等作出判断。

1895 年德国物理学家伦琴发现 X 射线，1912 年美国物理学家 D.库利吉博士研制出新型 X 射线管——白炽阴极 X 射线管，这种 X 射线管可以承受高电压、高管流，为 X 射线的工业应用提供了基础。1922 年美国麻萨诸塞州 Watertown 陆军兵工厂安装了库利吉管 X 射线机，工作电压为 200 kV，管电流达 5mA，第一次完成了真正的工业射线照相。此后，射线照相检验技术得到了迅速的发展。1930 年前后，射线照相检验技术正式进入工业应用。1940 年前后，首次提出了射线照相检验底片质量问题。1962 年前后，建立了完整的、至今仍在指导常规射线照相检验技术的基本理论。1970 年以后，图像增强器射线实时成像检验技术、射线层析检测技术（CT 技术、康普顿散射成像检测技术）等发展迅速。1990 年以后，射线检测技术进入了数字射线检测技术时代，成像板及线阵列射线实时成像检验技术和 CR 技术是发展中的重要技术。

对于工业应用，射线检测技术已形成了一个完整的技术系统，一般认为可划分为：射线照相检验技术、射线实时成像检验技术、射线层析检测技术和辐射测量技术四类。射线照相检验技术主要是 X 射线照相检验技术、γ 射线照相检验技术、热中子射线照相检验技术和非胶片射线照相检验技术，此外还有电子射线照相检验技术等。射线实时成像检验技术主要是采用图像增强器、成像板和线阵列等构成的射线实时成像检验系统，目前在工业应用中，线阵列射线实时成像检验系统显示了更优越的性能。射线层析检测技术，即 CT 技术和康普顿散射成像检测技术，主要应用在精密件、特殊结构件和研究领域。

射线检测技术不仅可用于金属材料（黑色金属和有色金属）的检验，也可用于非金属材料和复合材料的检验，特别是它还可以用于放射性材料的检验。检验技术对被检工件或试件的表面和结构没有特殊要求，所以它可以应用于各种产品的检验。目前，射线检测技术广泛地应用于机械、兵器、船舶、核工业、航空、航天、电子等各工业领域，其中应用最广泛的方面是铸件和焊接件的检验。射线检测技术在工业与科学研究等方面的主要应用类型包括：

1）探伤：铸造、焊接工艺缺陷检验，复合材料构件检验等；
2）测厚：厚度在线实时测量；
3）检查：机场、车站、海关检查，结构与尺寸测定等；
4）研究：弹道、爆炸、核技术、铸造工艺等动态过程研究，考古研究，反馈工程等。

射线检测技术，与其他常规无损检测技术，如超声检验技术、磁粉检验技术、渗透检验技术、涡流检验技术比较，具有的主要特点是：

1）对被检验工件无特殊要求，检验结果显示直观；

2）检验技术和检验工作质量可以自我监测。

在应用中，射线检测技术需要考虑的主要问题是辐射防护问题。射线具有辐射生物效应，对人体可以产生伤害，因此在应用射线检测技术时必须考虑辐射防护问题，必须按照国家和地方的有关标准、法规作好辐射防护工作，应力求避免辐射事故。

第1章 射线检测的物理基础

1.1 原子结构

1.1.1 原子结构的行星模型

自然界的物质都是由不同的分子组成的，分子由原子组成。原子是一种非常小的物质粒子，直径大约是 10^{-10}m。直到 19 世纪末，人们一直认为原子是组成物质的最小微粒，它是不能再分割的。19 世纪末 20 世纪初物理学的许多新发现，揭示了原子是可以分割的，并且，原子具有自己的结构。

原子由质子、中子和电子组成。质子是一种物质微粒，其质量为 1.6726×10^{-27}kg，带有一个单位的正电荷，电量为 1.6021892×10^{-19}C（这个电量常简记为 e）。中子也是一种物质微粒，其质量为 1.6748×10^{-27}kg，不带电荷。电子是一种更小的物质微粒，其质量为 9.1095×10^{-31}kg，仅为质子质量的 1/1836，其带有一个单位的负电荷。

关于原子结构，曾提出过多种不同的模型。20 世纪初物理学家汤姆孙提出了一种"葡萄干面包"球体模型。这种模型认为，原子是一个均匀的阳电球体，电子均匀地嵌在球体中，按一定频率围绕各自的平衡位置振动。由于与实验结果不符合，很快被抛弃。1911 年，物理学家卢瑟福根据 α 粒子散射实验，提出了原子的核式结构模型。他设想，原子中的带正电部分集中在很小的中心体内，即原子核，并占有原子的绝大部分质量，原子核外边散布着带负电的电子。这个模型很快被广泛接受。但是，核外电子的分布情况并不清楚。1913 年，物理学家玻尔在原子核式结构模型的基础上，提出了后人称为卢瑟福-玻尔原子模型的原子结构模型，即原子结构的行星模型。

原子结构的行星模型认为，原子由带正电荷 Z_e 的原子核和 Z 个核外电子组成，Z 为原子序数。原子核位于原子的中心，电子围绕原子核运动。但电子绕核运动的轨道不是任意的，也不能连续变化。电子只能沿一些分立的满足一定条件的轨道运动，这些轨道称为量子轨道。

关于原子结构玻尔提出了两条假设：一是原子只能存在于一些具有一定分立能量 E_1、E_2、E_3、…的稳定状态上。处于稳定状态的原子不辐射能量，只有在原子从一个稳定状态跃迁到另一个稳定状态时，它的能量才发生改变。这些稳定态对应的不连续的能量数值组成原子的能级。二是原子从能量为 E_n 的稳定态跃迁到能量为 E_m 的稳定态时，将发射或吸收一个一定频率 ν 的光子，频率由下式决定

$$h\nu = E_n - E_m \tag{1-1}$$

式中是 $h\nu$ 光子的能量，h 是普朗克常数，其值为 6.626×10^{-34}J·s，ν 是辐射频率，其单位符号是 Hz，单位名称为赫兹，它是一个普适恒量。这个关系称为玻尔频率规则。

这些稳定态称为"定态",能量最低的定态称为"基态",其他定态均称为"激发态"。处于基态的自由原子相当稳定,处于激发态的原子均不稳定,在很短的时间后将释放能量回到基态。

按照玻尔的理论,原子内部的电子呈壳层分布,这些壳层叫作电子壳层或电子层。电子壳层的分布按原子内电子所具有的能量大小排列而成。能量越大的电子,离核的平均距离越远。各壳层自核向外排列,最内层(在原子物理中,n 称为电子壳层的主量子数)

$$n=1$$

并称为 K 层,$n=2$、3、4、5、6、7 等,则称为 L、M、N、O、P、Q 层等。

不同能量的电子运动状态不同,能量低的电子通常在核附近的区域运动,能量高的电子通常在离核较远的区域运动。也就是说,能量低的电子出现在离核较近区域的机会多,能量高的电子出现在离核较远区域的机会多。按照这种情况,可以称核外电子在不同电子层运动。如果把在一定电子层上的电子所占据的空间称为一个"轨道",这样也可以说电子在不同的轨道上运动,但这并不是我们对通常物体所说的运动轨道。按照这种概念,核外电子也可以称为轨道电子。按照现代观点,电子壳层并不表示电子在空间的确切位置,属于某一壳层的电子可以穿越另一壳层的电子轨道,这些轨道也不是一条严格确定的路径。

核外电子的分层排布(也就是其可能的运动状态)服从下述的规律:

1)泡利不相容原理:在同一原子中,不能存在运动状态完全相同的电子。

2)能量最低原理:核外电子总是先排布在可能的能量最低的轨道上,使原子的能量处于最低的状态,这时候原子才是稳定的。

按照上述规律,则各层最多可能存在的电子数为

$$2n^2$$

即第 1 层最多可以存在

$$2\times1^2=2$$

个电子;第 2 层最多可以存在的电子数为

$$2\times2^2=8$$

依此类推。

描述原子的主要常数是核电荷数和相对质量数。核电荷数表示原子核带有的电荷,通常采用符号 Z 表示,其值等于原子核的质子数。原子的质量很小,通常采用相对质量表示原子的质量,即采用质量为 1.9927×10^{-26}kg 的碳原子质量的 1/12 为原子质量的单位,其他原子的质量与其相比,得到的数值即为这种原子的相对原子质量。质子的相对质量为 1.007,中子的相对质量为 1.008,均近似取整数值,即取为 1。由于电子的相对质量远小于质子、中子的相对质量,所以原子的相对质量近似等于质子和中子的相对质量之和。忽略电子的相对质量,将原子核内所有质子和中子的相对质量加起来,得到的数值称为相对质量数,常用 A 表示,中子数常用 N 表示。这样有

$$相对质量数 = 质子数 + 中子数$$

也即

$$A = Z + N$$

某相对质量数为 A、原子序数为 Z 的原子（元素）X 则可记为

$$_Z^A X$$

**1.1.2 原子核

原子核由质子和中子组成，不同原子的原子核含有的质子数和中子数不同。原子核的半径为 10^{-14}m，约为原子半径的万分之一，它的体积只占原子体积的几千亿分之一，可见在原子内部存在很大的空间，电子就在这个空间中围绕原子核运动。

在原子核中，作用的力除了库仑力、万有引力、磁力外还存在强大的核力，其他力远小于核力。1935 年，（日本）汤川秀树提出了核力的介子理论。核力具有下列性质：

1）核力是一种短程力，随着距离增大，作用力急剧减小。作用距离为 10^{-15}m。
2）核力具有饱和性，一个核子（质子、中子）只与相邻的核子发生作用。
3）核力与电荷大小无关，它比电场力强得多，质子和中子都受核力的作用。

核力的上述性质决定了原子核的稳定性特性。精确的测定发现，原子核的质量总是小于构成原子核的质子和中子的质量和。即核子结合构成原子核时质量减少了。按照相对论的质能关系，质量减少表示释放了能量。即核子结合构成原子核时将释放能量，释放的能量称为原子核的结合能。原子核不同结合能也不同，每个核子的平均结合能也不同。

相对质量数 A 为 40～120 的中等核，核子的平均结合能最高，都接近 8.6MeV。$A > 120$ 的重核，核子的平均结合能比中等核略低，如铀核核子的平均结合能为 7.6MeV。$A < 30$ 的轻核，核子的平均结合能显示周期性变化，极大值出现在 A 为 4 的整倍数、且质子数等于中子数的核（偶偶核）；平均结合能极小值的核是质子数等于中子数、且均为奇数的核。$A > 30$ 以后核子的平均结合能值变化不大。

不同的原子核具有不同的结合能，结合能越大核越稳定。在发现的 109 种元素的约 2000 种核素中，有 274 种稳定核素。事实表明，质子数和中子数都是偶数的核素非常稳定，非偶数的核，特别是质子数和中子数都是奇数时，核素很不稳定。即当 N/Z 过高或过低时核都不稳定。实验发现，很重的核都是不稳定的。

不稳定的核素会自发蜕变，变成另一种核素，同时放出射线，即发生放射性衰变。当原子核与其他粒子相互作用（碰撞）时，核也可以发生改变，这个过程称为（原子）核反应。

*1.1.3 放射性与放射性衰变

1896 年法国物理学家贝克勒尔发现铀和含铀的矿物能发射出看不见的射线，这种射线可以穿透黑纸使胶片感光，可以使气体电离。物质发射这种射线的性质称为放射性，具有放射性的元素叫做放射性元素，自然界存在的放射性元素称为天然放射性元素。放射性元素的原子核不稳定，它们能自发地发生转变（蜕变），发射射线。这种能自发地发出射线的现象，称为天然放射现象。某些元素的同位素也具有放射性，称为放射性同位

素。1934年发现，用人工方法也可以得到放射性同位素，称为人工放射性同位素。天然放射性同位素仅有40多种，人工放射性同位素已有一千多种。在射线探伤中应用的γ射线源，主要都是人工放射性同位素。

一种元素的原子核放出射线之后就转变为新的原子核。原子核由于放出某种粒子或射线而转变为新核的变化，称为原子核的衰变。原子核自发地放射出射线转变为另一种原子核的现象，称为放射性衰变。在衰变的过程中电荷数和相对质量数保持守恒。放射性的发现揭示了原子核结构的复杂性。

放射性衰变的主要方式是α衰变、β衰变、γ衰变，此外还有其他一些衰变方式。

α衰变是指原子核放出α粒子的衰变过程。α粒子带有两个单位的正电荷，相对质量数为4，实际就是氦原子核。它穿透物体的能力很小，在空气中也只能飞行几个厘米，但具有很强的电离能力。以 X 表示原来的核，以 Y 表示衰变后的核，则α衰变过程可写成如下形式

$$_{Z}^{A}X \rightarrow _{Z-2}^{A-4}Y + _{2}^{4}He$$

β衰变是指原子核放出β粒子的衰变过程。β粒子是负电子或正电子流，它具有较大的穿透能力，甚至可以穿透几毫米厚的铝，但电离作用较弱。放出负电子的称为"β⁻衰变"，放出正电子的称为"β⁺衰变"。在β⁻衰变中，核内的一个中子转变为质子。在β⁺衰变中，核内的一个质子转变为中子。β衰变中放出的电子能量具有连续谱分布。β衰变可写成如下形式

对β⁻衰变：$_{Z}^{A}X \rightarrow _{Z+1}^{A}Y + e^{-}$

对β⁺衰变：$_{Z}^{A}X \rightarrow _{Z-1}^{A}Y + e^{+}$

当一种放射性元素发生连续衰变时，有的过程是α衰变，有的过程是β衰变，在这些衰变过程中常伴随辐射γ射线。这是由于放射性元素的核，经过上述衰变后变成处于激发态的核，当它返回正常态时将辐射γ射线，这个过程称为γ衰变（也称为γ跃迁）。γ射线是波长很短的电磁波，穿透物体的能力很强，甚至可以穿透几个厘米厚的铅板，但它的电离作用却很小。

放射性原子核的衰变过程是自发进行的，但衰变过程遵循一定的统计规律。实验表明，对于同种放射性元素，它的每个原子核发生衰变的可能性是相同的，但不是同时发生衰变，在很短的时间间隔内，衰变的原子数与存在的原子数成正比。即若在很短的时间 Δt 内如果有 ΔN 个原子核发生衰变，则它们满足下面的关系

$$\Delta N = -\lambda N \Delta t$$

式中的负号表示衰变后原子核数减少。对此式积分，则得到放射性衰变规律

$$N = N_0 e^{-\lambda t} \tag{1-2}$$

可见，原子核的减少服从指数衰减规律。

式中 N_0 —— 初始时刻（$t=0$）放射性物质未发生衰变的原子核的数量；

N —— t 时刻放射性物质尚未发生衰变的原子核的数量；

t —— 经过的衰变时间；

λ —— 衰变常数，单位时间内原子核发生衰变的几率。

简单地说，衰变常数是单位时间发生衰变的核数与衰变前存在的核数的比值。它描述放射性元素衰变的快慢，其值越大，放射性元素衰变越快。不同的放射性元素其衰变常数不同，即各种放射性元素有自己固有的衰变速率。

经常采用半衰期描述放射性衰变的快慢，半衰期表示放射性原子核数目因衰变减少至原来数目一半时所需的时间，通常采用符号 $T_{1/2}$ 表示半衰期。按照半衰期的定义，当 $t = T_{1/2}$ 时，放射性原子核的数目应减少至开始时数目的一半，即

$$N = N_0 e^{-\lambda t} = \frac{N_0}{2}$$

从此式可以得到

$$e^{-\lambda T_{1/2}} = \frac{1}{2}$$

两边取自然对数，由于

$$\ln 2 = 0.693$$

最后得到

$$T_{1/2} = \frac{0.693}{\lambda} \tag{1-3}$$

放射性衰变具有下面的特点。放射性元素衰变的方式和速率是由原子核本身决定，与原子核所处的物理状态或化学状态无关，外界条件（如温度、压力等）也不能改变它的衰变方式和速率。

图 1-1 是 ^{60}Co、^{170}Tm 和 ^{137}Cs 的衰变方式。从图中可见，^{60}Co 的衰变过程是，先经过一次 β 衰变，然后再经过二次 γ 衰变，变为稳定的 ^{60}Ni。^{137}Cs 的衰变过程则有两种，一种是只经过一次 β 衰变就变为稳定的 ^{137}Ba，另一种是先经过一次 β 衰变后再经过一次 γ 衰变变为稳定的 ^{137}Ba。不同放射性元素的半衰期差别很大，例如，放射性元素 ^{60}Co 的半衰期为 5.3 年，而放射性元素 ^{192}Ir 的半衰期仅为 74 天。这些都是它们固有的，不能通过某些方法、手段加以控制或改变。

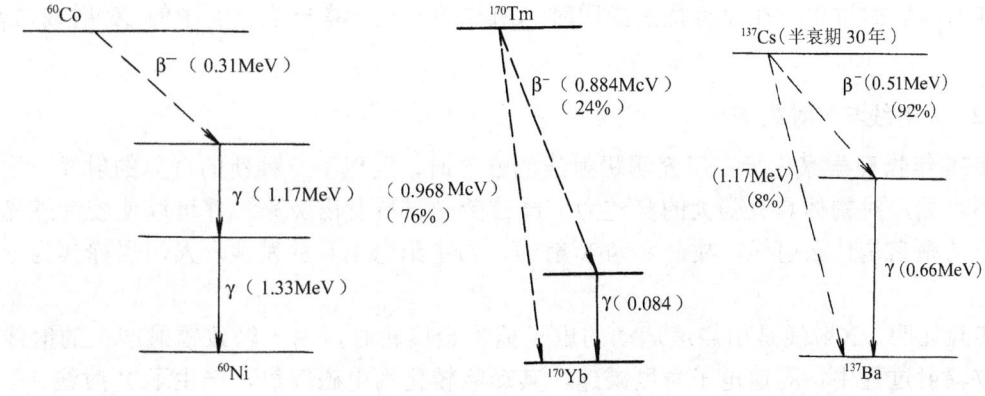

图1-1 放射性衰变方式

1.2 射线概念

1.2.1 射线分类

我们通常所说的射线可以分为二类，一类是电磁辐射，另一类是粒子辐射。

电磁辐射的能量子是光（量）子，X射线与γ射线属于电磁辐射，电磁辐射与物质的作用是光子与物质的相互作用。

光（量）子概念是1905年爱因斯坦在普朗克能量子概念的基础上提出的。他认为，光是光量子流，光量子简称为光子。光子的能量为

$$\varepsilon = h\nu \tag{1-4}$$

式中 h —— 普朗克常数；

  ν —— 辐射频率（Hz）。

光子不带电荷，它的静止质量为0，在真空中沿直线以光速 c 传播，光速 c 的值为

$$c = 2.998 \times 10^8 \mathrm{m \cdot s^{-1}}$$

不同波长的光具有不同能量的光子。光子与一般基本粒子的本质不同是，它的静止质量为 0，即只有当它运动时才具有质量，质量的大小还与它的运动速度相关，速度越大质量也越大。此外，光子在真空中将以恒定的速度传播。光量子概念的提出使对光的本性的认识进入了新的阶段 —— 光子说阶段。光子说认为，光既具有粒子性，又具有波动性，也就是说光具有波粒二象性。单个光子的运动显示出粒子性，大量光子的运动显示出波动性。

粒子辐射是指各种粒子射线，如α粒子、β粒子、质子、电子、中子等（β粒子是从原子核中释放出的电子，可以是负电子，也可以是正电子），都属于粒子辐射，它们与电磁辐射的基本区别是都具有确定的静止质量。粒子辐射与物质的相互作用是粒子与物质的作用，不同粒子特性不同，作用的机制和过程也不同。

两类辐射在本质上不同，在与物质相互作用时，作用的机制和过程不同，损失能量过程不同，具有各自的规律和特点。因此，不能进行统一的简单讨论。也就是说，在讨论射线与物质的相互作用时，必须指明讨论的是哪种射线。

本书以后的讨论，在没有特别指明时，所称的射线均指电磁辐射中的 X 射线与γ射线。

*1.2.2 X射线与X射线谱

1895年物理学家伦琴在研究阴极射线的性质时，发现了一种新的奇异的射线。这种射线不可见，对物体具有强大的穿透力，能使荧光材料发出荧光，并可以使胶片感光。当时不清楚它是什么射线，故命名为 X 射线，为了纪念伦琴的发现，人们也称其为伦琴射线。

实验证明，X射线是由高速运动的电子撞击金属靶时，由于轫致辐射产生的射线。在轫致辐射过程中，高速电子急剧减速，其动能转化为电磁辐射，产生了 X 射线。

在 X 射线管中产生的X射线，其强度随波长的分布如图 1-2 所示，这种强度随波长

分布的关系称为 X 射线谱。从图 1-2 中可以看到，X 射线谱由两部分组成：连续X射线谱和特征 X 射线谱（标识X射线谱）。连续谱是图中从最短波长开始，随着波长的加长强度逐渐变化的部分。特征谱是在某些波长上叠加在连续谱上的线状谱部分。两种谱的特点不同，产生的机理也不同。

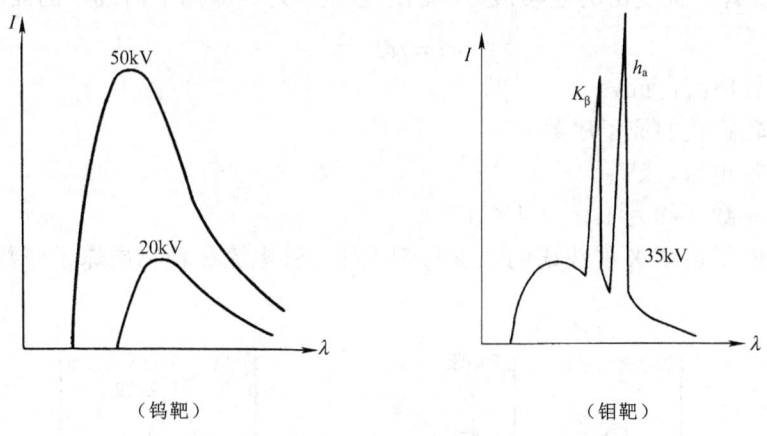

（钨靶） （钼靶）

图1-2　钨靶与钼靶X射线管的X射线谱（35kV）

在X射线管中，当灯丝加热后将发射电子，这些电子在X射线管上施加的高压作用下，高速飞向阳极，到达阳极时具有的动能为

$$E_k = \frac{1}{2}mv^2 = eV$$

如果电子在一次撞击过程损失了它全部的动能，那么从能量守恒定律来看，产生的轫致辐射的光子的最短波长和加速电压之间应有下述关系

$$eV = h\nu = \frac{hc}{\lambda_{min}}$$

代入各值，则可得到

$$\lambda_{min} = \frac{12.4}{V} \times 10^{-8} \qquad (1-5)$$

其中 V 的单位为 kV。在计算X射线的最短波长时常用此公式。通常可以认为，连续谱的最强波长与最短波长之间近似有下述关系

$$\lambda_m = \frac{3}{2}\lambda_{min}$$

式中　　e —— 电子的电荷；

λ_{min} —— 最短波长（cm）；

λ_m —— 最强波长（cm）；

V —— 加速电压（管电压）（kV）；

v —— 电子运动速度；

c —— 光速。

连续谱分布的特点可以如下理解。在一定加速电压下获得一定能量的大量电子，在靶面上的减速过程将是各种各样的。不同的减速过程发生的可能性不同，极少量的电子在一次或很少次数的撞击过程损失了全部能量，多数电子需经过多次撞击过程逐渐损失掉全部能量，因此，辐射的光子能量将是各种各样，这样就形成了连续谱辐射。

对于X射线管，其发出的连续谱射线的总强度 I 为（即图中曲线下的面积）

$$I = \alpha i Z V^2 \tag{1-6}$$

式中　i —— 管电流，mA；
　　　Z —— 靶物质的原子序数；
　　　V —— 管电压，kV；
　　　α —— 系数（约为 $1.1 \sim 1.4 \times 10^{-6}$）。

图1-3 给出了连续 X 射线谱的强度与管电压、管电流和靶物质原子序数关系的基本特点。

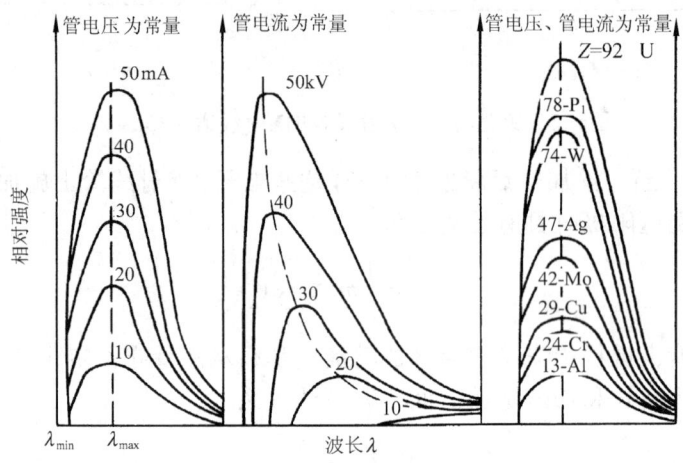

图1-3　连续 X 射线谱的基本特点

在X射线管中，连续谱X射线的转换效率 η 是连续谱X射线的总强度与X射线管输入功率之比，显然它等于

$$\eta = \alpha Z V$$

可见，为了得到较高的转换效率，应采用原子序数高的靶物质材料。在较低的管电压下，不可能得到较高的转换效率，也就是大部分的电子能量转换成了热量。

图1-2 中另一部分是叠加在连续谱上的线状谱线，即仅在某些特定的波长位置出现的强度很大的谱线，它们称为特征谱或标识谱。特征谱线是在跃迁辐射过程中产生的。

当加速电压超过一临界值 —— 激发电压时，将会出现叠加在连续谱上的线状谱线，即仅在某些特定的波长位置出现的强度很大的谱线，它们称为特征谱或标识谱。这些谱线可以分为组，分别命名为 K、L、M 等系特征谱线，K 系特征谱线是原子的外层轨道电子跃迁到 K 层轨道时产生的特征谱线，L 系特征谱线是原子的外层轨道电子跃迁到 L 层轨道时产生的特征谱线，M 系特征谱线是原子的外层轨道电子跃迁到 M 层轨道时产生的特征谱线，依此类推。每一系特征谱线都有特定的结构和波长。图1-4是特征谱线产生的示意图。由于每个电子层都有复杂的能级结构，所以特征谱线也有复杂的结构，当然，它们的形成要受到电子跃迁法则的制约。电子撞击的物质不同，这些特定波长的值也不同，每一系的特征谱线都有自己的特定结构和激发电压，特征谱线的这些特点反映了物质原子结构的特点。也正是因为这点，才称这些谱线为特征谱线或标识谱线。所以，从这些谱线的波长能够识别原子的结构特点。在图1-2中，钼的K层电子的激发电压是20.01kV，所施加的电压是35kV，因此出现了特征谱线。钨的K层电子的激发电压是69.51kV，因此，未出现K系特征谱线。

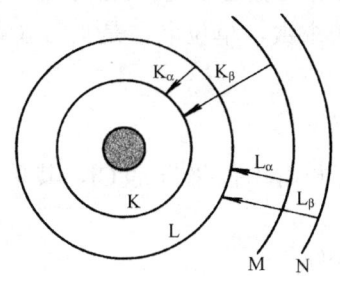
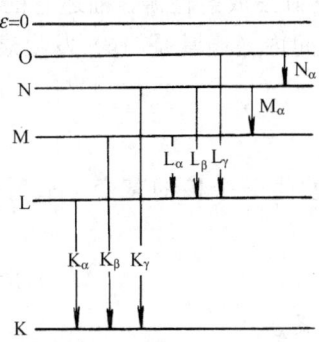

图1-4 特征谱线产生示意图

下面是一些元素的特征谱线：

铝：$K_{\alpha II}$，波长为 8.3393×10^{-10}m；K_β，波长为 7.9605×10^{-10}m；K吸收限波长为 7.9481×10^{-10}m；

铁：$K_{\alpha II}$，波长为 1.9360×10^{-10}m；K_β，波长为 1.7566×10^{-10}m；K吸收限波长为 1.7434×10^{-10}m；

钨：$K_{\alpha II}$，波长为 0.2090×10^{-10}m；K_β，波长为 0.1843×10^{-10}m；K吸收限波长为 0.1783×10^{-10}m；

铅：$K_{\alpha II}$，波长为 0.1703×10^{-10}m；K_β，波长为 0.1459×10^{-10}m；K吸收限波长为 0.1408×10^{-10}m；

特征谱的主要特点是：

1）每一谱线都有特定的波长，电子撞击的物质不同，这些特定波长的值也不同；

2）特征谱可以分成若干组，称为系，每一系的谱线都有自己的特定结构和激发电压，只有电子的加速电压超过激发电压时才能产生该系的特征谱线。当电子从其他电子层向K层跃迁时产生的特征谱线称为K系特征谱线，类似的有L系、M系、……等系特征谱线。

特征谱的这些特点反映了物质原子结构的特点，运用特征谱线可对材料成分进行分析，例如X射线荧光光谱分析技术。

在工业射线照相检验技术中一般不考虑特征谱线。

1.2.3 γ射线

γ射线是具有特定能量的光子流。简单地说，γ射线是由放射性同位素的原子核发生衰变过程中产生的，也就是在放射性衰变过程中产生的。实际上，γ射线是在放射性衰变过程中所产生的处于激发态的核，在向低能级的激发态或基态跃迁过程中产生的辐射。显然，γ射线的产生过程不同于X射线的产生过程。

不同的原子核具有不同的能级结构，所以，不同的放射性元素辐射的γ射线具有不同的能量，其射线为线状谱。

γ射线也是波长很短的电磁波，在本质上与X射线相同。

对于一个γ射线放射性源，描述它的放射性的是放射性活度。放射性活度定义为放射性源在单位时间内（通常是1s）发生衰变的核的个数，单位名称是贝可（勒尔），单位符号是Bq。

$$1Bq = 1/s$$

即1Bq是1s发生一个核的衰变。放射性衰变的专用单位符号是Ci，其单位名称为居里，

$$1Ci = 3.7 \times 10^{10}/s$$

它与贝可的关系是

$$1Ci = 3.7 \times 10^{10} Bq$$

应注意的是，活度不等于射线强度。对于同一放射性元素，活度大的源其射线强度也大，但对不同的放射性元素，不一定存在这样的关系。

1.2.4 X射线与γ射线的主要性质

1912年物理学家劳厄等完成了X射线穿过晶体的衍射实验，证实了X射线和光一样，也是电磁波。在电磁波谱中，它的波长范围约为 $0.05 \times 10^{-8} \sim 100 \times 10^{-8}$ cm。γ射线也是波长很短的电磁波，在本质上与X射线相同。X射线和γ射线在电磁波谱中的位置如图1-5所示。

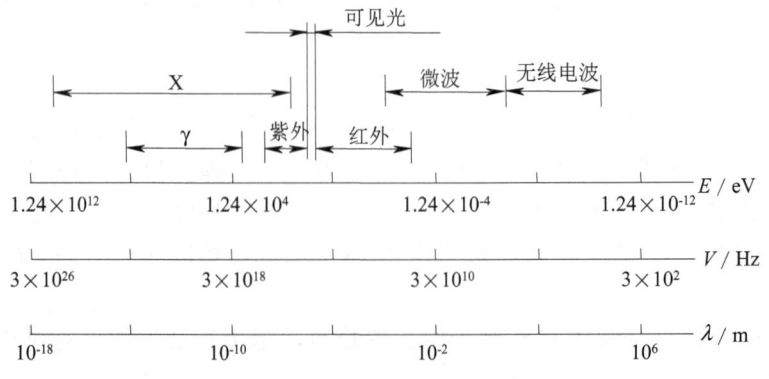

图1-5 电磁波谱

按现代物理的量子理论，X射线和γ射线是能量为

$$\varepsilon = h\nu$$

的光子流。X射线和γ射线与光在本质上完全相同，但X射线和γ射线的光子的能量远大于可见光，所以在性质上它们又存在明显的不同。X射线和γ射线的主要性质可以归纳为下列几个方面：

1）在真空中以光速沿直线传播，不受电场或磁场的影响。

2）在媒介界面可以发生反射、折射，但其反射、折射与可见光有很大差别。对于常见的媒介，X射线不能产生可见光那样的镜面反射，因为媒介界面对它来说太粗糙了；X射线从一种媒介进入另一种媒介时将发生折射，但折射率几乎就等于1，所以虽然发生了折射，其方向也几乎没有任何改变。

3）X射线也可以发生干涉、衍射现象，但由于X射线的波长远小于可见光的波长，所以干涉、衍射现象只有对很小很小的孔、狭缝等才能观察到。

4）与可见光不同，X射线对人的眼睛是不可见的，并且它能够穿透可见光不能穿透的物体（即对可见光是不透明的物体）。波长短的X射线称为硬X射线，其光子的能量大，穿透物体的能力强；波长较长的X射线称为软X射线，其穿透物体的能力较弱。

5）当X射线射入物体时，将与物质发生复杂的物理作用和化学作用，如使物质原子发生电离、使某些物质发出荧光、使某些物质产生光化学反应等。

6）具有辐射生物效应，能够杀伤生物细胞，损害生物组织，危及生物器官的正常功能。

和任何微观粒子一样，X射线和γ射线也具有波粒二象性。

1.3 光子与物质的相互作用

当X射线、γ射线射入物体后，将与物质发生复杂的相互作用。这些作用从本质上说是光子与物质原子的相互作用，包括光子与原子、原子的电子及自由电子、原子核的相互作用。其中主要的作用是：光电效应、康普顿效应、电子对效应和瑞利散射。由于这些相互作用，一部分射线被物质吸收，一部分射线被散射，使得穿透物质的射线强度减弱。

1.3.1 光电效应

射线在物质中传播时，如果入射光子的能量大于轨道电子与原子核的结合能，入射光子与原子的轨道电子相互作用，把全部能量传递给这个轨道电子，获得能量的电子克服原子核的束缚成为自由电子，入射光子消失，这种作用过程称为光电效应。在光电效应中，释放的自由电子称为光电子。图1-6是光电效应的示意图。

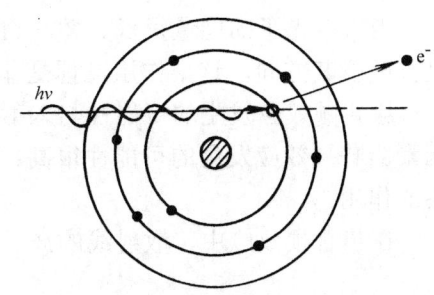

图1-6　光电效应示意图

如果入射光子的能量小于轨道电子与原子核的结合能，不能发生光电效应。光电效

应主要发生在入射光子与原子内层轨道电子的相互作用过程中，低能光子与高原子序数物质发生相互作用时，光电效应具有重要意义。

光电子发射的方向与入射光子的能量相关，当入射光子的能量较低时，光电子主要分布在与入射光子方向垂直的方向；随着入射光子能量的增大，光电子的发射方向逐渐倾向于入射光子的方向。

当发生光电效应时，在电子层中将产生空位，这将使原子处于不稳定的状态，因此，外层电子将向存在空位的电子层跃迁，使原子回到稳定的状态。在跃迁过程中，将产生跃迁辐射，发射特征X射线。这种辐射通常称为荧光辐射。伴随发射特征X射线（荧光辐射）是光电效应的重要特征。在较高能级的轨道电子填充空位时，可能发生的另一过程是俄歇效应。即较高能级的轨道电子填充空位时所释放的能量，可以激发外层轨道电子，使其成为自由电子，一般称为俄歇电子（内转换电子）。对轻元素更容易发生俄歇效应。

光电效应只能发生在入射光子与轨道电子的相互作用中，不能发生在入射光子与物质中自由电子的相互作用过程中。发生光电效应的概率与入射光子的能量和物质的原子序数相关，简单地说，光电效应的发生率随着入射光子能量增大而降低、随着物质原子序数增大而增大。

1.3.2 康普顿效应

康普顿效应由美国物理学家康普顿首先发现，我国物理学家吴有训在证实这种现象和其规律性的研究方面作出了重要的贡献。

入射光子与受原子核束缚较小的外层轨道电子或自由电子发生的相互作用称为康普顿效应，也常称为康普顿散射。如图 1-7 所示，在这种相互作用过程中，入射光子与原子外层轨道电子碰撞之后，它的一部分能量传递给电子，使电子从原子的电子轨道飞出，这种电子称为反冲电子，同时，入射光子的能量减少，成为散射光子，并偏离了入射光子的传播方向。反冲电子和散射光子的方向都相关于入射光子的能量，随着入射光子能量的增加，反冲电子和散射光子的偏离角都减少。

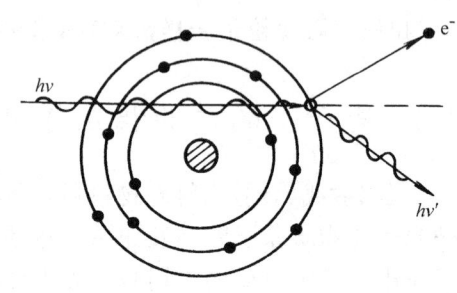

图1-7　康普顿效应示意图

当入射光子的能量很低、并与自由电子相互作用时，入射光子的能量将不改变，而仅仅改变其方向，这个作用过程是非常次要的相互作用过程。

康普顿效应发生的可能性与入射光子的能量和物质的原子序数相关，原子序数低的元素康普顿效应发生的可能性很高；对中等能量的光子，康普顿效应对各种元素都是主要的作用。

在康普顿效应中，散射线的波长将增长，增加量为

$$\Delta \lambda = 2\lambda_0 \sin^2\left(\frac{\theta}{2}\right)$$

式中　　θ —— 散射角；

λ_0——康普顿波长。

对应代入有关的值,得到康普顿波长值为

$$\lambda_0 = 0.0242661 \times 10^{-8} \text{ cm}$$

康普顿波长概念已推广到其他粒子,用于描述粒子的波动性。粒子的质量越大,其康普顿波长越小,波动性越不显著。

1.3.3 电子对效应

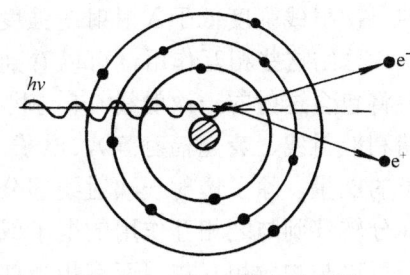

能量高于 1.02MeV 的光子入射到物质中时,与物质的原子核或电子发生相互作用,光子放出全部能量,转化为一对正、负电子,这就是电子对效应(如图1-8所示)。在电子对效应中,入射光子消失,产生的正、负电子对在不同方向飞出,其方向与入射光子的能量相关。

图1-8 电子对效应示意图

电子对效应只能发生在入射光子的能量不小于 1.02MeV 时,这是因为电子的静止质量相当于 0.51MeV 能量,一对电子的静止质量相当于 1.02MeV 的能量,从能量守恒定律,显然,只有入射光子的能量不小于 1.02MeV 时才可能转化为一对正、负电子,多余的能量将转换为电子的动能。

入射光子与原子的电子发生作用也可以产生电子对效应,但其发生的可能性远小于入射光子与原子核相互作用过程,并且,入射光子的能量应不小于 2.04MeV。

电子对效应发生的可能性与物质原子序数的平方成正比,近似与光子能量的对数成正比,因此电子对效应在光子能量较高、原子序数较高时是一种重要的作用。在电子对效应中产生的正电子寿命很短,在它运动快要停止时将与负电子结合,转化为两个能量为 0.51MeV 的光子。

1.3.4 瑞利散射

瑞利散射是入射光子与原子内层轨道电子作用的散射过程。在这个过程中,一个束缚电子吸收入射光子后跃迁到高能级,随即又释放一个能量约等于入射光子能量的散射光子,光子能量的损失可以不计。简单地说,也可以认为这是光子与原子发生的弹性碰撞过程。

瑞利散射发生的可能性与物质的原子序数和入射光子的能量相关,与原子序数的平方近似成正比,并随入射光子能量的增大而急剧减小。在入射光子能量较低(例如 0.5~200keV)必须注意瑞利散射。

图1-9 概括了光电效应、康普顿效应、电子对效应与光子能量和与物质的原子序数的关系。

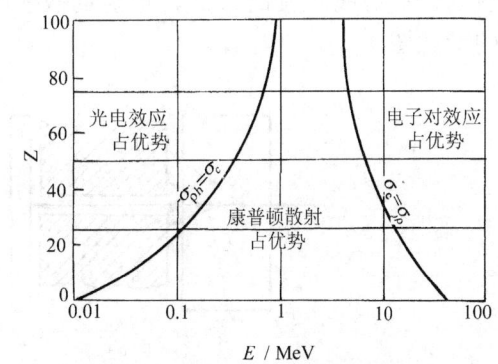

图1-9 主要作用与光子能量及原子序数的关系

1.4 射线衰减规律

1.4.1 基本概念

当X射线或γ射线射入物体时,其光子将与物质发生复杂的相互作用,主要的相互作用是光电效应、康普顿效应、电子对效应和瑞利散射,由于这些相互作用使从物体透射的一次射线强度低于入射射线强度,这称为射线强度发生了衰减。

总结这些相互作用,可以看到,入射射线经过与物质的相互作用后,在出射的射线中将包含透射的一次射线(未与物质发生作用,直接穿透物体)、散射线(康普顿散射线、瑞利散射线、荧光辐射等)、电子(光电子、反冲电子、俄歇电子等)。也就是,入射光子的能量,除了透射一次射线部分外,一部分转移到能量或方向改变了的光子那里,一部分转移到与之相互作用的电子或产生的电子那里。转移到电子的那部分能量,由于电子可以与物质相互作用而有相当部分损失在物体之中。前面的过程称为散射,后面的过程称为吸收。也就是说,入射到物体的射线,因为一部分能量被吸收、一部分能量被散射而受到减弱,使其强度发生了衰减。

按射线的能量,可以将射线分为单色射线和连续谱射线。

单色射线是指射线的能量是单一的,即射线只含有一种能量的光子,也就是射线是单一波长的。类似于可见光不同波长的光具有不同的颜色,也就称单一能量的射线为单色射线。

连续谱射线是指射线包含连续分布能量的射线,即射线含有不同能量的光子,或者说,射线的波长包含从一个波长到另一波长的一段波长范围。因此,它的射线谱应是一连续谱。通常的X射线源在某一高压下产生的X射线就是连续谱射线。

在射线检测中,需把射线状况区分为宽束射线和窄束射线。

从上节描述的光子与物质的相互作用可以看到,穿过一定厚度的物体后,透射射线中将包括下列的射线:一次射线、散射线和电子等。所谓宽束射线和窄束射线,简单地说,就是是否考虑散射线。如果到达检测器(胶片)的射线只有一次射线,则称为窄束射线;如果到达检测器(胶片)的射线除了一次射线外还含有散射线,则称为宽束射线。透射的一次射线一般记为I_D,透射的散射线一般记为I_S。图1-10是窄束射线和宽束射线的示意图。

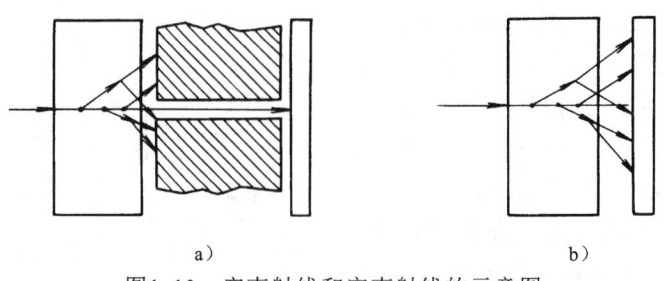

图1-10 窄束射线和宽束射线的示意图

a) 窄束射线 b) 宽束射线

1.4.2 单色窄束射线衰减规律

实验表明，射线穿透物体时其强度的衰减与吸收体（射线入射的物体）的性质、厚度及射线光子的能量相关。对于一束射线，在均匀的媒介中，在很小的厚度范围内强度的衰减量与入射射线强度和穿透物体的厚度成正比，按照图 1-11 所示的符号，即

$$\Delta I = -\mu I \Delta T$$

对此式积分，则可得到通常所写的关系

$$I = I_0 \mathrm{e}^{-\mu T} \qquad (1-7)$$

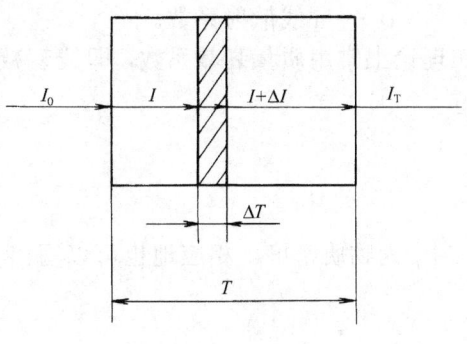

图1-11 单色窄束射线衰减规律

式中　I_0 —— 入射射线强度；
　　　I —— 透射射线强度；
　　　T —— 吸收体厚度；
　　　μ —— 线衰减系数（cm^{-1}）。

这就是射线衰减的基本规律，即单色窄束射线的衰减规律。

这个公式指出，射线穿过物体时的衰减程度以指数规律相关于所穿透的物体厚度，因此，随着厚度的增加透射射线强度将迅速减弱。当然，衰减的程度也相关于射线本身的能量，这体现在公式中的线衰减系数。对式（1-7）两边取对数，进行简单的运算，得到

$$\lg \frac{I}{I_0} = -\mu T \lg e$$

$$\lg \frac{I}{I_0} = -0.434 \mu T$$

此式给出了单色窄束射线穿过一定厚度物体时的衰减的特点。

在式（1-7）中出现的线衰减系数是一个重要的系数。入射到物体中的射线的光子，在穿行一段距离时，有的与物质发生了相互作用，有的没有与物质发生相互作用，线衰减系数表示的就是入射光子在物体中穿行单位距离时（例如 1cm），平均发生各种相互作用的可能性。线衰减系数可以写成

$$\mu = \tau + \sigma_C + \sigma_R + \kappa$$

式中　τ —— 光电效应的线衰减系数；
　　　σ_C —— 康普顿效应的线衰减系数；
　　　σ_R —— 瑞利散射的线衰减系数；
　　　κ —— 电子对效应的线衰减系数。

如果将所描述的各种相互作用按照吸收和散射分析，则线衰减系数可以简写成

$$\mu = \tau + \sigma$$

式中 τ —— 线吸收系数;

σ —— 线散射系数。

在理论上常用质量衰减系数,即线衰减系数除以物质密度所得到的值,常记为 μ_m,这样有

$$\mu_m = \frac{\mu}{\rho} \qquad (1-8)$$

其中 ρ 为物质密度。相应地也可以写出

$$\mu_m = \tau_m + \sigma_m$$

线衰减系数表示了射线穿透物体时其强度衰减的特性,它既与射线的能量有关,也与射线所穿过物质的原子序数有关。对同一种物质,射线的能量不同时衰减系数不同;同一能量的射线,入射到不同物质时衰减系数也不相同。图1-12、图1-13、图1-14分别是铁、铝、铅、的线衰减系数(图中 R 曲线是瑞利散射部分,PE 曲线是光电效应部分,C 曲线是康普顿效应部分,PP 曲线是电子对效应部分,T 曲线是总的线衰减系数)。

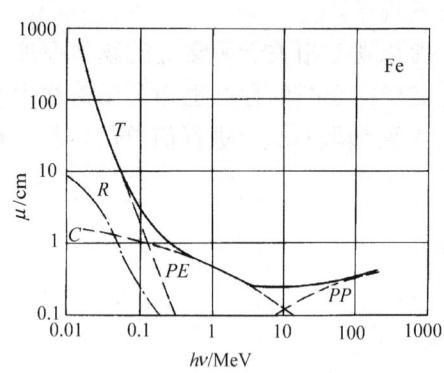

图1-12 铁的线衰减系数　　　　图1-13 铝的线衰减系数

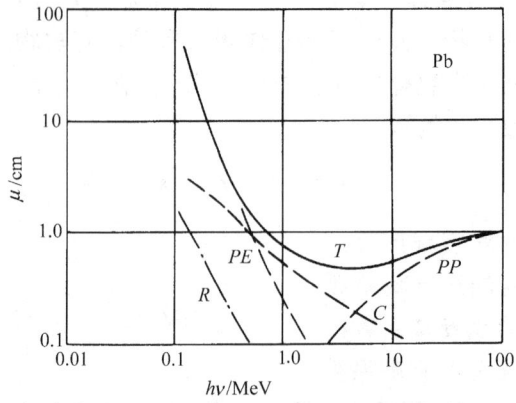

图1-14 铅的线衰减系数

对于常用的能量和常见的物质,实验研究指出,在射线的吸收限之间近似有

$$\mu_m \approx kZ^3\lambda^3$$

式中 k —— 系数;
Z —— 吸收体的原子序数;
λ —— 入射射线的波长。

这个式子具体地表示了质量衰减系数与物质的原子序数和射线能量(光子的能量或射线的波长)的关系。这个式子表明,对同样能量的射线,物质的原子序数越大,物质的密度越大,射线在物体中受到的衰减也越大;对不同能量的射线,当穿过同一种物体时,能量低的射线将受到更大的衰减。

当物体为混合物或化合物时,若构成物体的各元素的百分比含量分别为 W_1、W_2、W_3、……,相应的质量衰减系数分别为 μ_{m1}、μ_{m2}、μ_{m3}、……,则物体的质量衰减系数可按下式计算

$$\mu_m = W_1\mu_{m1} + W_2\mu_{m2} + W_3\mu_{m3} + \cdots\cdots$$

例如,三氧化二铝(Al_2O_3)对 0.05MeV 能量的射线可按下式计算其线衰减系数。从有关手册查到

铝(Al):相对原子质量 $A=27$;质量衰减系数值 $\mu_m=0.357\text{cm}^2/\text{g}$
氧(O):相对原子质量 $A=16$;质量衰减系数值 $\mu_m=0.211\text{cm}^2/\text{g}$
Al_2O_3 的密度:$\rho=3.90\sim4.10\text{g}/\text{cm}^3$,取其值为 $3.95\text{g}/\text{cm}^3$

用上述数据计算

$\mu_m = 0.357\times[2\times27/(3\times16+2\times27)] + 0.211\times[3\times16/(3\times16+2\times27)]$
$= 0.2833$(cm^2/g)

因此

$\mu = \mu_m\rho = 0.2833\times3.95 = 1.139$($\text{cm}^{-1}$)

即三氧化二铝(Al_2O_3)的线衰减系数为 1.139cm^{-1}。

在实际应用中,常引入半厚度(半值层、半价层)描述吸收体对一定能量射线的衰减。半厚度是指使入射射线的强度减弱为其值的 1/2 的物体厚度,记为 T_h。因此有

$$I = I_0 e^{-\mu T_h} = \frac{I_0}{2}$$

所以

$$T_h = \frac{\ln 2}{\mu} = \frac{0.693}{\mu} \tag{1-9}$$

可见,同一吸收体对不同能量的射线,其半厚度值不同;不同吸收体对同一能量射线,其半厚度值也不同。利用这个关系对 I、μ、T 常可作简单计算。

*1.4.3 宽束连续谱射线的衰减规律

在射线照相检验中使用的 X 射线是连续谱射线,所以必须考虑连续谱 X 射线的衰减

规律。按照前面对单色窄束射线衰减的讨论,可以知道,当连续谱射线穿过一定厚度的物体时,连续谱中不同能量的射线衰减的情况将不同。因此,式(1-7)描述的射线衰减规律,不能简单地应用于宽束、连续谱射线情况。

由于不同能量的射线,穿过同样厚度的物体时所受到的衰减并不相同,使连续谱射线的衰减规律变得复杂。显然,如果采用式(1-7)对连续谱射线进行计算,则必须对各波长分别进行计算,这将是相当复杂的。因此,在讨论连续谱射线的衰减规律时,常引入一个等效波长,采用这个波长对连续谱射线的衰减规律进行近似的分析、计算。等效波长对应的射线的半值层厚度应与连续谱射线的半值层厚度相同。在实际的射线照相检验中,一般都是宽束射线情况,因此,应讨论的是宽束连续谱射线的衰减规律。

对于宽束连续谱射线的衰减规律。这时透射射线强度应为一次射线和散射射线强度之和,即

$$I = I_D + I_S$$

当考虑单色宽束射线情况时,代替式(1-7)应写

$$I_D = I_0 \, e^{-\mu T}$$

关于散射线常引入散射比,常记为 n,它等于

$$n = I_S / I_D \tag{1-10}$$

这样有

$$I_S = n \, I_0 \, e^{-\mu T}$$

$$I = I_D + I_S = (1+n) \, I_0 \, e^{-\mu T} \tag{1-11}$$

在理论研究中,也常引入积累因子,常用符号 B 记,即

$$B = 1 + I_S / I_D$$

这样,式(1-9)又可写成

$$I = B \, I_0 \, e^{-\mu T} \tag{1-12}$$

对宽束连续谱射线严格地处理将比较复杂,但只要认为式(1-11)中的线衰减系数 μ 是对应于射线等效波长的线衰减系数,那么式(1-11)也就可以近似应用于宽束连续谱射线的情况。

显然,对同一连续谱 X 射线,穿过的厚度不同时,对应的等效波长也会不同。简单地说,随着穿过物体厚度的增加,连续谱射线的透射射线的等效能量,或者说透射射线的等效波长与入射射线相比将发生"硬化",即等效能量提高,或者说等效波长减小,这种变化就称为连续谱射线的硬化。表 1-1 给出的是恒压X射线机的连续谱射线穿过物体时其半值层厚度的变化,表中的"同质系数"是第一半值层厚度与第二半值层厚度之比。实验得到的宽束连续谱射线穿过一定厚度物体的吸收曲线如图 1-15 所示。从图中可以看到,线衰减系数(曲线切线的斜率)随射线穿透物体厚度的增加而不断变化,即射线不断硬化,但当厚度达到一定值之后,线衰减系数就近似为一定值,此后变化很小,也就

是连续谱射线近似成为单色射线。

表 1-1 恒压 X 射线机的辐射特性

恒压 /kV	第一半值层 / mm		第二半值层 / mm		同质系数		等效能量 / keV	平均能量 / keV
	Al	Cu	Al	Cu	Al	Cu	Cu	
100	6.56	0.30	8.05	0.47	0.81	0.64	50.0	57.4
200	14.7	1.70	15.5	2.40	0.95	0.71	99.6	102
250	16.6	2.47	17.3	3.29	0.96	0.75	121	122

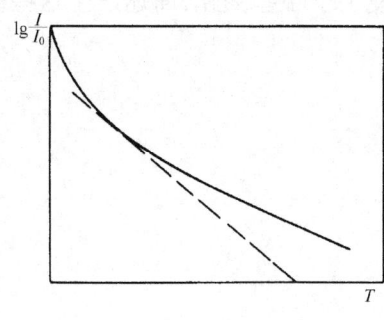
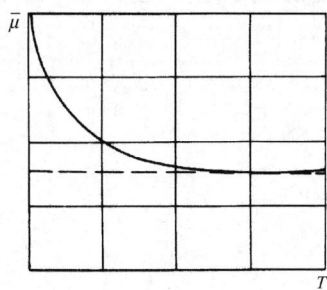

a)

b)

图1-15 宽束连续谱射线吸收曲线

a) 吸收曲线 b) 衰减系数曲线

宽束连续谱射线穿过一定厚度物体时的等效线衰减系数 $\bar{\mu}$ 可如下求出。如图 1-15 所示,在图中取距离很小的 A、B 两点,它们对应的厚度分别为 T_1 和 T_2,对应的透射射线强度分别为 I_1 和 I_2。记宽束连续谱射线在这一厚度的线衰减系数为 $\bar{\mu}$,则按单色窄束射线的衰减规律有

$$\frac{I_2}{I_1} = e^{-\bar{\mu}(T_2 - T_1)}$$

两边取对数

$$\lg \frac{I_2}{I_1} = -\bar{\mu}(T_2 - T_1)\lg e$$

因此有

$$\bar{\mu} = -2.3 \frac{\lg(I_2/I_1)}{(T_2 - T_1)}$$

如果 $I_2 = I_1/2$,则 T_2 与 T_1 的厚度差将等于对应的半值层厚度。

复 习 题

1. 简述核力的基本特点。
2. 放射性衰变有哪些主要方式?试述放射性衰变规律。

3．试述X射线和γ射线的主要性质。
4．连续谱X射线强度分布有哪些特点？
5．简述特征X射线的基本理论。
6．简述光子与物质相互作用的主要过程。
7．简述宽束射线、窄束射线概念。
8．试述X射线和γ射线穿过物体时的衰减规律。
9．简述原子结构行星模型的基本理论。
10．连续谱射线穿过一定厚度的物体后发生了哪些变化？简述产生这些变化的原因。

第 2 章　射线照相检验设备与器材

2.1　X 射线机

2.1.1　X 射线机的基本结构与类型

工业射线照相探伤中使用的低能 X 射线机，简单地说是由四部分组成：射线发生器（X 射线管）、高压发生器、冷却系统、控制系统。当各部分独立时，高压发生器与射线发生器之间应采用高压电缆连接。

X 射线机可以从不同方面进行分类。按照 X 射线机的结构，X 射线机通常分为三类，便携式 X 射线机、移动式 X 射线机、固定式 X 射线机。

便携式 X 射线机采用组合式射线发生器，其 X 射线管、高压发生器、冷却系统共同安装在一个机壳中，也简单地称为射线发生器，在射线发生器中充满绝缘介质。整机由两个单元构成，即控制器和射线发生器，它们之间由低压电缆连接。在射线发生器中所充的绝缘介质，较早时为高抗电强度的变压器油，其抗电强度应不小于 $30\sim50kV/2.5mm$。现在多数充填的绝缘介质是六氟化硫（SF_6），以减轻射线发生器的重量。充填的 SF_6 气体的气压应不低于 $0.34MPa$（$3.5kg/cm^2$），但也不能过高，以防机壳爆裂，通常不应超过 $0.49MPa$（$5.0kg/cm^2$）。采用充气绝缘的便携式 X 射线机，体积小、重量轻，便于携带，利于现场进行射线照相检验。便携式 X 射线机的管电压一般不超过 320kV，管电流经常固定为 5mA，连续工作时间一般为 5min。

移动式 X 射线机具有分立的各个组成部分，但它们共同安装在一个小车上，可以方便地移动到现场、车间，进行射线检验。冷却系统为良好的水循环冷却系统。X 射线管采用金属陶瓷 X 射线管，管电压不高于 160kV（或 150kV），尺寸小，射线发生器通常就是 X 射线管，它与高压发生器之间采用一长达 15m 左右的高压电缆连接，以便于现场的防护和操作。

固定式 X 射线机采用结构完善、功能强的分立射线发生器、高压发生器、冷却系统和控制系统，射线发生器与高压发生器之间采用高压电缆连接，高压电缆的长度一般为 2m。其体积大、重量也大，不便移动，因此固定安装在 X 射线机房内。这类 X 射线机已形成 150kV、250kV（225kV）、320kV、450kV（420kV）等系列，其管电流可用到 30mA 甚至更大的值，系统完善，工作效率高，它是检验实验室应优先选用的 X 射线机。

X 射线机也可以按其他方面分类，例如按照 X 射线机的工作电压可分为恒压 X 射线机和脉冲 X 射线机，按照加在 X 射线管上的电压脉冲频率可分为恒频 X 射线机和变频 X 射线机，按照所使用的 X 射线管可分为玻璃管 X 射线机和陶瓷管 X 射线机，按照X射线管的辐射角可分为定向X射线机和周向X射线机，按照X射线管焦点尺寸可分为微焦点、小焦点和常规焦点X射线机等，但目前较多采用的是按照结构进行分类。

2.1.2 X射线管

X射线机的核心器件是X射线管，普通X射线管的基本结构如图2-1所示。它主要由阳极、阴极和管壳构成。

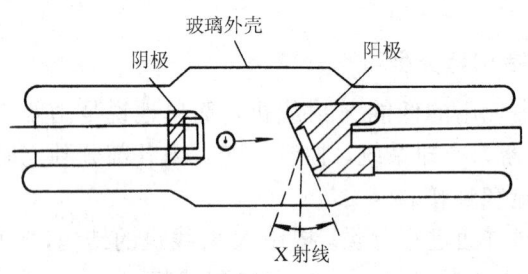

图2-1 X射线管结构示意图

阳极是产生X射线的部位。主要由阳极体、阳极靶和阳极罩组成。阳极的基本结构如图2-2所示。

阳极体为具有高热传导性的金属电极，典型的阳极体由无氧铜制做。其作用是支承阳极靶，并将阳极靶上产生的热量传送出去，避免靶面烧毁。

阳极靶的作用是承受高速电子的撞击，产生X射线。阳极靶紧密镶嵌在阳极体上，与阳极体具有良好的接触。由于工作时阳极靶直接承受高速电子的撞击，电子大部分动能在它上面转换为热，因此阳极靶必须耐高温。此外，阳极靶应具有高原子序数，才能具有较高的X射线转换效率。所以，对工业射线照相检验用的X射线管，其阳极靶采用钨制做。阳极靶的表面应磨成镜面，并与X射线管轴成一定角度，靶面与管轴垂线所成的角度常称为靶面角。阳极靶可以采用不同的结构，以产生不同的辐射。例如，常用锥形靶和平面形靶产生周向辐射X射线，也有的X射线机采用特殊的旋转阳极靶，它不仅可以改善散热状况，而且可以获得更高的管电流。

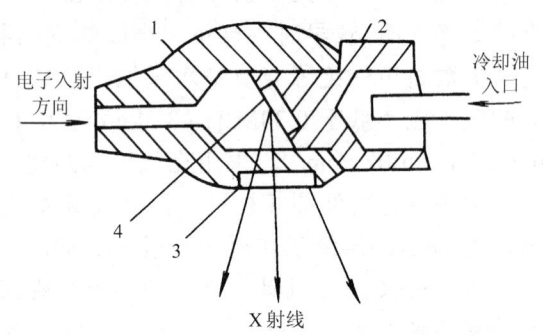

图2-2 阳极的基本结构示意图
1—阳极罩 2—阳极体 3—放射窗口 4—阳极靶

高速电子撞击阳极靶时会产生二次电子，二次电子可集聚在管壳上，形成一定电位，影响飞向阳极靶的电子束，阳极罩就是用来吸收高速电子撞击阳极靶时产生的二次电子。阳极罩常用铜制做，在朝向阴极方向有一小孔，阴极发射的电子从这个小孔进入，撞击阳极靶；阳极罩的侧面也有一个小孔，常用原子序数很低的薄铍板覆盖，称为窗口，阳极靶产生的X射线从此窗口辐射出来。

X射线管的阳极特性是指,在一定的阴极灯丝电流下,管电流与管电压的关系。图 2-3 是 X 射线管的阳极特性曲线。从图中可以看到,管电流在最初随着管电压升高而增加,但当管电压达到一定值以后,管电流趋于饱和。产生这种饱和特点的原因是,灯丝发射的电子已接近全部到达阳极靶。当 X 射线管施加的管电压较低时,为了得到较大的管电流,只能采用更大的灯丝电流。但实际上灯丝电流也只能在一定范围内调整,这也就限定了低管电压下可使用的最大管电流。

阴极是 X 射线管中发射电子的部位,它由灯丝和一定形状的金属电极-聚焦杯(阴极头)构成。

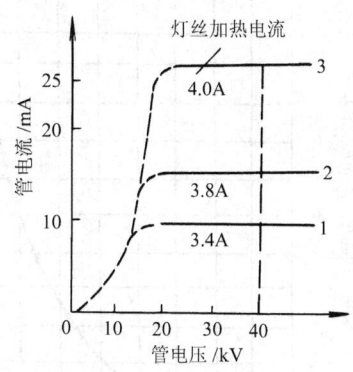

图2-3　X 射线管的阳极特性曲线

灯丝由钨丝绕成一定形状,聚焦杯包围着灯丝。灯丝在灯丝电流加热下可发射热电子,这些电子在 X 射线管的管电压作用下,高速飞向阳极靶,最终通过韧致辐射在阳极靶产生 X 射线。

灯丝发射电子的能力随灯丝温度,也就是灯丝的加热电流而改变。当灯丝温度增高时,发射电子的能力也增大。由于钨的熔点高(3370℃),且蒸发率低,所以工业探伤用 X 射线管的灯丝采用钨制做。灯丝的主要形状有圆形、线形、矩形等,灯丝的形状、尺寸及聚焦杯的形状、尺寸、与灯丝的相对位置等,都直接影响 X 射线管的焦点。灯丝温度通过调节灯丝变压器的电压改变灯丝电流进行调节,过高的灯丝电流将会烧毁灯丝。

X 射线管的阴极特性是指,在一定管电压下,管电流与灯丝电流之间的关系。图 2-4 是 X 射线管的阴极特性曲线。

X 射线管的管壳封出一个高真空腔体,并在腔内封装阳极和阴极。管内的真空度应达到 $1.33\times(10^{-3}\sim10^{-5})$ Pa。管壳必须具有足够高的机械强度和电绝缘强度。工业射线检测常用的 X 射线管的管壳主要采用玻璃与金属或陶瓷与金属制做。采用玻璃与金属制做管壳的 X 射线管称为玻璃 X 射线管。采用陶瓷与金属制做管壳的 X 射线管分为两类,一类是金属陶瓷 X 射线管,另一类是波纹陶瓷 X 射线管。图 2-5 是波纹陶瓷 X 射线管的结构示意图。金属陶瓷 X 射线管以不锈钢管代替玻璃管壳,用陶瓷材料绝缘,与玻璃管壳的 X 射线管比较,它的主要特点是结构牢固、寿命长,现在已经是 X 射线管的重要类型。波纹陶瓷 X 射线管是广泛应用在的另一类 X 射线管,它与金属陶瓷 X 射线管具有类似的特点。普通玻璃 X 射线管的寿命一般为 400~500h,陶瓷 X 射线管的寿命一般在 1000h 以上。这里所说的寿命是指 X 射线管的辐射量降低到规定值的 80% 以下,并不是指 X 射线管本身损坏。

目前,在工业射线检测中还使用的另一种 X 射线管是微焦点 X 射线管。这是一类特殊结构的 X 射线管,管的焦点尺寸现在可小到几微米,它采用了一套电子聚焦系统,以便形成很细的电子束。这种 X 射线管的工作电压较低,一般不超过 160kV,管电流也远小于普通 X 射线管,一般不超过数百微安。

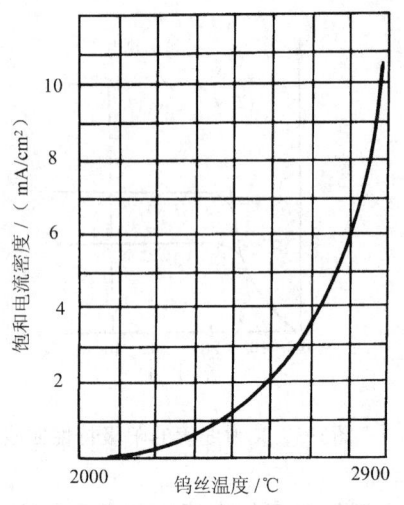

图2-4 X射线管的阴极特性曲线

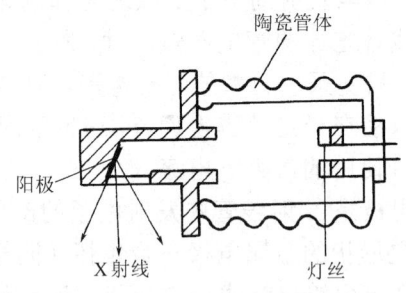

图2-5 波纹陶瓷X射线管结构示意图

在X射线管中产生X射线的基本过程如下。X射线管的阴极灯丝通过电流,被加热到2000℃以上后发射电子,这些电子聚集在灯丝附近。当X射线管的阳极和阴极间施加上高压后,电子在这个高压作用下被加速,高速飞向阳极靶,穿过阳极和阴极之间的空间后撞击到阳极靶上。通过轫致辐射,电子的一部分动能转化为X射线,从X射线管窗口辐射出来。电子的大部分动能传给了阳极靶,使它迅速升温。

从这个过程可以看出,为了保证X射线管能够正常地工作,产生一定能量和强度的X射线,X射线管必须具有足够的真空度、足够的绝缘强度和足够的散热能力。X射线管的结构、所达到的绝缘强度和真空度,限定了在阳极和阴极间所能施加的最高高压。由于气体分子在电子的撞击下可以发生电离,产生附加的电流,真空度同时还将影响X射线管管电流的稳定性,这也直接关系到X射线管的正常工作和寿命。显然,如果不能很好地散热,X射线管的阳极将迅速升到很高的温度,不仅会使阳极靶烧毁,而且也会导致X射线管整体损坏。

使用时,X射线管置于一定的外壳中,X射线管与此外壳和外壳中充填的绝缘介质等构成一个整体,通常称为射线发生器(机头)。对便携式X射线机,射线发生器还会包括高压部分。外壳由具有一定强度的金属制做,外壳上有一系列的插座,包括可能有的高压电缆插座和冷却循环用的接管等。在外壳内应有一定厚度的铅屏蔽层,使漏泄辐射量降低到规定的要求。内部充填的绝缘介质主要是高抗电强度的变压器油或六氟化硫气体。图2-6是一射线发生器内部结构示意图。

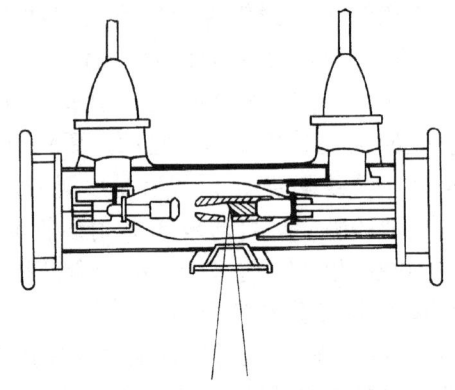

图2-6 油浸200kVX射线机射线发生器结构示意图

2.1.3 高压发生器

高压发生器由高压变压器、高压整流管、灯丝变压器和高压整流电路组成，它们共同装在一个机壳中，里面充满了耐高压的绝缘介质。高压发生器提供 X 射线管的加速电压－阳极与阴极之间的电位差和 X 射线管的灯丝电压。高压发生器中注满高压绝缘介质，目前主要是高抗电强度的变压器油，其抗电强度应不小于 30～50kV/2.5mm。

高压变压器的结构与一般变压器相同，其特点是二次电压很高、但功率不大。为保证高压变压器具有足够的绝缘强度，在制造过程中应进行严格绝缘处理，以防止以后发生击穿。

灯丝变压器的一次电压一般为 100～200V，二次电压常为 5～20V，必须解决的问题是一次绕组与二次绕组之间的绝缘问题。由于 X 射线管的阴极处于高压之中，而灯丝变压器的一次绕组处在低压线路之中，所以必须防止它们之间的高压击穿。正是由于这个原因，灯丝变压器必须置于高压绝缘介质之中。

高压整流电路有多种形式，一些典型电路是半波自整流电路、全波整流电路、恒压整流电路。

半波自整流电路是最简单的高压整流电路，其基本电路如图 2-7 所示，得到的电压波形如图 2-8 所示。在这种电路中 X 射线管本身起着整流二极管的作用。当 X 射线管施加交流电压时，利用自整流作用，在阳极电位为正半周时电流通过，X 射线管工作，发射 X 射线。在阳极电位为负半周时电流不能通过，X 射线管不工作，不发射 X 射线。即半波自整流电路只在半周的时间内发射 X 射线。

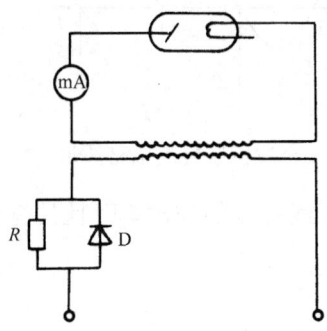

图2-7　半波自整流电路

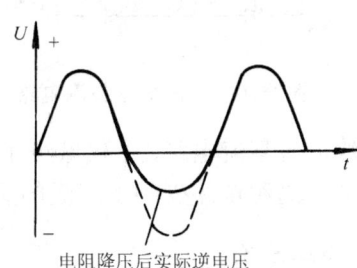

图2-8　半波自整流电路的电压波形

半波自整流电路的优点是结构简单、部件少、体积小，多用于携带式 X 射线机。但半波自整流电路也存在明显的缺点，主要是仅在半周发射 X 射线，电源利用率低；此外，在高压的负半周，X 射线管要承受很高的反向电压，如果阳极温度很高，可能会因发射电子而出现反向电流。为避免这一问题，电路中长采用逆电压降低电路，这样一来，在负半周仅有较低的电压加在 X 射线管上。

全波整流电路其基本电路如图 2-9 所示。当交流电处在不同半周时,可分别通过不同的整流二极管将电压施加在 X 射线管上,使 X 射线管工作,发射 X 射线。此电路电源利用率高,X 射线管不存在需要承受反向高压问题。电路存在的主要缺点是,输出的电压波形不稳定,也即输出的 X 射线不稳定。

全波恒压整流电路其基本电路如图 2-10 所示,得到的电压波形如图 2-11 所示。为了提高 X 射线管的辐射强度,必须采用波动很小的直流电对 X 射线管供电,全波恒压整流电路就是这样的一种整流电路。按图 2-10 的标示,在正半周时,交流电对电容 C_1 充电,电容 C_2 放电;在负半周时,交流电对电容 C_2 充电,电容 C_1 放电。正半周时电流的路径是高压变压器→整流二极管 D_1→X 射线管→电容器 C_2→高压变压器。负半周时电流的路径是高压变压器→电容器 C_1→X 射线管→整流二极管 D_2→高压变压器。X射线管上的高压是高压变压器上的电压与电容器上

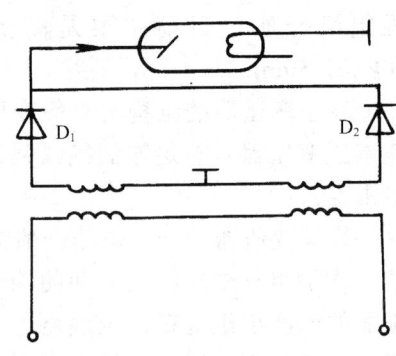

图2-9　全波整流电路

的电压的和,即实际施加到 X 射线管上的电压近似比高压变压器二次电压高一倍。由于电容的充电时间远小于放电时间,因此,X 射线管上的电压变化较小。

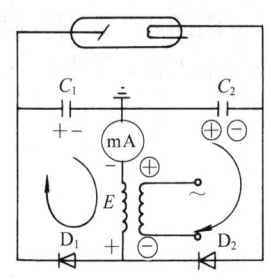

图2-10　全波恒压整流电路

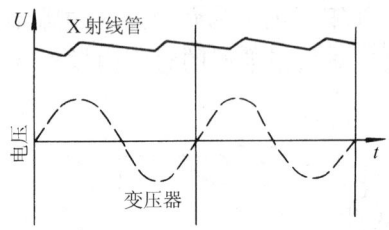

图2-11　全波恒压整流电路波形

全波恒压整流电路,不仅减少了 X 射线管输出 X 射线强度的波动,而且具有倍压作用,因此,这种电路受到了广泛的重视。

2.1.4　冷却系统

对常用的低压 X 射线机,X 射线管只能将 1%左右的电子能量转换为 X 射线,绝大部分的能量在阳极靶上转换为热量,加热阳极靶和阳极体。因此,为了使 X 射线管能正常工作,X 射线机必须有良好的冷却系统,否则,阳极靶将被高热损坏。

X 射线机采用的冷却方式粗略地可分为三种:

1) 油循环冷却。这种方式采用油循环系统,冷却油从油箱泵进入射线发生器(X 射线管的阳极端),从射线发生器的另一端(X 射线管的阴极端)离开,带走热量,返回油箱。为了增强冷却效果,常又采用流动水冷却循环油。这种方式主要应用在固定式 X 射线机。

2）水循环冷却。这种方式采用循环水直接进入射线发生器中 X 射线管的阳极空腔，水流出时带走热量。这种冷却方式只能用于阳极接地电路的情况，主要应用在移动式 X 射线机。也应用于油绝缘的便携式 X 射线机。

3）辐射散热冷却。这种方式主要应用在便携式 X 射线机。对气绝缘的便携式 X 射线机，这种方式是在射线发生器的阳极端装上散热器，一般还装备风扇。通过散热器辐射和射线发生器外壳散热冷却。对油绝缘的便携式 X 射线机，这种方式是依靠射线发生器内部的温差和搅拌油泵使油产生流动带走热量，通过机壳把热量散出。

*2.1.5 控制和保护系统

X 射线机的控制和保护系统主要包括基本电路、电压和电流调整部分、冷却和时间等的控制部分、保护装置等。

X 射线机电路接通的基本步骤是：接通电源和冷却系统→接通 X 射线管的灯丝加热电路和整流加热电路→接通高压电路。其中基本控制电路电原理图如图 2-12 所示。这个基本控制电路保证了 X 射线机必须按上述过程接通，从而保证了 X 射线机安全正常的工作。

在实际的 X 射线机电路中，还必须包括一系列其他电路，其中至少包括高压调整电路、灯丝加热调整电路、曝光时间控制电路和保护电路与装置。

高压调整一般是在高压变压器的一次线路上接上自耦变压器，通过调整自耦变压器调节高压变压器的二次电压，实现对 X 射线管高压的调整。灯丝加热调整电路主要是在灯丝加热变压器的一次绕组上串联一个可变电阻器，通过改变电阻器的阻值改变灯丝变压器二次的电压和灯丝加热电流，实现对 X 射线管管电流的控制。曝光时间一般采用电动时间控制器完成。

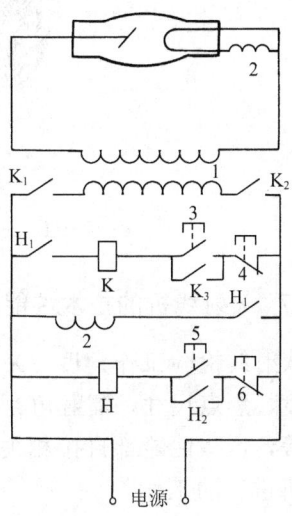

图2-12　X 射线机的基本控制电路原理图

1—高压变压器　2—灯丝变压器

3、4—高压发生通断按钮

5、6—灯丝加热通断按钮

K—高压发生继电器　H—灯丝加热继电器

为了保证 X 射线机安全工作，在 X 射线机的电路中还设置了一系列的保护电路和装置，其中最主要是下面这些。

过流保护。采用过流继电器实现保护，即当 X 射线管的管电流超过规定的限值后，过流继电器将切断它的常闭触点，从而切断保护电路，切断高压。

过压保护。采用过压继电器实现保护，即当高压变压器一次电压超过规定的限值后，过压继电器将切断它的常闭触点，从而切断保护电路，切断高压。

油温保护。一般油温继电器置于射线发生器中，即当油温超过规定的限值（通常是 60℃±5℃），油温继电器将切断保护电路，切断高压。

此外还有零位接触器、水压开关、气压开关、油压开关、时钟零位开关等，一旦 X

射线机中出现异常情况或出现工作条件不符合要求，这些保护装置也将动作，这时X射线机将不能加上高压或高压将被切断。

2.1.6 高压电缆

移动式和固定式X射线机的高压发生器与射线发生器之间，应采用高压电缆连接。高压电缆的结构大体包括同轴芯线、绝缘层、半导体层、金属网、保护层，它的基本结构如图2-13所示。高压电缆在使用中最常见的故障是电缆端头处发生击穿。

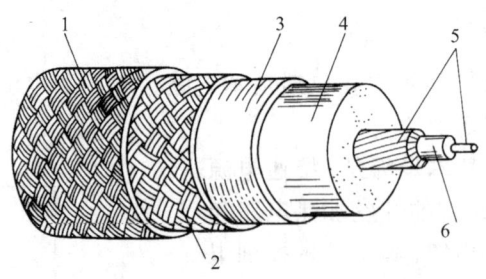

图2-13 高压电缆结构示意图
1—保护层 2—金属网 3—半导体层 4、6—绝缘层 5—同轴芯线

*2.1.7 X射线机的技术性能、使用与维护

从射线检验工作角度，X射线机的主要技术性能可归纳为五个：工作负载特性、辐射强度、焦点尺寸、辐射角、漏泄辐射剂量，此外还有其他一些重要指标，如工作方式、重量等，这些性能都直接相关于射线照相工作，在选取X射线机时应考虑上述性能是否适应所进行的工作。

1. 工作负载特性

X射线机的工作负载特性，即X射线机可使用的管电压、管电流等特性，完整的特性常以工作负载特性曲线形式给出，典型的工作负载特性曲线如图2-14所示。

X射线机的工作负载特性，实际上是由三方面的工作极限因素决定的。一是X射线机所采用的X射线管和高压发生器系统等所限定的高压范围，二是X射线管阳极特性曲线的限定，三是由X射线管阳极能承受的最大容许功率的限制。这些限制作用共同决定了X射线机的工作负载特性。图2-15给出了工作极限曲线。在实际工作中，X射线管的管电流受到阳极所承受最大容许功率的限制，所以灯丝加热电流、管电流和管电压都有一个极限值。X射线管在使用中，应控制在曲线的阴影区域内。I区为灯丝加热电流限制区，此时管电压低，管电流趋于饱和。如仍追求提高管电流，势必要增大灯丝加热电流而超过其允许值。轻者使其寿命缩短，重者可能烧毁灯丝。II区是最大管电流限制区，此时管电压没有达到最高值，但管电流已经很大了，再提高管电流就有可能烧毁阳极。III区是额定功率限制区，在III区已经达到了额定的管功率，若再提高管电压，则必须相应降低管电流；管电压的极限只能到D点，这是X射线管的额定管电压，如果超过这个数值，X射线管就有被击穿的危险。

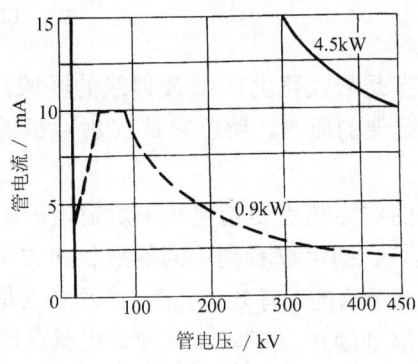

图2-14 X射线机工作负载特性曲线

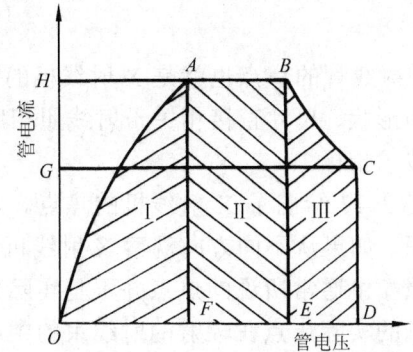

图2-15 X射线机工作极限曲线

X射线机的工作负载特性曲线给出了X射线机的工作特性,因此也就给出了其适宜检验的材料、厚度范围和工作的应用特点。从X射线机的工作负载特性曲线还可以看到,所能使用的管电流与所施加的管电压相关,也受到焦点尺寸的限制。

2. 辐射强度

实验研究指出,X射线管辐射的X射线强度近似与管电压的平方成正比、与管电流成正比、与靶物质的原子序数成正比,这个关系可以表示成下式

$$I = \alpha i Z V^2 \tag{2-1}$$

式中 I —— X射线强度;
i —— 管电流(mA);
Z —— 靶物质的原子序数;
V —— 管电压(kV);
α —— 比例系数,$(1.1 \sim 1.4) \times 10^{-6}$。

输入X射线管的功率为 iV,所以X射线管的转换效率为

$$\eta = \frac{\alpha i Z V^2}{iV} = \alpha Z V \tag{2-2}$$

从此式可以看到,对低压X射线机,输入X射线管的能量只有很少部分转换为X射线,大部分转换成热。例如,钨靶X射线管在管电压为100kV时,其转换效率仅为1%左右。X射线管辐射的X射线强度,在空间不同方向是不同的,X射线管轴线上相对强度的分布如图2-16所示。这常称为"侧倾效应"。

在距离X射线管焦点 F 处空间一点的X射线强度可按下式计算

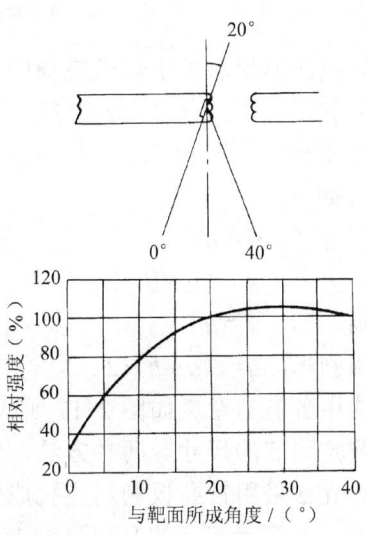

图2-16 X射线管辐射的侧倾效应

$$I_F = \frac{\alpha i Z V^2}{F^2} \tag{2-3}$$

X射线管的焦点也就是X射线机的焦点,焦点是阳极靶上产生X射线的区域。由于焦点的形状、尺寸直接相关于射线照相所得到的影像的质量,所以它是X射线机的一个重要技术指标。

图2-17给出了X射线机的焦点。X射线机的实际焦点是指电子束所撞击的阳极靶的面积,如果从不同方向观察X射线机的实际焦点,则可以看到不同的形状和大小。在射线照相中通常所说的焦点并不是实际焦点,而是所谓的"有效焦点"。有效焦点是指X射线机的实际焦点在辐射的射线束的中心方向观察到的焦点形状和尺寸,也就是实际焦点在垂直于管轴方向的投影。显然,有效焦点的形状和大小取决于实际焦点的形状和大小。在射线照相检验中,通常简称有效焦点为焦点。

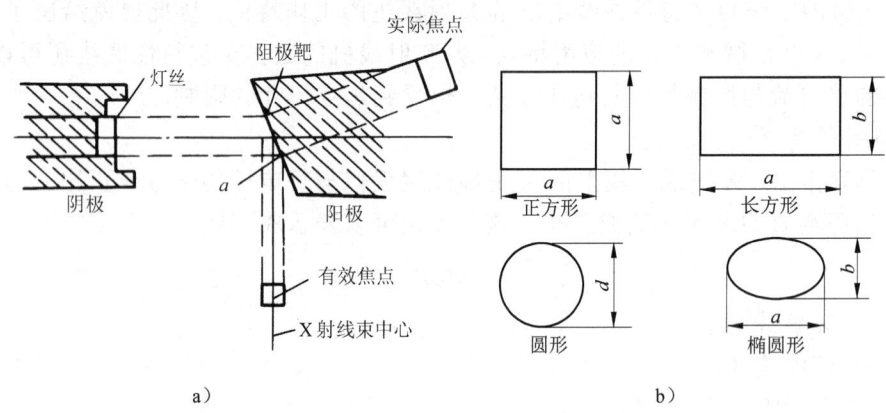

图2-17 X射线机的焦点
a）有效焦点与实际焦点的关系 b）焦点形状

焦点的形状取决于灯丝绕制的形状,如果灯丝为圆形焦点也为圆形,如果灯丝为长条螺旋管形,则焦点将为长方形。国际标准化组织把常用的X射线机的焦点形状归纳为四种基本形状,即正方形、长方形、圆形、椭圆形,各种形状焦点的有效焦点尺寸d的计算式如下:

正方形：$d=a$
长方形：$d=(a+b)/2$
圆　形：$d=a$
椭圆形：$d=(a+b)/2$

式中各值的意义如图2-17所式。

测定焦点的尺寸有两种方法:针孔法和几何不清晰度法。

针孔法采用针孔板利用小孔成像方法测定焦点的尺寸。几何不清晰度法是利用计算的方法,从测量得到的几何不清晰度计算焦点的尺寸。

针孔法所用的针孔板基本结构如图2-18所示,有关标准均规定,针孔板应采用特殊材料制做，如钨、钽、铂铱合金等。针孔法测定时选择适当的焦点与胶片距离，按规定将针孔板置于X射线管于胶片之间适当位置，并按规定的透照参数透照，从得到的底片影像测量焦点尺寸。不同的标准对测定方法的具体规定存在一些差异，表2-1和表2-2是常见的规定。图2-19是采用针孔法测得的一般定向X射线机焦点的实际形貌。

表 2-1 针孔板尺寸的主要规定

焦点尺寸/mm	针孔板孔径 ϕ/mm	针孔板孔高度 h/mm
≤1.0	0.030±0.005	0.075±0.010
≥1.1	0.100±0.005	0.500±0.010

表 2-2 针孔法透照参数的主要规定（X射线机额定管电压为 V，额定管流为 I）

焦点尺寸/mm	测试布置放大倍数	测试管流 i	测试透照电压 U/kV
≤1.0	≥2	$i=I/2$	$V≤75, U=V$
≥1.1	≥1		$75\sim150, U=75$
			$V>150, U=V/2$

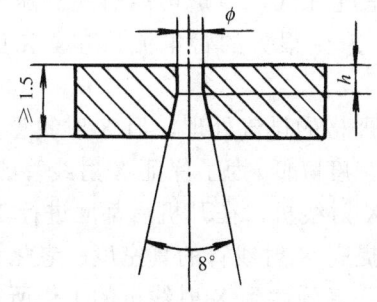

图2-18 针孔板基本结构

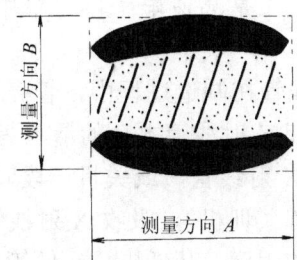

图2-19 定向X射线机焦点形貌示意图

3. 辐射角

辐射角直接决定了X射线机可使用的辐照场，它由阳极靶的形状和阳极的设计决定。

在现在使用的X射线机中，定向辐射X射线机的辐射角一般为40°锥形辐射角，周向辐射X射线机一般为24°×360°或25°×360°的扇形周向辐射角，或者是12°×360°的半扇形周向辐射角。定向辐射X射线机的阳极靶为平面靶，靶面角（即靶面与X射线管轴垂线的夹角）为20°。周向辐射X射线机的阳极靶常采用锥形靶或平面靶，采用平面靶时靶面角为0°。

简单的测定辐射角时，可把胶片垂直于窗口平面放置，用很短的时间曝光，从得到的底片影像测量。一般应在十字交叉的两个方位完成上面的测量。

为了测定辐照场，可在预计的辐照区的不同位置放置适当大小的胶片，曝光后从底片的黑度情况判断辐照场的均匀性和具体情况。或者也可将胶片直接贴放在X射线机的窗口上，曝光后从得到的底片影像粗略估计辐照场情况。

以上所说的"胶片"，均是指装入暗袋后的胶片。

4. 漏泄辐射剂量

我国辐射防护标准,对 X 射线机的漏泄辐射剂量作出了具体规定,表 2-3 是 GB16357—1996 对 500kV 以下 X 射线机的规定。

表 2-3　GB16357—1996 对 X 射线机漏泄辐射剂量的规定

额定管电压/kV	距 X 射线机焦点 1m 处的漏泄空气比释动能率
<150	≤1mGy/h
150～200	≤2.5mGy/h
>200	≤5mGy/h

X 射线机在日常使用中应严格遵守 X 射线机的使用说明,认真进行各项维护工作,其中应特别注意的是下列各项:

1. 不能超负荷使用 X 射线机

X 射线机都规定了额定电压、额定电流(管电流)、工作方式,工作方式指的是加载与冷却交替循环时间的规定,在正常开机工作时必须遵守这些规定。

2. 注意 X 射线管的老化训练

X 射线管是一个高真空度的器件,如果真空度降低,一是可能引起高压击穿损坏 X 射线管,二是高速电子可将管中的气体电离,产生很大的管电流,造成 X 射线管损坏。

X 射线管在制造过程中,管壳、电极都经过严格的排气处理,但 X 射线管内的材料析出气体和 X 射线管本身的漏泄等,都会导致真空度降低。为了保证 X 射线管的真空度,新安装的 X 射线管,或关机一段时间再启用的 X 射线机,在开机后都应进行 X 射线管的老化训练(训机),吸收 X 射线管内的气体,提高 X 射线管的真空度。老化训练就是按照一定的程序,从低电压、低管电流逐步升压,直到达到 X 射线机的工作所需的最高管电压或额定工作电压。不同的 X 射线机均有自己的具体规定,表 2-4 和表 2-5 列出了 X 射线机老化训练的主要规定。在老化训练中应注意观察管电流,如果在某一管电压下管电流不稳定,则应降回原管电压,重新在原管电压下工作一段时间,再升高管电压。

表 2-4　玻璃管 X 射线机的老化训练规定

停用时间	8～16h	2～3d	3～21d	>21d
升压速度	10kV/30s	10kV/min	10kV/2.5min	10kV/5min

表 2-5　金属陶瓷管 X 射线机的老化训练规定

停用时间	老化训练方法
1d	可自动训机到使用电压,更高时可手动按 10kV/min 训机
2～7d	手动从最低值按 10kV/min 训机,中间应按规定休息
7～30d	手动从最低值按 10kV/5min—休息 5min 方式训机

现代的 X 射线机内常安装了保护装置,其保证在未完成必要的老化训练之前,无法向 X 射线管送上高压。有的 X 射线机装备了自动老化训练程序,只要停放时间在规定的时间内,可以采用自动老化训练程序完成老化训练。

3. 充分预热与冷却

X 射线管的灯丝和阳极靶，工作在高温高压下，灯丝金属会挥发，由于在 X 射线管中电子动能的绝大部分转换为热，阳极急剧升温，如果不注意充分冷却，将导致阳极过热，阳极靶面蒸发或熔化，并会加大气体的释放，最终使 X 射线管损坏。因此，在使用 X 射线机时，除了限定在额定工作电压和工作电流外，还必须注意预热和冷却。

在开机后，应使灯丝经历一定的加热时间后，再将高压送到 X 射线管。关机前，应使 X 射线管的灯丝在无高压下保持加热一段时间。这将减小 X 射线管灯丝不发射电子状态与强烈发射电子状态之间的突然变化，这种突然变化将加速灯丝的老化，减少 X 射线管的寿命。

为了达到充分冷却，除了保证冷却系统正常工作外，还必须遵守 X 射线机的工作方式规定，在高压加载一定时间后必须按照规定间歇一定的时间，防止 X 射线机因冷却不足造成事实上的工作，形成了超负载的过度使用，这将很快损坏 X 射线管或严重损伤 X 射线管。

不同 X 射线机对工作方式都有明确的规定，一般都规定了允许的最长连续工作时间，同时规定了相等的高压加载时间和间歇冷却时间。便携式 X 射线机经常采用高压加载 5min、间歇冷却 5min 的工作方式；移动式和固定式 X 射线机，由于冷却系统较好，最长连续工作时间可达 30min 或更长，工作方式一般也是采用相等的高压加载时间和间歇冷却时间。

4. 日常定期维护

做好日常定期维护工作，对于保证 X 射线机长期处于正常工作状态和延长使用寿命都具有重要意义。主要的日常维护工作是定期校验指示仪表和清洁控制系统的元器件，定期检验绝缘油、冷却油的耐压强度和充气绝缘 X 射线机的气压，定期检验连接部分和紧固部分的状况，特别是高压电缆连接处的密封和紧固螺栓，保证它们都处于良好、有效的状态，防止泄漏、渗入。

现在许多 X 射线机已改为高压、管电流可以预置，接通高压开关后，X 射线机的控制部分自动调节、逐步达到所需要的高压和管电流，不需要再进行人工调节。多数控制箱已改为数字显示和数字式调节方式调节。这从设备本身避免了一些不正确的操作。

由于制造质量不良、操作不当、维护不佳等原因，X 射线机可能发生各种故障。在日常使用中常出现的故障，主要发生在 X 射线管、高压发生器和高压电缆等部分，在低压电路中，由于元器件的损坏或老化，也会出现故障。

X 射线管的主要故障是真空度降低、X 射线管漏气，由此造成 X 射线管击穿。或者 X 射线管灯丝烧断，造成 X 射线管损坏。

高压发生器部分的故障主要是高压电路中局部绝缘降低、高压变压器对地击穿、高压变压器层间击穿、灯丝变压器对地击穿等。

高压电缆的故障主要是击穿，击穿的部位经常出现的位置是插头部位，主要原因是这个部位经常活动，造成裂纹，进入气体或水分，或者此部位原已存在气孔或裂纹。

低压电路部分的故障主要是电路元器件失效、电接触不良、存在短路或击穿等。

发生故障时应立即停止 X 射线机的工作，查明原因，排除故障。

2.2 γ射线机

γ射线机用放射性同位素作为γ射线源辐射γ射线，它与X射线机的一个重要不同是，γ射线源始终都在不断地辐射γ射线，而X射线机仅仅在开机并加上高压后才产生X射线，这就使γ射线机的结构具有了不同于X射线机的特点。

2.2.1 γ射线机的类型

我国有关标准（GB/T 14058—1993等）将γ射线探伤机分为三种类型：手提式、移动式、固定式。手提式γ射线机轻便，体积小、重量小，便于携带，使用方便。但从辐射防护的角度，其不能装备能量高的γ射线源。移动式和固定式γ射线机，体积较大，重量也较大，移动需借助适当的装置。由于容许采用更多材料进行辐射防护设计，因此可以装备能量高和活度较大的γ射线源。

我国辐射防护标准GB 18465—2001对这三类γ射线机的源容器的防护性能规定了具体的要求，如表2-6所示。表2-7列出的是我国生产的部分γ射线机的主要数据。

表2-6 GB 18465—2001对γ射线机源容器漏泄比释动能率的规定

源容器类别	源容器外表面	距外表面50mm处	距外表面1m处
手提式	≤2mGy/h	≤0.5mGy/h	≤0.02mGy/h
移动式	≤2mGy/h	≤1mGy/h	≤0.05mGy/h
固定式	≤2mGy/h	≤1mGy/h	≤0.10mGy/h

表2-7 γ射线机的主要技术参数

γ射线机型号	CTS—I	YTS—I	SETS—I
外形尺寸/mm	530×390×310	421×242×287	240×110×180
主机重量/kg	200	28	8.5
屏蔽材料与重量	贫化铀，135kg	贫化铀，19kg	贫化铀，3.2kg
γ射线源	^{60}Co	^{192}Ir	^{75}Se
额定源活度/Bq	$3.7×10^{12}$（100Ci）	$3.7×10^{12}$（100Ci）	$2.96×10^{12}$（80Ci）
通道型式	S通道	S通道	直通道
输源方式	自动/手动	自动/手动	自动/手动
驱动机构长度/m	11	10	10
输源管长度	3×2.1m	3×2.1m	3×2.1m

2.2.2 γ射线机的基本构成

γ射线机主要由五部分构成：源组件（密封γ射线源）、源容器（主机体）、输源（导）管、驱动机构和附件。图2-20是弯通道设计的γ射线机源容器结构示意图。

源容器是γ射线源的储存装置，是γ射线机的主机。在不曝光时γ射线源被收回置于源容器中，为了减少γ射线辐射的外泄，源容器内部都装备了屏蔽材料，近年来主要采用贫化铀代替铅作为屏蔽材料。屏蔽体内的设计主要是两种形式："S通道"和"直通道"。S

通道结构比较简单，在各方向具有近似相等的屏蔽厚度。直通道结构比较复杂，需利用适当的结构，使γ射线源在存放到源容器中时，不存在直接向外辐射的通道。

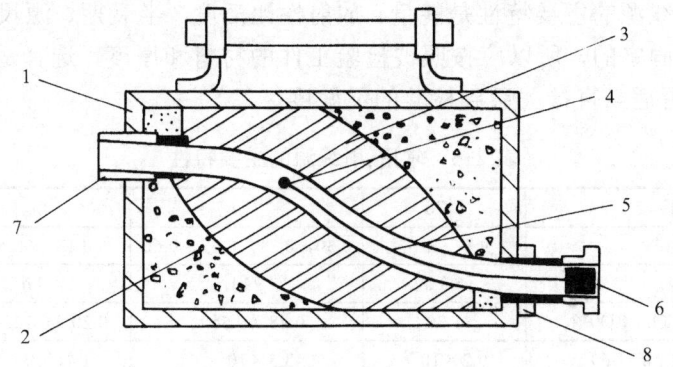

图2-20　S通道γ射线机源容器的基本结构示意图

1—外壳　2—聚氨酯填料　3—贫化铀屏蔽层　4—γ源（源组件）
5—源托　6—安全接插器　7—快速连接器　8—密封盒

源容器的通道端口都设计有可快速连接的接口，源容器上还都设计有一套安全连锁机构。这些装置和机构用以保证正确和安全操作γ射线机，避免意外事故。

源组件由γ射线源、外壳、源辫子、屏蔽杆构成。γ射线源密封在外壳中。外壳由内外两层构成，内层是铝壳，外层一般由不锈钢制做，通过等离子焊将一定形状和尺寸的放射性同位素密封在外壳之中，防止放射性同位素散失。对外壳的结构和强度有严格要求，它必须在一定的温度、压力、振动、冲击等的作用下不发生损坏，不会导致放射性同位素外泄。图 2-21 是源组件的结构示意图。源组件与源托连接，通过源托与驱动部件连接在一起。

驱动机构由一套控制部件、控制导管、驱动部件构成，在使用时它与源容器连接，用来送出和收回γ射线源，其行程记录装置可以指示γ射线源所处的位置。驱动方式可分为自动（电动）方式和手动方式两种。手动方式是通过手摇动驱动手柄使γ射线源在输源管中移动，完成γ射线源的送出和收回。为了减少现场操作人员受到的辐射照射，可采用电动驱动方式。电动驱动方式可设置一定的γ射线源移动速度、预置适当的送源延时时间、预置一定的曝光时间等，它可以在一定的距离外进行遥控操作。输源管是一种软管，它由包塑的不锈钢管制成，使用时，根据现场情况，可将一根或多根相连，构成一端开口另一端封闭的输源管。开口一端与源容器连接，封闭一端与照射头连接，照射头固定在曝光位置，γ射线源沿输源导管送到预定的曝光位置。

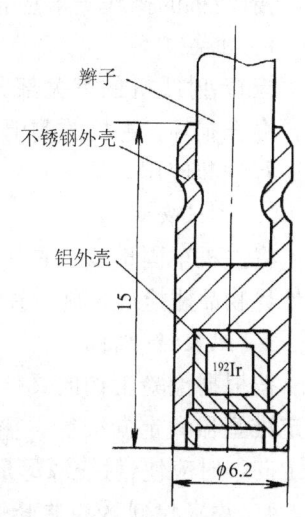

图2-21　源组件结构示意图

附件主要是照射头、定向架等，利用照射头限定γ射线源的照射场，利用定向架固定照射头，保证γ射线照相过程按设定的方式进行。

目前，在工业射线照相探伤中使用的γ射线源主要是人工放射性同位素：^{60}Co；^{192}Ir；^{75}Se；^{170}Tm等，它们的主要特性列于表2-8中。对于工业射线探伤来说，在选择γ射线源时应考虑的γ射线源的主要特性是能量、放射性比活度、半衰期、源尺寸。由于不同的γ射线源的能量是固定的，所以应按照被检验工件的材料和厚度，选择适当的γ射线源，γ射线源的能量是否适当直接关系到检验的灵敏度。

表2-8 常用γ射线源的主要特性

γ射线源		^{60}Co	^{192}Ir	^{75}Se	^{170}Tm
主要能量/MeV		1.17，1.33	0.30，0.31，0.47，0.60	0.13，0.26	0.052，0.084
半衰期		5.3 a	74d	120 d	128 d
K_r	[（R·m^2/（h·Ci）]	1.30	0.48（0.55）	0.20（0.125）	0.0014
	C·m^2/（kg·h·Bq）	9.2×10^{-5}	3.3×10^{-15}	1.4×10^{-15}	0.01×10^{-15}
等效能量		1.25MeV	400keV	217keV	84keV
适宜厚度（钢，mm）		40～200	20～100	10～40	≤5

表中的 K_r 称为照射量率常数，由于采用法定计量单位的值比较复杂，因此也用带括号形式给出非法定计量单位的值，这时它表示活度为1Ci的源、在无滤波下、在距源1m处1h时间内给出的照射量的伦琴数值。

2.2.3 γ射线机使用

γ射线机与X射线机比较具有设备简单、便于操作、不用水电等特点，但γ射线机操作错误所引起的后果将是十分严重，因此，必须注意γ射线机的操作和使用。按照国家的有关规定，使用γ射线机的单位涉及到放射性同位素，因此，单位必须申领放射性同位素使用许可证，操作人员，应经过专门的培训，并应取得放射工作人员证。

γ射线机的操作一般应按下列程序进行。

1. 准备工作

检查γ射线机的有关部分是否完好正常，例如，驱动机构是否可正常工作，输源导管是否存在损坏，主机的漏泄辐射是否处于规定范围之内等。在确认γ射线机处于完好后方可进行安装应用。

2. 主机安装

将主机牢固地安放在适当位置，并应采取必须的辐射防护措施和设置必要的防雨、防外界物品碰撞等设施。在安装过程中，应随时用剂量仪进行监测。

3. 组装γ射线机

按根据检验工作的具体情况和特点设计的透照布置，组装输源导管、连接驱动机构、固定准直器和定向架等。输源导管应尽量平直，弯曲半径应不小于500mm。固定准直器和定向架时应使γ射线源尽量与设定的焦点位置重合。

4. 设定控制区和监督区

通过监测（和理论计算），设定控制区边界和监督区边界，控制区边界处的空气比释动能率应为40μGy/h 处，监督区边界处的空气比释动能率应为2.5μGy/h 处，并按国家标准的规定设置警告标志。操作人员应在控制区边界外工作，公众人员不应进入监督区。

需要时，应设专门的监督管理人员。

5. 完成曝光过程

按γ射线机的操作说明、有关的操作规程和检验工艺卡的规定，完成曝光过程。

γ射线机在使用过程中可能发生的故障主要是：部分机件损坏，如驱动失灵、输源导管变形、源座脱开等，造成γ射线源不能送出或收回；安全联锁机构失灵等。如果出现γ射线源不能收回到源容器贮存位置的故障，不能盲目处理，应对现场采取必要的措施，并报告有关领导和部门，请专门人员进行处理，排除故障。在使用中，应特别防范"掉源"事故，防止由此造成的严重危害。

γ射线机使用时必须严格遵守国家、卫生、公安等部门的有关法规、规章和制度，操作人员必须经过有关培训，注意防止γ射线机操作失误，严格防止因γ射线源未收回或遗失等可能造成的辐射事故。

*2.3 加速器

在工业射线照相探伤中产生更高能量射线一般采用加速器。加速器是带电粒子加速器的简称，其基本原理是利用电磁场加速带电粒子，从而获得高能X射线。适合工业射线照相探伤的加速器主要是电子感应加速器、电子直线加速器、电子回旋加速器。

1. 电子感应加速器

电子感应加速器的主体结构是一环形真空室和巨大的电磁铁，环形真空室，即环形真空加速管，放置在电磁铁之间。其主要结构示意图如图 2-22 所示。

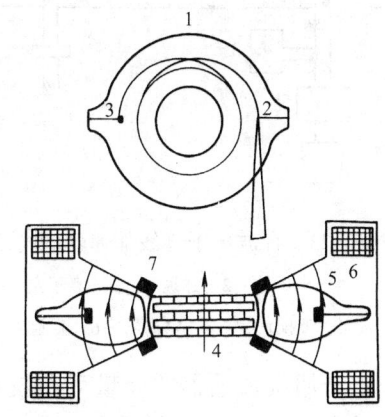

图2-22 电子感应加速器主体结构示意图
1—环形加速器管 2—阳极 3—阴极
4、5—磁场 6—磁化线圈 7—辅助线圈

这种加速器利用随时间变化的磁场及其产生的感应电场，使电子在环形真空室内沿圆形轨道运动，进行加速。主要励磁线圈上通常加上几千伏的低频交流电，电子在环形真空室中需运转很多圈才能获得数百万电子伏的能量。当电子达到需要的能量时，在辅助励磁线圈的磁场作用下，脱离圆形加速轨道，撞击在靶上，产生 X 射线。

电子感应加速器结构简单，造价比较低，能量范围比较宽，对工业射线照相探伤它的能量多为 15～35MeV，焦点尺寸小，产生的锥形 X 射线束的顶角约为 5°～6°，但它的电子束流强度小，一般不超过 1μA，因此产生的射线强度低。

2. 行波电子直线加速器

行波电子直线加速器的主体结构是圆柱形金属波导管，波导管中每隔一定距离安放一个金属圆盘，圆盘中心有一圆孔，它是行波电磁场和电子的通路。这种加速器采用电磁场在波导管内不断供给电子能量，使电子加速，电子每前进 1cm 可获得约 60×10^3eV

的能量。电子在加速管内沿直线运动,加速到一定能量后撞击在靶上产生 X 射线。图 2-23 是行波电子直线加速器结构示意图。

电子直线加速器是性能更适合于工业射线照相探伤的加速器,对工业射线照相探伤,其能量多为 1~15MeV,在这个能量范围它可以制造得轻巧、操作方便,其焦点约 $\phi 2mm$~$\phi 3mm$。与电子感应加速器相比,它的体积大些,但它的电子束流强度大,产生的 X 射线强度大,约为电子感应加速器的 10~100 倍。

3. 电子回旋加速器

电子回旋加速器是利用恒定的磁场和高频电场,使电子沿具有公切点的逐渐加大的圆运动,不断加速的电子加速器。这种加速器的主体结构是安放在两个磁极之间的一个扁圆盒形真空室,图 2-24 是其结构的示意图。当电子被加速到所需要的能量时,从圆周轨道将电子引出,使其撞击在靶上产生 X 射线。

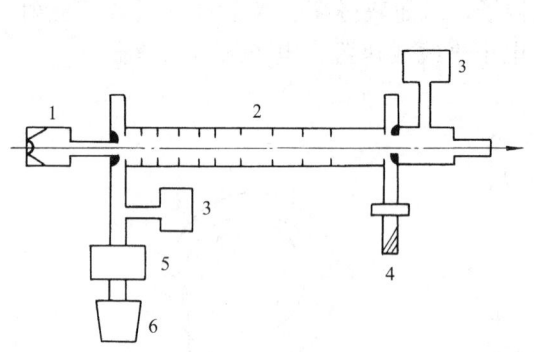
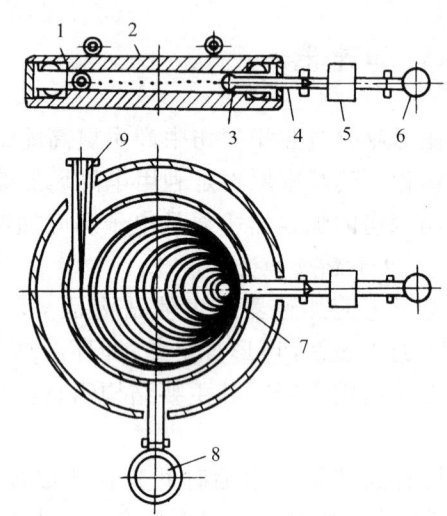

图2-23 行波电子直线加速器结构示意图
1—电子枪 2—加速管 3—离子泵
4—吸收负载 5—隔离器 6—磁控管

图2-24 电子回旋加速器结构示意图
1—真空室 2—磁铁 3—谐振腔 4—波导管 5—铁氧体
6—磁控管 7—电子发射极 8—高真空泵 9—引出管

电子回旋加速器的能量可在较宽的范围变化,对工业射线照相探伤多为 6~25MeV,能量的分散度小,焦点尺寸也小,束流强度比较大,束流的准直性好。

表 2-9 列出了一些牌号加速器的主要性能。

表 2-9 部分牌号加速器的主要性能

类型	电子感应加速器	电子直线加速器	电子回旋加速器
牌号	KBc-8-25	ML-15RⅡ	MД-10
最大能量/MeV	25	12	10
1m 处照射量率/R·min^{-1}	400	7000	2000
焦点尺寸/mm	1.5×0.3	$\phi 1$	$\phi 2$~$\phi 3$
1m 处照射范围/mm	$\phi 240$	$\phi 300$	$\phi 150$

2.4 工业射线胶片

2.4.1 射线胶片的结构

射线胶片的结构如图 2-25 所示,射线胶片与普通胶片除了感光乳剂成分有所不同外,其他的主要不同是射线胶片一般是双面涂布感光乳剂层,普通胶片是单面涂布感光乳剂层;射线胶片的感光乳剂层厚度远大于普通胶片的感光乳剂层厚度。这主要是为了能更多地吸收射线的能量。但感光最慢、颗粒最细的射线胶片也是单面涂布乳剂层。

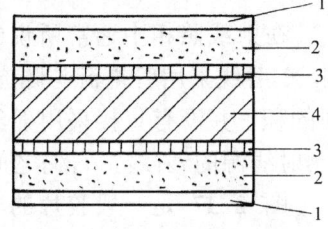

图2-25 射线胶片的结构
1—保护层 2—感光乳剂层
3—结合层 4—片基

片基为透明塑料,它是感光乳剂层的支持体,厚度约为 0.175mm～0.30mm。

感光乳剂层的主要成分是卤化银感光物质极细颗粒和明胶,此外还有其他一些成分,如增感剂等,感光乳剂层的厚度约为 10～20μm。卤化银主要采用的是溴化银,其颗粒尺寸一般不超过 1μm。明胶可以使卤化银颗粒均匀地悬浮在感光乳剂层中,它具有多孔性,对水有极大的亲和力,使暗室处理药液能均匀地渗透到感光乳剂层中,完成处理。

结合层是一层胶质膜,它将感光乳剂层牢固地粘结在片基上。

保护层主要是一层极薄的明胶层,厚度约为 1～2μm,它涂在感光乳剂层上,避免感光乳剂层直接与外界接触,产生损坏。

核心部分是感光乳剂层,它决定了胶片的感光性能。

2.4.2 胶片的主要感光特性与感光特性曲线

胶片的感光特性是指胶片曝光后(经暗室处理)得到的底片黑度(光学密度)与曝光量的关系。主要的感光特性包括感光度(S)、梯度(G)、灰雾度(D_0)及宽容度等,感光特性曲线集中反应了这些感光特性。

胶片的感光特性曲线,给出的是胶片曝光后(经暗室处理)得到的底片黑度(光学密度)与(相对)曝光量对数的关系。

在描述这个特性曲线之前,首先建立光学密度和曝光量概念。

胶片经过曝光和暗室处理后称为底片,对射线照相则常称为射线照片。底片上各处的金属银密度不同,所以各处透光的程度也不同。底片的光学密度就是底片的不透明程度,它表示了金属银使底片变黑的程度,所以光学密度通常简称为黑度。

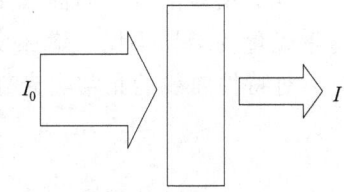

图2-26 光学密度定义

如图 2-26 所示,设入射到底片的光强度为 I_0,透过底片的光强度为 I,记光学密度为 D,则光学密度定义为

$$D=\lg(I_0/I) \tag{2-4}$$

即光学密度为入射光强度与透射光强度之比的常用对数之值。

曝光量是在曝光期间胶片所接收的光能量，记，光（射线）强度为 I，曝光时间为 t，曝光量为 H，则曝光量可以用下式定义

$$H=It \tag{2-5}$$

在射线照相中通常所说的曝光量（常用 E 表示），与这里的定义不完全相同，例如，对 X 射线采用管电流与曝光时间的乘积，而对γ射线则常采用源的放射性活度与曝光时间的积，并没有直接采用射线强度与曝光时间的积。但对于同一管电压下的 X 射线或同一γ射线源的γ射线，它们之间存在固定的关系，即仅相差一个常数倍数。

图 2-27 是一般胶片的感光特性曲线的典型样式。特性曲线的纵坐标表示底片的黑度，横坐标表示曝光量的常用对数。

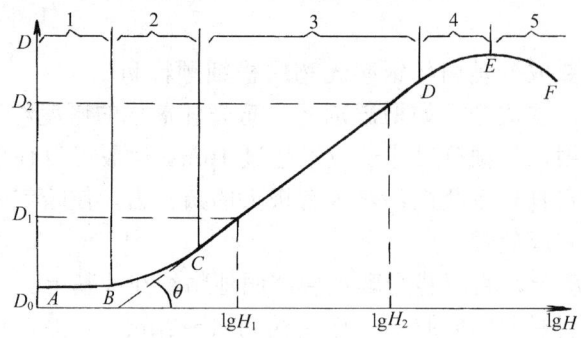

图2-27 胶片的特性曲线

胶片的感光特性曲线一般可分为下面几个部分。

（1）趾部 即曲线中的 AC 部分，也称为曝光不足区。在这部分，对应于曝光量的增加黑度的增加很慢。

（2）正常曝光部分 即曲线中的 CD 部分，这部分曲线近似为直线，在这一部分，黑度与曝光量的对数近似成正比。工业射线照相检验中规定的射线照片黑度都在这个范围之内。

（3）肩部 即曲线的 DE 部分，也称为曝光过度区，在这部分当曝光量增加时，黑度的增加很缓慢。

（4）反转部分 即曲线中 E 以后的部分，以前这部分常称为负感区。在这部分黑度随曝光量的增加不仅不增加反而减少。

对特性曲线的正常曝光部分，黑度与曝光量对数之间近似满足下面的关系：

$$D=G\lg H+k \tag{2-6}$$

式中 D —— 底片黑度；

G —— 特性曲线的斜率，也即梯度；

H —— 曝光量；

k —— 常数。

这个关系式在讨论射线照相检验技术的理论时,经常要加以引用。图 2-28 是工业射线胶片的感光特性曲线,显然,在常用的黑度范围它不同于一般胶片的感光特性曲线。

从胶片感光特性曲线,容易定义和理解胶片的主要感光特性。

（1）感光度（S）　感光度也称为感光速度,它表示胶片感光的快慢。通常定义,使底片产生一定黑度所需的曝光量的倒数为感光度,即

$$S = 1/H_S$$

其中 H_S 为产生一定黑度所需要的曝光量。

不同胶片得到同样的黑度所需的曝光量不同,所需曝光量少的感光度高,或说感光速度快。对工业射线胶片,我国标准 GB 9582—1988 和 ISO 7004 标准均规定,H_S 为产生片基加上灰雾黑度再加上 2.0 的黑度所需要的曝光量,曝光量的单位为 Gy。不同国家、不同标准在不同时期曾经作出过不同的规定。

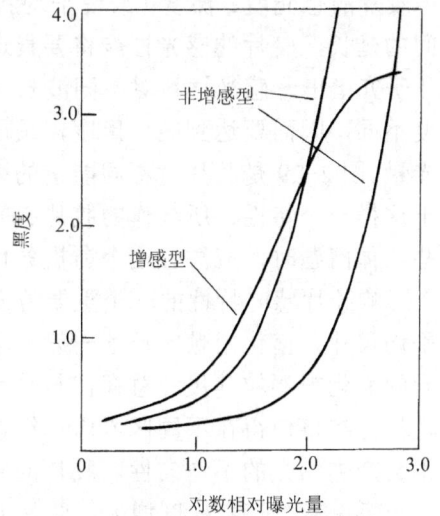

图2-28　工业射线胶片的感光特性曲线

（2）梯度（G）　胶片特性曲线上任一点的切线的斜率称为梯度,以前常称为反差系数。特性曲线上不同点的梯度是不同的,即使在正常曝光部分,由于曲线只是近似直线,因此各点的梯度也存在一些小的差别。对可见光,胶片特性曲线的正常曝光部分,梯度可以认为是常数。对非增感型射线胶片,在一定黑度范围内（至少到黑度为 12~16）,梯度随着黑度的增加连续增大,为了简单化,常也近似地认为梯度近似是常数。为了表示胶片这方面的特性,引入了特性曲线的平均斜率,记成 $\overline{G}$。它是在特性曲线上选择两个特定的点,以这两点连线的斜率作为胶片特性曲线的平均斜率。GB/T 9582—1988 标准规定如下计算平均斜率：

$$\overline{G} = \frac{D_2 - D_1}{\lg H_2 - \lg H_1} = \frac{2.0}{\lg H_2 - \lg H_1}$$

式中　D_1——片基加灰雾度再加 1.50 的黑度；

　　　D_2——片基加灰雾度再加 3.50 的黑度；

　　　H_1——产生黑度 D_1 所需的曝光量；

　　　H_2——产生黑度 D_2 所需的曝光量。

梯度与胶片的类型、增感方式、显影过程等相关。

（3）宽容度（L）　宽容度定义为特性曲线上直线部分对应的曝光量对数之差,即

$$L = \lg H_c - \lg H_b$$

在这个范围内,由于黑度与曝光量对数近似成正比关系,因此在射线照相检验中不同厚度或厚度差将以相应的不同黑度记录在射线照片上。

（4）灰雾度（D_0）它表示胶片即使不经曝光在显影后也能得到的黑度。在胶片感光特性曲线上是曲线起点对应的黑度。

胶片的感光度、梯度（或说平均斜率）、灰雾度与存放时间和显影条件都相关，随着时间的延长，胶片的感光性能将要衰退，这称为感光材料的"老化"。

研究指出，感光材料对不同波长（不同能量）的光或射线的敏感性不同，也就是感光度不同，因而要达到同一黑度，采用不同波长（能量）的光或射线曝光将需要不同的曝光量。图2-29是胶片对不同能量的感光灵敏度特性，常称为胶片的谱响应灵敏度曲线。由于这样一个特性，所制作的胶片感光特性曲线，都是在规定的能量下的结果，在讨论一些具体问题时，应注意这个前提条件。

影响胶片感光特性的一个重要方面是卤化银颗粒的粒度，即感光乳剂中卤化银颗粒的平均尺寸。卤化银颗粒尺寸一般不超过1μm，但不同的卤化银颗粒尺寸不同，因此，不同的卤化银颗粒其尺寸总存在与平均尺寸的偏差。此外，在感光乳剂中，卤化银颗粒的随机分布将使得在不同区域卤化银颗粒的密度也会不同。这些情况使得均匀的曝光过程也会产生感光的不均匀性。胶片的感光特性还将受到暗室处理的影响。

一般说来，随着粒度增大，胶片的感光度也增高，梯度降低，灰雾度也会增大。

感光材料的粒度限制了胶片所能记录的细节最小尺寸。

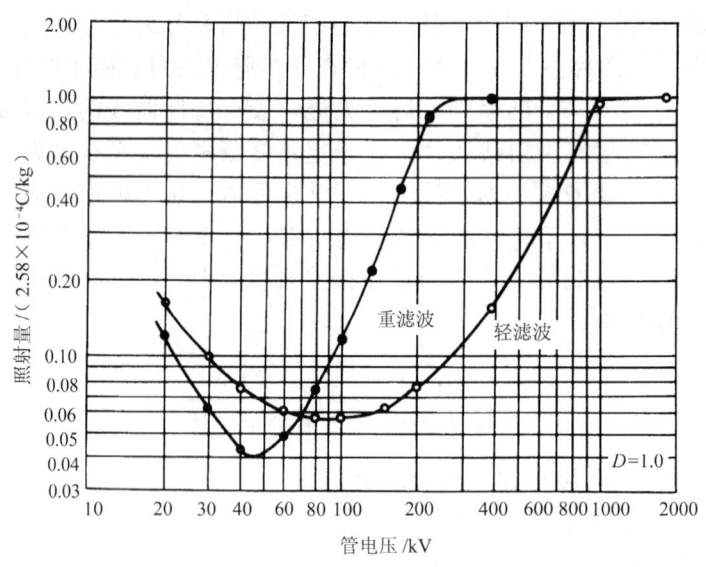

图2-29　胶片的谱响应灵敏度曲线

*2.4.3　潜影形成与射线照相效应特点

在可见光或射线照射下，胶片感光乳剂层中可以形成眼睛看不见的潜在的影像，称为"潜影"，经过显影处理，潜影可转化为可见的影像。

在照相乳剂的制备过程中，在感光乳剂层中将形成"感光中心"——卤化银微粒表面的一些部分，由于存在中性银原子和硫化银而提高了对光的反应能力，它是潜影形成的基础。潜影形成可分为四个阶段。

1）在射线或可见光照射时，在光子作用下，卤化银微粒吸收光子，激发溴离子产生电子。

2）产生的电子移动，到达感光中心。

3）带负电荷的感光中心吸引卤化银晶格之间的银离子。

4）银离子与电子结合产生银原子。

上述过程是潜影形成的基本过程。感光中心具有一个银原子后基本过程再度重复，直至曝光结束。这样产生的银原子团称为"潜影中心"，潜影中心的总和就是潜影。

研究指出，潜影随着时间可以变化，通常是减弱，这称为"潜影衰退"。潜影衰退实际是构成潜影中心的银原子被空气氧化后又变成了银离子。在较高的温度和较大的湿度下，氧化作用加剧，将促进潜影衰退。其化学反应为

$$2Ag + \frac{1}{2}O_2 + H_2O \rightarrow 2Ag^+ + 2OH^-$$

射线与可见光相比，一个基本的差别是射线光子的能量远大于可见光，感光乳剂在射线照射下，每吸收一个射线光子就能够产生多个银原子，而可见光的量子产率约为1。因此，一个射线光子就能够使一个或多个卤化银颗粒成为可显影的，这称为"一次撞击"本领。这导致射线照相效应与可见光照相效应的明显不同是：射线照相效应不存在曝光量阈值，可见光照相效应存在曝光量阈值；射线照相效应（直接对射线曝光）不存在互易律失效，可见光照相效应在低照度和高照度时都存在互易律失效。

2.4.4 射线胶片的分类与选用

在工业射线照相中使用的胶片，从大的方面分为两种类型：增感型胶片；非增感型胶片（直接型胶片）。增感型胶片是指适宜与荧光增感屏配合使用的胶片，非增感型胶片适于与金属增感屏一起使用或不用增感屏直接使用。

增感型胶片当不与荧光增感屏配合使用时，其感光度将比使用荧光增感屏时低很多。增感型胶片也可与金属增感屏一起使用，这时与感光度近似的非增感型胶片相比，它所得到的影像的对比度要低一些。非增感型胶片不适宜与荧光增感屏配合。按照近年来射线照相技术发展的情况，在射线照相中一般不使用增感型胶片。

按照胶片感光乳剂的粒度和主要的感光特性，射线胶片定性地划分为四类。表2-10是各类胶片的基本性能的要求，表中数据是一种牌号胶片给出的参考值。

表2-10 射线胶片分类性能要求

类型	粒度/μm		感光度 S		梯度 G		
	要求	尺寸	要求	相对值	要求	$D=2.0$	$D=4.0$
G1	微粒	0.1~0.3	很低	7.0	很高	>4.0	>8.0
G2	细粒	0.3~0.5	低	3.0	高	>3.7	>7.5
G3	中粒	0.5~0.7	中	1.0	高	>3.5	>6.8
G4	粗粒	0.7~1.1	高	0.5	中	>3.0	>6.0

图 2-30 是不同类型胶片的梯度与黑度之间的关系。图中曲线 A 为细颗粒非增感型胶片的结果，曲线 B 为中等感光度的非增感型胶片的结果，曲线 C 为增感型胶片与荧光增感屏一起使用的结果。从图中可见，对增感型胶片，在黑度为 1.5 左右可以得到最大的梯度值，所以对增感型胶片在使用时才规定黑度应为 1.5 左右。非增感型胶片的梯度随黑度的增加持续增加，至少可以延续到黑度为 12~16 左右，特别是对细颗粒的胶片。正是因为这样，近年来对射线照片的黑度都倾向于提高。

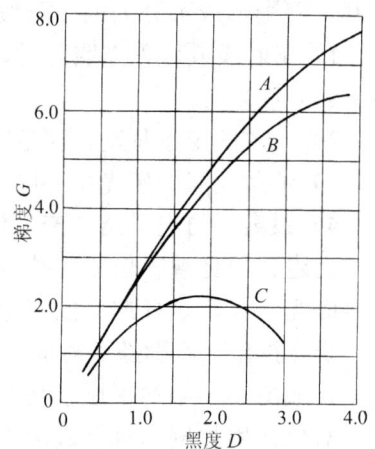

图2-30　胶片的梯度与黑度关系

近几年，国外标准关于工业射线照相胶片提出了"胶片系统"概念，并按胶片系统进行新的分类。我国已等效采用了这些新的标准。

所谓胶片系统，是指把胶片、铅增感屏、暗室处理的药品配方和程序（方法）结合在一起作为一个整体，并按这时表现出的感光特性和影像性能进行分类。

胶片系统按下列三个性能指标进行分类：

1）梯度 G，即胶片特性曲线在规定黑度处的斜率；
2）颗粒度 σ_D，射线照片黑度在规定黑度下的随机偏差；
3）梯度/噪声比，在规定黑度下的 G/σ_D 值，它直接相关于信噪比。

表 2-11 列出了胶片系统分类的具体指标。应注意的是，这些指标都是在特殊规定的 X 射线管电压、靶材料、增感屏材料和厚度、黑度范围等条件下测定的数据。

表 2-11　胶片系统的主要特性指标

系统类别	梯度最小值 G_{min}		颗粒度最大值 $(\sigma_D)_{max}$	（梯度/颗粒度）最小值 $(G/\sigma_D)_{min}$
	$D=2.0$	$D=4.0$	$D=2.0$	$D=2.0$
T1	4.3	7.4	0.018	270
T2	4.1	6.8	0.028	150
T3	3.8	6.4	0.032	120
T4	3.5	5.0	0.039	100

注：表中的黑度均指灰雾度以上的黑度。

以前的工业射线照相胶片分类，主要是从胶片自身的性能考虑，但实际上给出的是在一定条件下胶片的感光特性。胶片系统概念，进一步考虑了得到的影像性能，但这时所呈现的特性，仍是在规定的特定条件下的特性，因此，并不是可作为一般性能广泛应用的特性。

在射线照相检验工作中，应按照射线照相检验标准的规定选用胶片。一般说，采用中等灵敏度的射线照相检验技术时，应选用 T3（G3）类或性能更好的胶片，采用高灵敏度射线照相检验技术时，应选用 T2（G2）或性能更好的胶片。当特别注意检验裂纹性缺陷时，一定应选用性能好的胶片。在射线照相检验技术中，一般不允许选用 T4（G4）类胶片，也就是一般不允许选用增感型胶片。

胶片在存放中，应避免接触有害气体，应远离热源和辐射源。尽量存放在温度低和湿度低的环境中，存放中应使胶片避免受到较大的压力。这样使胶片在存放中尽量减少灰雾产生，减少可能产生的其他问题。胶片的最佳贮存温度为 4～24℃左右，最佳贮存相对湿度为 30%～60%左右。温度和湿度过高会导致胶片灰雾度增加，且乳剂膜发粘，造成胶片间粘连，甚至发霉。但温度和湿度过低会造成胶片变脆，易断裂和产生摩擦静电。

2.5 射线照相检验常用的其他设备和器材

2.5.1 增感屏

1. 增感概念

当射线入射到胶片时，由于射线的穿透能力很强，大部分穿过胶片，胶片仅吸收入射射线很少的能量。为了更多地吸收射线的能量，缩短曝光时间，在射线照相检验中，常使用前、后增感屏贴附在胶片两侧，与胶片一起进行射线照相，利用增感屏吸收一部分射线能量，达到缩短曝光时间的目的。

描述增感屏增感性能的主要指标是增感系数，它定义为

$$k = \frac{E_0}{E} \tag{2-7}$$

式中　E_0——底片达到一定黑度不用增感屏时所需的曝光量；
　　　E——底片达到一定黑度使用增感屏时所需的曝光量；
　　　k——增感系数。

即，增感系数是在同样的透照条件下（和同样的暗室处理条件下），底片得到同一黑度所需的曝光量之比。

不同类型的增感屏增感机理不同，增感系数不同，同一类型增感屏在不同能量的射线下使用，增感系数也不同。

2. 增感屏的类型与特点

增感屏主要有三种类型：金属增感屏、荧光增感屏、复合增感屏（金属荧光增感屏）。

金属增感屏是将厚度均匀、平整的金属箔粘接在一定的支持物（如纸片、胶片片基等）上构成的。金属箔目前主要是采用铅合金箔。金属箔增感屏主要与非增感型胶片一起使用。金属箔增感屏在射线照射下可以发射电子，这些电子被胶片吸收也产生照相作用，从而增加了射线的照相效应，产生增感作用。图 2-31 是增感过程示意图。金属增感屏的另一个重要作用是，它还具有滤波作用，能够吸收散射线。一次射线能量较高，能够

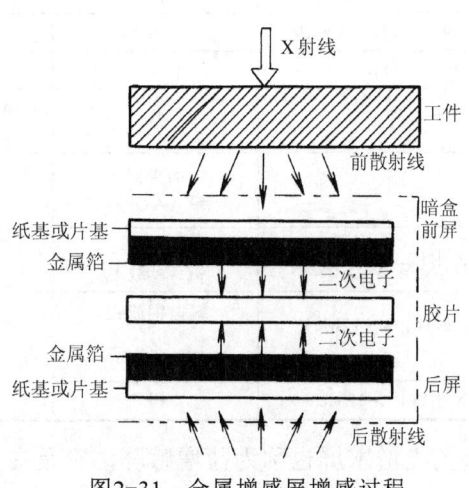

图 2-31　金属增感屏增感过程

穿透金属箔并激发金属箔发射电子，实现增感，但工件中产生的散射线能量较低，大部分被金属箔吸收，这将大大地降低散射比，提高底片的影像质量。

金属增感屏的增感系数与金属箔的原子序数、金属箔厚度和使用的射线能量都相关。图2-32是增感系数与射线能量、金属物质的原子序数、金属箔的厚度的关系曲线。从图中可见，对X射线，金属增感屏在300kV以下管电压时，增感系数随管电压的增高而增大；在管电压较高时，增感系数随增感屏物质的原子序数的增大而增大，但在管电压较低时，在原子序数为50左右存在增感系数的较大值。试验指出，对X射线，当管电压低于80~90kV时铅箔增感屏的增感系数不大于1，即无增感作用。金属箔增感屏的增感系数都较小，一般为2~7左右。表2-12列出了常用金属增感屏的规格和它们适用的能量，可作使用参考。

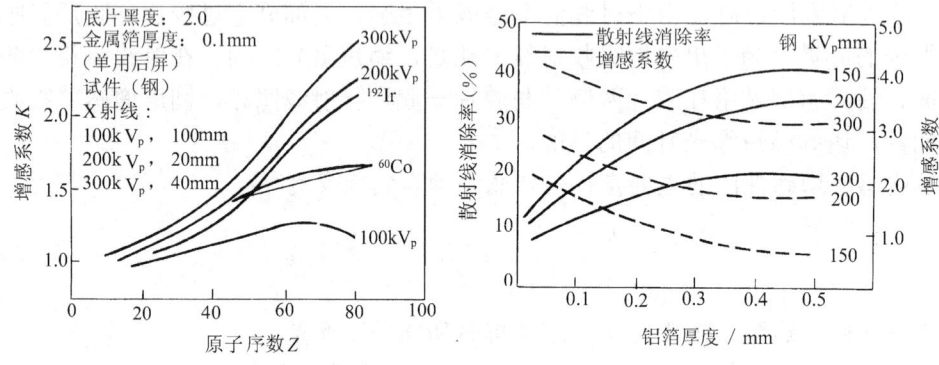

图2-32 增感系数与射线能量、原子序数、屏的厚度的关系

表2-12 常用金属增感屏材料与厚度

射线源	前屏		后屏	
	材料	厚度/mm	材料	厚度/mm
X射线，≤100kV	铅	不用或≤0.03	铅	≤0.03
X射线，100~150kV	铅	≤0.15	铅	≤0.15
X射线，150~250kV	铅	0.02~0.15	铅	0.02~0.15
X射线，250~500kV	铅	0.02~0.2	铅	0.02~0.2
^{75}Se	铅	0.1~0.2	铅	0.1~0.2
^{192}Ir	铅	A级 0.02~0.2 B级 0.1~0.2	铅	A级 0.02~0.2 B级 0.1~0.2
^{60}Co	钢或铜 铅（A级）	0.25~0.7 0.5~2.0	钢或铜 铅（A级）	0.25~0.7 0.5~2.0
X射线，1~4MeV	钢或铜 铅（A级）	0.25~0.7 0.5~2.0	钢或铜 铅（A级）	0.25~0.7 0.5~2.0
X射线，4~12MeV	铜，钢或钽 铅（A级）	≤1 0.5~1.0	铜，钢 钽 铅（A级）	≤1 ≤0.5 0.5~1.0
X射线，>12MeV	钽	≤1	不用后屏	

荧光增感屏也称为盐增感屏，它是在支持物上均匀涂布一层荧光物质，上面再涂布一薄层保护物质层构成的。荧光增感屏与增感型胶片一起使用。当受到射线照射时，荧

光物质被激发，辐射荧光，胶片吸收荧光实现增感作用。

荧光增感屏常用的荧光物质是钨酸钙，在射线照射时它可以发出峰值波长为425nm的蓝紫光，这与增感型胶片的主要感光区一致。荧光增感屏的增感系数较大，通常可达10～60或更高。增感系数主要取决于荧光物质的颗粒大小，在一定的范围内，颗粒越大发射的荧光越强，增感系数也越大。增感系数与射线能量相关，也与增感屏的厚度相关。

荧光增感屏的主要缺点是荧光物质的颗粒性将产生一个新的不清晰度—屏不清晰度，其值常常都大于其他不清晰度；荧光增感屏本身还将产生较强的散射线，这些将严重损害射线照相的影像质量。正是由于荧光增感屏存在上述缺点，近年来的绝大多数射线照相标准都规定不采用荧光增感屏。

金属荧光增感屏是金属增感屏和荧光增感屏的组合，其结构是在金属增感屏的金属箔外再附加一层荧光物质，在最初设计时的考虑是，金属箔的作用是吸收散射线，荧光物质发射荧光产生增感作用。因此，金属荧光增感屏除了能够吸收工件中产生的散射线外，并不能克服荧光增感屏的其他缺点，所以在射线照相中也未得到应用。

3. 增感屏使用

增感屏具有增感作用，但必须注意正确使用。使用时增感屏常分为前屏和后屏。前屏应置于胶片朝向射线源一侧，后屏置于另一侧，胶片夹在两屏之间。前屏应采用适于射线能量的厚度，后屏厚度经常较大，以便同时具有吸收背景产生的散射线的作用。为了操作的方便，实际上经常选用同样厚度的前屏和后屏，而另外在暗袋外面附加一定厚度的铅板屏蔽环境产生的散射线。使用增感屏时主要应注意：

1）正确选取增感屏的类型和规格；
2）增感物质表面（金属箔、荧光物质）应朝向胶片；
3）增感物质表面与胶片表面之间应直接接触，不能放置其他物品，如纸张；
4）射线照相过程中应保证增感屏与胶片紧密接触，但不能过分弯曲和挤压；
5）在向前后屏之间装入胶片或从它们之间取出胶片时应尽量避免摩擦，以免因摩擦产生荧光或静电，使胶片感光；
6）使用前应检查增感屏表面是否受到污染或损坏，存在这些问题的增感屏不能使用。

日常应经常对增感屏进行清洁，定期检查增感屏是否受到损坏，防止存在问题的增感屏投入使用，造成不必要的返工、浪费。

三种类型增感屏具有不同的特点，适应不同的要求。对一般技术和较高技术都应采用金属增感屏，只有在特殊的情况下，当采用荧光增感屏或金属荧光增感屏也能达到检验质量要求时，才能使用荧光增感屏或金属荧光增感屏。

2.5.2 像质计

像质计（像质指示器，透度计）是测定射线照片的射线照相灵敏度的器件，根据在底片上显示的像质计的影像，可以判断底片影像的质量，并可评定透照技术、胶片暗室处理情况、缺陷检验能力等。目前，最广泛使用的像质计主要是三种：丝型像质计、阶梯孔型像质计、平板孔型像质计，此外还有槽型像质计和双丝像质计等。像质计应用与被检验工件相同或对射线吸收性能相似的材料制做。各种像质计设计了自己特定的结构和细节形式,规定了自己的测定射线照相灵敏度的方法。

1. 丝型像质计(线型像质计)

丝型像质计是国内外使用最多的像质计。它结构简单、易于制做,已被世界各国广泛采用,国际标准化组织也将丝型像质计纳入其制订的射线照相标准中。丝型像质计的型式、规格已基本统一。

丝型像质计的基本样式如图2-33所示。它采用与被透照工件材料相同或相近的材料制做的金属丝,按照直径大小的顺序、以规定的间距平行排列、封装在对射线吸收系数很低的透明材料中,或直接安装在一定的框架上,并配备一定的标志说明字母和数字。一般在排列的金属丝的两端还放置金属丝对应的号数,以识别该丝型像质计。不同国家的标准对丝的直径与允许的偏差、长度、间距、一个像质计中丝的根数及标志说明等都作出了各自的规定,对丝的材料有的标准作出了比较具体的规定。丝型像质计主要应用在金属材料。

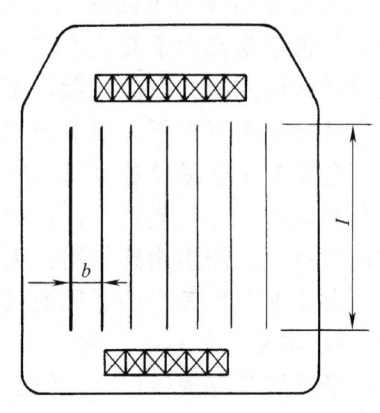

图2-33 丝型像质计样式

关于丝的直径,现在各个国家一般都采用公比为 $\sqrt[10]{10}$ (近似为1.25)的等比数列决定的一个优选数列(ISO/R10 化整值系列),并对丝径给以编号,我国有关标准对丝径的规定如表 2-13 所示。我国的有些标准中,按照原西德标准的规定,又称每根丝的编号为"像质指数",记为 Z

$$Z = 6 - 10\lg d$$

式中的 d 为以毫米为单位的丝径值,像质指数 Z 为按此式计算的值取整后的整数。

表 2-13 我国有关标准关于丝型像质计的规定(CSB 02—1333—2000)

丝号	1	2	3	4	5	6	7	8
丝径/mm	3.20	2.50	2.00	1.60	1.25	1.00	0.80	0.63
偏差/mm	± 0.03				± 0.02			

丝 号	9	10	11	12	13	14	15	16	17	18	19
丝径/mm	0.50	0/40	0.32	0.25	0.20	0.16	0.125	0.100	0.080	0.063	0.050
偏差/mm	± 0.01						± 0.005			± 0.003	

我国的丝型像质计,将表 2-13 中列出的 19 根丝分成五组:1~7、6~12、10~16、12~18、13~19,每个像质计包含其中一组丝,适用于不同的厚度。在制做成丝型像质计时,丝长一般为 50mm,间距一般为 5mm。经常见到的是前面三组,并常分别称为第Ⅰ、Ⅱ、Ⅲ号线型像质计。在射线照相中究竟选用哪一组的像质计,应按照透照厚度和技术要求决定,所应识别的丝不应处于所在组的边缘。例如,要求识别第 7 号丝,则应选用 6~12 号这组,而不应选取 1~7 号这组。

使用时,丝型像质计放置的数量、位置和具体的安放方法等应符合有关标准的规定。

一般的规定主要是,原则上每张底片上都应有像质计的影像,像质计应放置在工件射线源侧的表面上,且应放置在透照区中灵敏度度差的部位。当像质计放置在工件胶片侧表面时,应附加标记(一般是字母"F")。多数标准对丝型像质计的识别性都是规定,在底片上至少可清晰看到连续10mm长的丝状影像时,则该丝认为是可识别的。

除了上面的常规样式的丝型像质计外,针对不同的应用,我国标准也规定了一些非常规或专用型的丝型像质计,如等径型丝型像质计、双丝或三丝型丝型像质计等。

丝型像质计的相对灵敏度规定为,在射线照片上可识别的金属丝最小直径与工件的透照厚度的百分比,即

$$S_W = (d/T) \times 100\%$$

式中 S_W —— 丝型像质计射线照相灵敏度;

d —— 射线照片上可识别的金属丝最小直径;

T —— 工件的透照厚度。

但目前的射线照相检验标准已很少采用这种规定的灵敏度了。

我国的少数标准还采用象质指数规定灵敏度。实际上得到的值就是丝径对应的丝号,并没有带来新的意义。

2. 阶梯孔型像质计

阶梯孔型像质计的基本结构是在阶梯块上钻上直径等于阶梯厚度的通孔,孔应垂直于阶梯表面、不做倒角。常用的阶梯形状是矩形和正六边形,典型的设计如图2-34所示。为了克服小孔识别的不确定性,常在薄的阶梯上钻上两个孔。

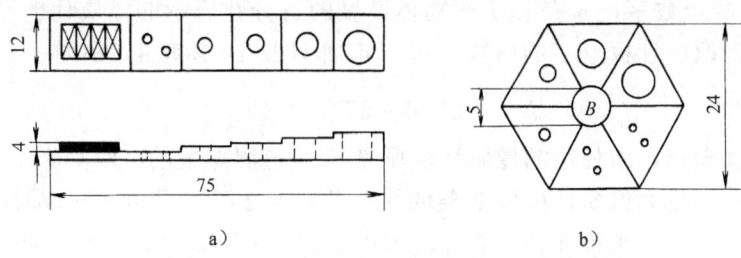

图2-34 阶梯孔型像质计的典型样式

与丝型像质计一样,阶梯的材料应与被检工件的材料相同或相近,阶梯的厚度尺寸与丝型像质计的金属丝直径尺寸相同。阶梯孔型像质计的射线照相灵敏度规定为,在射线照片上可识别的最小孔所在的阶梯的阶梯厚度与工件的透照厚度的百分比,即

$$S_h = (h/T) \times 100\%$$

式中 S_h —— 阶梯孔型像质计的射线照相灵敏度;

h —— 可识别的最小孔所在的阶梯的厚度;

T —— 工件的透照厚度。

由于在射线照片上丝的可识别性与孔的可识别性并不相同,因此,即使丝型像质计灵敏度与阶梯孔型像质计灵敏度相同,也并不表示射线照相灵敏度相同。

阶梯孔型像质计主要在欧洲地区应用,有试验报告显示,在显示射线照相技术变化

对影像质量的影响方面它比丝型像质计更灵敏一些。

3. 平板孔型像质计

在美国广泛使用一种特殊型式的像质计，并且仍称为透度计，这就是平板孔型像质计。也可以认为它是一种特殊的阶梯孔型像质计。

平板孔型像质计是在均匀厚度的平板上钻上三个通孔，如果记板的厚度为 T，则三个孔的直径分别为 $1T$、$2T$、$4T$，$1T$ 孔位于中间。板厚应选为透照厚度的 1%、2% 或 4%，板的材料应与被透照工件的材料相同或相近。平板孔型像质计的典型样式如图 2-35 所示。图 2-35a 适于较小透照厚度，图 2-35b 适于较大透照厚度。

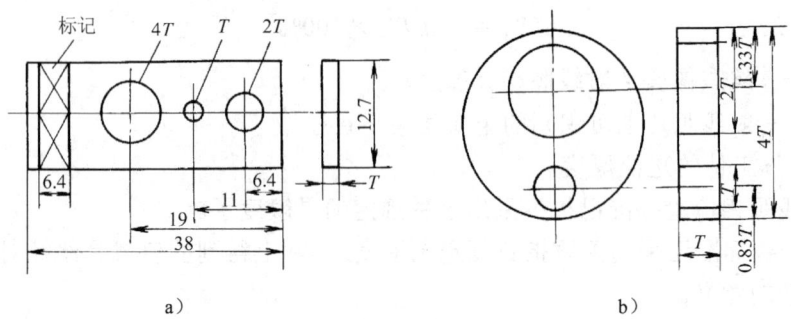

图2-35 平板孔型像质计的样式

平板孔型像质计以下面的方式规定灵敏度级别：

$$n_1 - n_2 T$$

其中 n_1、n_2 为两个数字，n_1 是以透照物体厚度的百分数表示的像质计板厚，n_2 是应识别的最小孔径为像质计板厚 T 的倍数。n_1、n_2 都只取 1、2 或 4。例如

$$4 - 2T$$

这个灵敏度级别表示，所使用的像质计板厚 T 应是透照厚度的 4%（即 $n_1 = 4$），至少应能识别像质计上直径为像质计板厚 2 倍的孔（即 $n_2 = 2$）。由于 n_1、n_2 都只取 1、2 或 4 三个数中的一个，所以平板孔型像质计共可以规定出 9 个灵敏度级别，即

1-1T；　　1-2T；　　1-4T；

2-1T；　　2-2T；　　2-4T；

4-1T；　　4-2T；　　4-4T。

在射线照相检验中，以规定应达到的灵敏度级别规定技术级别要求。经常设立五个级别，即

1-1T、1-2T、2-1T、2-2T、2-4T。

对于平板孔型像质计在美国还规定了一个特殊的灵敏度－"等效透度计灵敏度"，简记为 EPS。所谓等效透度计灵敏度是指，对于每个灵敏度级别，采用与达到这个灵敏度级别相同的射线照相技术时，2T 孔是可识别的最小孔的像质计板厚与透照厚度的百分比。这是类似于阶梯孔型像质计灵敏度的一种规定，但是，两者之间存在很大的不同。表 2-14 列出了平板孔型像质计各个灵敏度级别对应的等效透度计灵敏度值。

表 2-14　各灵敏度级别的等效透度计灵敏度

灵敏度级别	1-1T	1-2T	1-4T	2-1T	2-2T	2-4T	4-1T	4-2T	4-4T
EPS（%）	0.7	1.0	1.4	1.4	2.0	2.8	2.8	4.0	5.6

EPS 灵敏度可按下式计算

$$EPS = \frac{100}{x}\sqrt{\frac{Th}{2}} \quad (\%) \tag{2-8}$$

式中　x ——为透照厚度；
　　　h ——像质计上可识别的最小孔径；
　　　T ——像质计板厚度。

应该注意的是 EPS 灵敏度既不等于阶梯孔型像质计灵敏度，也不等于丝型像质计灵敏度。例如，对 2-1T 灵敏度级别，其 EPS 灵敏度为 1.4%，而对应的阶梯孔型像质计灵敏度却是 2.0%。

4. 槽式像质计

槽式像质计的基本结构是在矩形块上制做出深度不等、宽度相等或不等的矩形槽（缝）。这些槽作为细节，利用它们在底片上显示的影像，判断底片的射线照相灵敏度和缺陷的情况。例如，通过显示的槽的深度评定缺陷的深度尺寸。

槽式像质计制作时，应主要规定适当的外形尺寸（长度、宽度、高度）、槽的尺寸（宽度、深度、间距）等。槽式像质计在我国还没有统一的规定。

5. 双丝型像质计

双丝型像质计是一种特殊的像质计，它的基本结构是一系列的丝对（分为圆形截面和矩形截面两种），图 2-36 是圆形截面的双丝像质计的样式，矩形截面的双丝像质计仅是截面不同。像质计中的丝对由直径相等、丝的间距等于丝的直径的两根丝组成，这样的一系列不同直径的丝对按一定间距封装起来、并加上适当的标记构成了双丝型像质计。丝的材料应是钨等对射线具有高吸收特性的物质，丝径的值和允许的偏差都有严格的规定。表 2-15 列出的是 ASTM E 2002—98 中关于丝形截面的双丝像质计的尺寸和对应的不清晰度值。

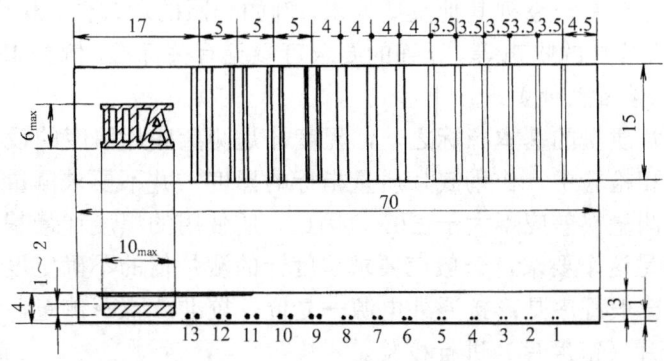

图2-36　双丝型像质计样式（圆形截面）

射线检测

表 2-15 双丝像质计的丝径和不清晰度　　　　　　　　（单位：mm）

单 元 号	13	12	11	10	9	8	7
丝径和间距	0.05	0.063	0.08	0.10	0.13	0.16	0.20
对应的不清晰度	0.10	0.13	0.16	0.20	0.26	0.32	0.40
单 元 号	6	5	4	3	2	1	
丝径和间距	0.25	0.32	0.40	0.50	0.63	0.80	
对应的不清晰度	0.50	0.64	0.80	1.00	1.26	1.60	

注：在 BS 3971:1980 标准中，关于丝径、间距、对应的不清晰度的值等规定，与表中相同，但对单元号的规定，恰与 ASTM E 2002—98 标准的规定采用了相反的次序，即表中的"13"号为"1"号，表中的"1"号却为"13"号，并按此序顺序编号。

双丝型像质计用于测定射线检测的不清晰度。有关标准中规定，不清晰度等于不能清晰区分为两根丝的丝对中直径最大的丝对的直径的 2 倍（对绝大多数测定情况）。

*2.5.3　其他设备和器材

为完成射线照相检验，除需要上面叙述的设备器材外，还需要其他的一些设备和器材，下面列出了另外一些常用的小型设备和器材，但这并不是全部的器材，如暗盒、药品等均未在此列出。

1. 观片灯

观片灯是识别底片缺陷影像所需要的基本设备。对观片灯的主要要求包括三个方面，即光的颜色、光源亮度、照明方式与范围。

光的颜色一般应为日光色；光源应具有足够的亮度且应可调整，其最大亮度应能达到与底片黑度相适应的值。对此，多数标准规定：

底片黑度 $D \leqslant 2.5$ 时，观片灯透过底片的亮度应不低于 $30cd/m^2$；

底片黑度 $D > 2.5$ 时，观片灯透过底片的亮度应不低于 $10cd/m^2$

但只要可能就应达到 $100cd/m^2$ 或更高的值。对底片黑度大于 2.5 时亮度规定值之所以降低到 $10cd/m^2$，主要是目前的多数观片灯，其最大亮度值还达不到对高黑度的底片也能保证透射的光亮度不低于 $30cd/m^2$。此外，对观片灯的主要要求是光源的照明应以漫射方式，照明的区域应当可以调整大小，可以控制在评片者注意观察的范围。

实际上对观片灯还有一系列其他重要要求，例如光照的均匀性、观片灯的绝缘电阻、观片灯的发热性、观片灯的噪声等。详细的要求可参见有关标准，例如 JB/T 7903—1999。

2. 黑度计（光学密度计）

底片黑度是底片质量的基本指标之一，黑度计是测量底片黑度的设备。

在工业射线照相检验中，作为底片质量指标的黑度，并不要求测量非常准确，目前的标准一般规定，测量误差应不大于±0.1。因此，所使用的黑度计最基本的要求是满足这一要求。为了满足这个要求，一般应要求黑度计的测量值的不确定度为 0.05。

黑度计使用的一般程序是：接通外电源→复位→校准 0 点→测量。使用中的黑度计应定期用标准黑度片（密度片）进行校验。

黑度计可按照生产厂推荐的校验方法校验或如下校验。

接通黑度计外电源和测量开关，预热 10min 左右。然后用标准黑度片（密度片）的零黑度点（区）校准黑度计零点，校准后顺次测量黑度片上不同黑度的各点的黑度，记录测量值。从校准黑度计零点开始，对各黑度值至少循环测量 3 次。计算出各点测量值的平均值，以平均值与黑度片该点的黑度值之差作为黑度计的测量误差。对黑度不大于 4.0 的各点的测量误差均应不超过 ±0.05。否则黑度计应校准、修理或报废。所使用的标准黑度片应按规定送有关部门或单位进行检定。

如果要确定黑度计的测量不确定度，则需进行较多次的测量，并应按数理统计方法计算。

3. 暗室设备和器材

暗室必需的主要设备和器材是工作台、切刀、胶片处理的槽或盘、上下水系统、安全红灯、（暗室条件下）计时钟等，可能条件下应配置自动洗片机。

安全红灯主要是指灯的颜色和亮度应保证射线胶片在切装和冲洗处理过程中不被感光。灯的颜色应为暗红色，一般用 15～25W 白炽灯加装滤色片构成。应控制灯与工作台的距离，特别是安全红灯与显影装置、切装胶片工作台的距离。安全红灯的可靠性可用一条胶片在安全红灯的不同工作部位及不同暴露时间下是否产生灰雾黑度确定。

4. 标记

在射线照相检验中，为了建立档案和缺陷识别及定位，需要采用标记。

标记主要由识别标记和定位标记组成。标记一般由适当尺寸的铅（或其他适宜的重金属）制数字、拼音字母和符号等构成。

识别标记一般包括产品编号、部位编号、透照日期，可能时还会包括透照单位、透照人员的代号等。此外还会有返修标记等其他必要的标记。定位标记主要是搭接标记，需要时还可能有中心标记。搭接标记是连续检验时的透照分段标记，它可采用适当的能显示搭接情况的方法或符号表示。中心标记指示透照部位区段的中心位置和分段编号的方向，一般用十字箭头"✦"表示。

标记应放置在工件适当的部位，与工件同时透照，所有标记的影像不应重叠，且不应干扰有效评定范围内的影像。

5. 铅板

铅板是射线照相检验中经常需要的器材，主要是用于控制散射线。

在实验室中，透照台面或透照区地面应铺设适当厚度的铅板，通常应不低于 4mm，用于减少散射线的产生和吸收可能产生的散射线。在现场、野外或透照部位附近环境复杂时，在暗盒后面必须贴附适当厚度的铅板，厚度经常是 1～3mm，以吸收来自周围环境产生的散射线。

此外铅板还会用于其他方面，例如透照边界的准确定位、遮蔽、制作适当的标记等。

复 习 题

1. 简述 X 射线机的基本结构与各部分的作用。
2. 试述 X 射线管的基本构造与 X 射线的产生过程。

3. 试比较工业探伤常用γ射线源的主要特性。
4. 试述 X 射线机的主要工作参数，并说明它们由什么决定。
5. 画出 X 射线机的极限工作曲线和工作负载特性曲线，并给出简要说明。
6. 简述γ射线机的基本结构和对γ射线机性能的主要要求。
7. 简述常用γ射线源的主要性能。
8. 简述使用 X 射线机和γ射线机应注意的主要事项。
9. 简述射线照相检验常用加速器的主要类型和特点。
10. 画出胶片的特性曲线，并对它作出简要说明。
11. 胶片的主要感光特性是哪些，对它们作出简要说明。
12. 胶片分为哪些类型和类别，它们的特点是什么？
13. 简单说明胶片系统概念。
14. 简述潜影形成的基本过程。
15. 简述射线照相效应的主要特点。
16. 增感屏分为哪些类型?说明它们的主要特点。
17. 简述铅箔增感屏的增感机理和使用方法。
18. 像质计分为哪些类型?简要说明它们的基本结构和要求。
19. 说明线（丝）型像质计的基本结构、要求和使用方法。
20. 说明平板孔型像质计的基本结构和灵敏度规定方法。

第 3 章 射线照相检验技术的理论基础和基本技术

3.1 射线检测的基本原理

当强度均匀的射线束透照射物体时,如果物体局部区域存在缺陷或结构存在差异,它将改变物体对射线的衰减,使得不同部位透射射线强度不同,这样,采用一定的检测器(例如,射线照相中采用胶片)检测透射射线强度,就可以判断物体内部的缺陷和物质分布等。

如图 3-1 所示,设阶梯上存在一很小的厚度差,则有

$$I = I_D + I_S ; \quad I' = I'_D + I'_S$$

式中 I_D, I'_D —— 透射的一次射线强度;
I_S, I'_S —— 透射的散射射线强度;
I, I' —— 透射射线强度。

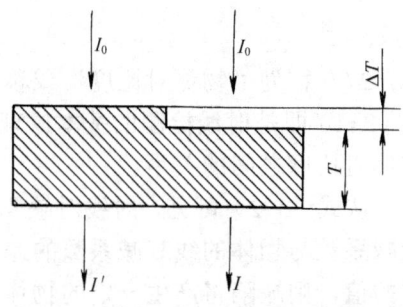

图3-1 射线检测基本原理

由于有 ΔT 远小于 T,因此可认为

$$I_S = I'_S$$

所以有

$$\Delta I = I' - I = I'_D - I_D$$

$$\frac{\Delta I}{I} = \frac{I'_D - I_D}{I_D + I_S} = \frac{(I'_D / I_D) - 1}{1 + n}$$

按单色窄束射线衰减规律有

$$I_D = I_0 \, e^{-\mu T}$$

$$I'_D = I_0 \, e^{-\mu (T + \Delta T)}$$

式中 μ —— 工件的线衰减系数;
I_0 —— 入射射线强度。

因此有

$$\frac{I'_D}{I_D} = e^{-\mu \Delta T}$$

引用近似公式

$$e^x = 1+x \quad (|x|<1)$$

则有

$$e^{-\mu\Delta T} = 1-\mu\Delta T$$

$$\frac{\Delta I}{I} = -\frac{\mu\Delta T}{1+n} \tag{3-1}$$

当 ΔT 是缺陷，其线衰减系数为 μ' 时，则式（3-1）应改写为

$$\frac{\Delta I}{I} = -\frac{(\mu-\mu')\Delta T}{1+n} \tag{3-2}$$

$\Delta I/I$ 称为"物体对比度"或称其为"被检体对比度"，有时也称为"主因对比度"。式（3-1）即是射线检测的基本原理关系式，它给出了一个小的厚度差与对应的射线检测物体对比度之间的关系。

从式（3-2）可见，射线对缺陷的检验能力，与缺陷在射线透照方向上的尺寸、其线衰减系数与物体的线衰减系数的差别、散射线的控制情况等相关。只要这些方面具有一定的值，则缺陷将产生一定的物体对比度，它就可以被射线检验出来。

3.2 射线照相的影像质量

*3.2.1 影像质量基本因素的提出

在射线照相检验中，影像质量的基本因素，可以从金属边界射线照相的影像导出。

如图 3-2 所示，当透照一锐利的垂直的金属物体边界时，理想的情况应得到一阶跃式的黑度分布曲线，即当从一个厚度过渡到另一个厚度时，对应的黑度应从一个黑度以阶跃的形式过渡到另一个黑度。但测量指出，实际的黑度分布并不是这种阶跃形式，而是在两个黑度之间存在一个缓慢变化的区域，使黑度逐渐地从一个黑度过渡到另一个黑度，缓慢变化区的黑度分布不是直线，而是一存在坡脚和肩部的曲线。进一步的研究发现，过渡区的黑度实际上存在不规则的大大小小的起伏不断变化，并不是单调均匀的变化。

从金属阶梯边界这个射线照相影像，可以给出射

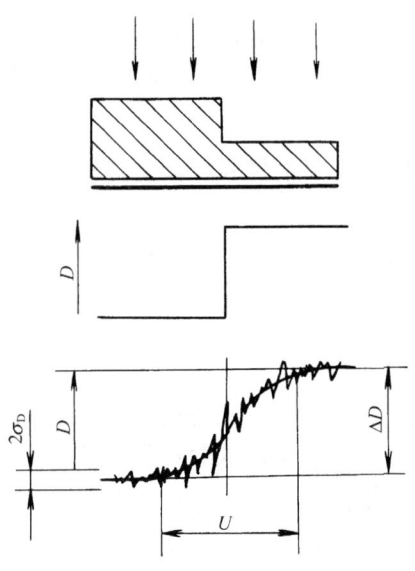

图3-2 影像质量的基本因素

线照相影像的基本因素。

对应金属边界的黑度差称为该影像的对比度,记为ΔD。从一个黑度到另一黑度的缓慢变化区的宽度即是射线照相的不清晰度,一般记为U,它造成了射线照片上影像边界的扩展。黑度不规则变化的统计平均值(统计标准差)称为影像的颗粒度,记为σ_D。ΔD、U和σ_D就是影像质量的基本因素,也就是说,射线照片上影像的质量由射线照相影像的对比度、不清晰度、颗粒度决定。

对比度是影像与背景的黑度差,不清晰度是影像边界扩展的宽度,颗粒度是影像黑度的不均匀性程度。影像的对比度决定了在射线透照方向上可识别的细节尺寸,影像的不清晰度决定了在垂直于射线透照方向上可识别的细节尺寸,影像的颗粒度决定了影像可显示的细节最小尺寸。

3.2.2 影像的射线照相对比度

在射线照相中影像的对比度定义为射线照片上两个区域的黑度差,常记为ΔD。即,如果两个区域的黑度分别为:D'、D,则它们的对比度为

$$\Delta D = D' - D \tag{3-3}$$

射线照片上影像的对比度常指影像的黑度与背景的黑度之差。

从物体厚度的一个小的增加量ΔT产生的黑度变化,即可得到射线照相对比度的公式。如图 3-1 所示,设在厚度T上局部叠加了一小的厚度ΔT,记

D —— 对应厚度T部分的黑度;

D' —— 对应厚度$T+\Delta T$部分的黑度;

并记

$$\Delta D = D' - D$$

显然,ΔD是由厚度小增量ΔT引起的两区域的黑度差。在第 2 章曾经给出,对胶片特性曲线的直线部分存在关系

$$D = G \lg H + k$$

$$D' = G' \lg H' + k$$

式中,H'、H为曝光量,它等于射线强度与曝光时间之积

$$H = I t$$

$$H' = I' t$$

由于T与$T+\Delta T$之差很小,因此D与D'之差也很小,所以可认为对应于D与D'的梯度近似相等,因此对ΔT引起的黑度差有

$$\Delta D = G (\lg H' - \lg H)$$

这样有

$$\Delta D = G (\lg I' t - \lg I t)$$

$$\Delta D = G \lg(I'/I) \tag{3-4}$$

首先考虑简单的情况，即窄束、单色射线情况，从射线衰减规律有

$$I = I_0 \, \mathrm{e}^{-\mu T}$$

$$I' = I_0 \, \mathrm{e}^{-\mu(T+\Delta T)}$$

两式相除，得到

$$\frac{I'}{I} = \mathrm{e}^{-\mu \Delta T}$$

所以

$$\lg \frac{I'}{I} = -\mu \Delta T \lg \mathrm{e} = -0.434 \mu \Delta T$$

将此式代入式（3-2），得到

$$\Delta D = -0.434 \mu G \Delta T \tag{3-5}$$

这就是一个小的厚度增量（也就是小的厚度差）ΔT，在窄束、单色射线情况下产生的对比度的公式。应指出的是，小厚度差ΔT在垂直于射线透照方向应具有较大尺寸时才满足这个关系。

实际探伤时，一般都是宽束射线情况，这时候必须考虑散射线。即这时应采用宽束连续谱射线的衰减规律讨论式（3-2）。

$$I = I_\mathrm{D} + I_\mathrm{S}$$

$$I' = I'_\mathrm{D} + I'_\mathrm{S}$$

记

$$\Delta I = I' - I$$

由于ΔT很小，近似认为

$$I_\mathrm{S} = I'_\mathrm{S}$$

因为存在

$$\Delta I \ll I$$

利用近似公式

$$\mathrm{e}^x = 1 + x \quad (|x| < 1)$$

则有

$$\mathrm{e}^{\Delta I / I} = 1 + \frac{\Delta I}{I} = \frac{I'}{I}$$

这样，从式（3-5）可以得到

$$\Delta D = G\lg(e^{\Delta I/I}) = 0.434(\Delta I/I)$$

由于

$$\frac{\Delta I}{I} = -\frac{\mu \Delta T}{1+n}$$

最后得到

$$\Delta D = -\frac{0.434\mu G \Delta T}{1+n} \quad (3\text{-}6)$$

对实际工件中的缺陷,严格地说,不能简单地应用式(3-6)计算,这时应考虑缺陷对射线的衰减特性。如果记缺陷的线衰减系数为μ',则这时式(3-6)应改写成

$$\Delta D = -\frac{0.434(\mu - \mu') G \Delta T}{1+n} \quad (3\text{-}7)$$

当存在

$$\mu' \ll \mu \text{ 或 } \mu' = 0$$

时,也就是缺陷引起的射线衰减远小于同样大小的工件本身引起的射线衰减时,式(3-7)将转化为式(3-6)。

对于宽束连续谱射线情况,应注意的是,这时应认为式中的线衰减系数是对应于等效波长(能量)的线衰减系数。显然,式(3-7)包含了式(3-6)。

式(3-6)是射线照相检验技术理论的基本公式,它指导射线照相检验技术的基本考虑。

从式(3-7)可以看到,某个细节(缺陷)影像的射线照相对比度受到一系列因素的影响,这些因素决定于下列三个方面:细节本身的性质和尺寸、射线照相技术因素、被透照物体本身的性质和尺寸。对于一个特定的缺陷,要得到高的射线照相对比度,综合起来,主要是:

1)选用适宜的透照布置,使得该缺陷在透照方向具有较大的厚度差ΔT;
2)选用可能的较低能量的射线透照—提高线衰减系数;
3)采取各种措施,减少到达胶片的散射线强度—降低散射比;
4)选用质量优良的胶片,采用良好的暗室处理技术—获得较高的梯度。

3.2.3 影像的射线照相不清晰度

不清晰度描述的是影像边界扩展的程度,是影像质量三个因素的另一个重要因素。

对工业射线照相检验,产生不清晰度的原因是多方面的,其中最主要的是几何不清晰度和胶片固有不清晰度,此外还有屏不清晰度和运动不清晰度。几何不清晰度一般记为U_g,胶片固有不清晰度一般记为U_i。

几何不清晰度产生于射线源总是具有一定的尺寸,而不是一个几何点。这样,当透照一定厚度的物体时,按照几何投影(射线直线传播)成像原理,所成的像总要有一定

的半影区，即边界扩展区，这就是几何不清晰度。图 3-3 画出了几何不清晰度的形成，从图中可以看到，当源具有一定尺寸时存在几何不清晰度。

从图中可以看到，几何不清晰度与射线源焦点尺寸大小、射线源至胶片的距离、工件本身的厚度（缺陷与胶片的距离）相关，从相似三角形容易得到几何不清晰度的计算公式

$$U_g = \frac{dT}{F-T} \quad (3-8)$$

式中 d ——射线源焦点尺寸；
  F ——焦距，即射线源至胶片的距离；
  T ——工件射线源侧表面与胶片的距离，通常取为工件本身的厚度。

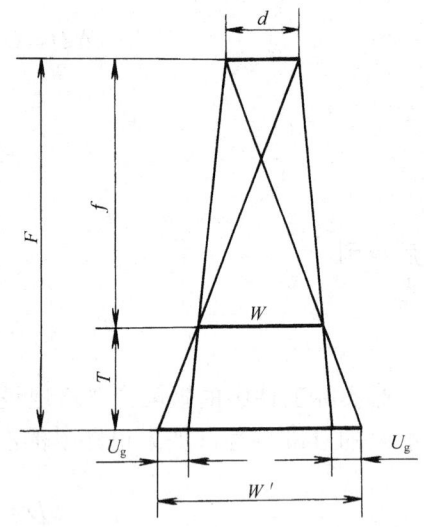

图3-3 几何不清晰度形成示意图

从图 3-3 或式（3-8）都可以看出，焦点尺寸越小、焦距越大、工件厚度越小则几何不清晰度也越小。

在射线照相中几何不清晰度应控制在规定的范围，一般总是希望减少几何不清晰度，除了选择射线源外，主要是通过改变焦距控制几何不清晰度。此外，正确地选定透照布置也能够减小几何不清晰度。在射线照相检验标准中，直接或间接地对几何不清晰度作出了限制性规定，这时的规定值是指可能产生的最大几何不清晰度值，也就是工件射线源侧表面上存在的缺陷可产生的几何不清晰度。

对于 X 射线机来说，由于 X 射线管的有效焦点尺寸在不同方向具有不同大小，因而，如果严格地讨论射线照相中的几何不清晰度，它将是一复杂的问题。工件中的缺陷，由于其位置的不同——位于不同的深度，在射线照相检验中也将具有不同的几何不清晰度。

胶片固有不清晰度是由于入射到胶片的射线，在乳剂层中激发出的二次电子的散射产生的。在射线与乳剂的相互作用中产生的二次电子，能够从产生它们的卤化银颗粒到达其他的卤化银颗粒，并使这些卤化银颗粒成为可显影的，这使得每个射线光子产生的可显影的卤化银颗粒成为具有一定分布的区域。因此，在显影时，不仅受到射线照射的曝光区，而且曝光区的周围，都将显现一定的黑度。这就使锐利的边界的影像扩展成为具有一定分布的黑度区，分布区的宽度称为胶片固有不清晰度。分布区的宽度决定于二次电子在乳剂层中能量损失的过程，因此胶片固有不清晰度决定于射线的能量。图 3-4 是胶片固有不清晰度与 X 射线能量关系的曲线，表 3-1 列出了部分 X 射线透照电压和γ射线的胶片固有不清晰度之值。

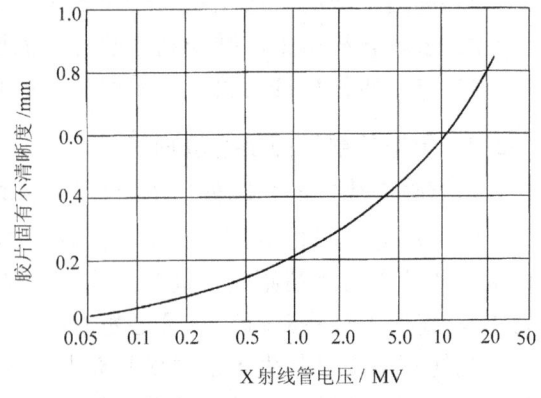

图3-4 胶片固有不清晰度与能量关系

表 3-1　胶片固有不清晰度试验值

射线	100kV	200kV	300kV	400kV	^{60}Co	^{192}Ir	^{170}Tm
U_i/mm	0.05	0.09	0.12	0.15	0.35	0.17	0.07~0.1

在射线照相中，当使用增感屏时，由于增感物质对射线的散射或次级效应带来的散射，将产生一个新的不清晰度，即屏不清晰度，记为 U_s。荧光增感屏即使对于较低能量的射线也能产生较大的不清晰度（如表 3-2 所示），金属箔增感屏在厚度较大时也将产生不清晰度，但对低能 X 射线不清晰度都很小，所以，对金属增感屏一般不考虑它引起的不清晰度。使用增感屏时，如果增感屏与胶片间有较大的间隙，将明显地增大屏不清晰度，这是必须注意的一个问题。

表 3-2　荧光增感屏的不清晰度

透照电压/kV	屏 的 类 型	U_s/mm
100	高速钨酸盐屏	0.30
100	慢速钨酸盐屏	0.16
140	高速钨酸盐屏	0.30
200	慢速钨酸盐屏	0.26
360	慢速钨酸盐屏	0.26

如果在射线照相过程中，射线源与工件存在相对移动，则将产生另一个不清晰度，即运动不清晰度，常记为 U_m。实际上这种相对运动相当于加大了射线源的焦点尺寸，因此必然导致新的不清晰度。对于常规射线照相技术，一般都认为不存在运动不清晰度。对于扫描（移动）射线照相技术，运动不清晰度是一必须进行分析的重要问题。

由以上各种原因产生的不清晰度共同构成射线照相总的不清晰度，总的不清晰度记为 U。对于通常的射线照相，因为不使用荧光增感屏、射线源与工件之间也不认为存在相对运动，所以只考虑几何不清晰度和胶片固有不清晰度，它们共同构成了总的射线照相不清晰度。计算总的不清晰度的关系式，目前比较广泛采用的关系式是

$$U^2 = U_g^2 + U_i^2 \qquad (3-9)$$

有时也采用下面的关系式

$$U^3 = U_g^3 + U_i^3 \qquad (3-9')$$

当存在不清晰度时，研究指出，如果细节影像的宽度尺寸小于射线照相总的不清晰度，那么不清晰度将引起它的影像的对比度降低。这将严重影响宽度尺寸较小的细节的影像的可识别性，也就是将影响细小缺陷（如裂纹、细小孔洞等）的可检验性。如果记

U —— 射线照相总的不清晰度；

W —— 细节影像的宽度，且 $W<U$；

ΔD_0 —— 不清晰度为 0 时影像的对比度；

ΔD —— 不清晰度为 U 时影像的对比度。

则可得到

$$\Delta D = \Delta D_0 \frac{W}{U} \quad (W \leq U) \quad (3\text{-}10)$$

它给出了细节影像对比度因存在不清晰度降低的变化规律。图 3-5 给出的是，设不清晰度曲线为直线时，不清晰度对对比度影响的作用图，它给出的结果与式（3-10）相同。

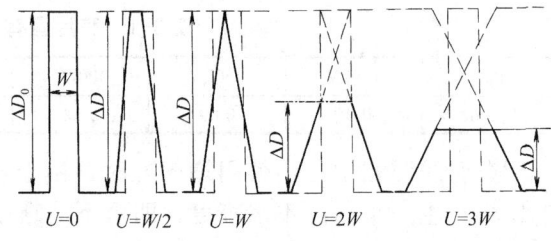

图3-5　不清晰度对对比度的影响

*3.2.4　影像的颗粒度

颗粒度就是描述在均匀的曝光下底片黑度的不均匀性的概念，即将射线照片放大到一定程度，眼睛就可以看到影像的黑度存在起伏的状况，这就是所说的颗粒度。

影像的颗粒度与胶片感光乳剂的粒度不是同一概念。感光乳剂的粒度是感光乳剂颗粒的尺寸大小，即使粗颗粒的胶片，其感光乳剂的粒度也不过 1μm 左右，显影后的金属银颗粒远小于眼睛可分辨的尺寸。颗粒度是卤化银颗粒的尺寸和颗粒在乳剂中分布的随机性、射线光子被吸收的随机性的反映。

在胶片的感光乳剂中，溴化银晶体的分布具有随机性，即在同样面积的微小区域中，溴化银晶体的数目，并不完全相同。溴化银晶体的尺寸也具有一定的分布，即不同的溴化银晶体的尺寸与平均尺寸会存在差异。在曝光过程中，射线光子吸收也存在随机性，即在均匀的曝光条件下，感光乳剂的不同微小区域，吸收的射线光子数会不同。影像的颗粒度正是这些随机性产生的结果。

因此，影像的颗粒度除了与胶片本身的性质相关外，主要与射线能量和曝光量相关，也与显影条件和显影过程相关。不同类别的胶片在射线照相中形成的影像具有不同的颗粒度，感光度高的胶片颗粒度大，感光度低的胶片颗粒度小。感光乳剂的粒度小的胶片，得到的影像的颗粒度也小。对于某种类型的胶片，在较低能量的射线和较大的曝光量下透照，可以得到较小的颗粒度，反之，将增大颗粒度。显影条件与胶片特性不符合，显影过程不足或过度，也将引起颗粒度增大。

颗粒度限制了影像能够记录和显示的细节的最小尺寸。一个尺寸很小的细节，在颗粒度较大的影像中，或者不能形成自己的影像，或者其影像将被黑度的起伏所掩盖，无法识别出来。为了检验细小的缺陷或者裂纹缺陷，应优先选用感光乳剂粒度细小的胶片，这是保证检验结果的基本条件。

3.3　缺陷射线照相检出能力

*3.3.1　细节影像可识别性

在射线照片上一个细节的影像是否能被眼睛识别出来，简单地说，决定于它的对比度。按照有关的理论，这个缺陷影像的对比度 ΔD 必须满足两个条件：

1）$|\Delta D| \geq \Delta D_{\min}$；

2) $|\Delta D| \geq (3 \sim 5)\sigma_D$。

式中　ΔD_{min}——识别该细节（缺陷）影像所需的最小黑度差；

　　　σ_D——射线照片影像的颗粒度。

第一个条件是从眼睛的视觉特性提出的。眼睛可识别的最小黑度差是眼睛的视觉特性，它主要相关于照明亮度和细节影像的形状、尺寸。这个值的大小与影像的形状和尺寸相关，同一尺寸不同形状的影像，这个值不同；同一形状不同尺寸的影像这个值也不同。影像的尺寸越小，识别其影像所需要的黑度差越大。因此，为了在射线照片上识别小的细节影像，必须使它产生较大的对比度。而识别一个较大的细节影像，则只需一较小的对比度。例如，在适当的照明条件下，识别一些细节影像所需的最小黑度差为

细长丝状影像：$\Delta D_{min} = 0.006$；

细小点状影像：$\Delta D_{min} = 0.008$；

较大点状影像：$\Delta D_{min} = 0.006$。

第二个条件是从统计理论的信噪比概念提出的，即信号必须高于噪声 3~5 倍，才能从背景噪声中识别出信号。即影像的颗粒度小时，识别细节影像所需要的对比度可以低；影像的颗粒度大时，识别细节影像所需要的对比度要高些。

上述条件是理解射线照相检验控制射线照片黑度的基本出发点之一。

识别该细节（缺陷）影像所需的最小黑度差，决定于眼睛的视觉特性，相关于照明亮度和细节影像的形状、尺寸。附录 A 对于这方面作出了一些进一步的说明，可作为参考帮助理解。

**3.3.2　细节影像可识别性公式

在射线照相检验中，各种细节的射线照相的可识别性公式，也就是它的影像的对比度与射线照相技术因素及本身的尺寸的关系公式，可从如下的讨论导出。在以下的讨论中所使用的符号的意义如下：

I_D——到达胶片的一次射线强度；

I_S——到达胶片的散射线强度；

μ——射线的线衰减系数；

G——胶片特性曲线的梯度；

U——射线照相总的不清晰度；

T——工件厚度；

ΔT——小厚度差；

f——射线到物体源侧表面的距离；

F——形状因子。

形状因子是引入的一个变换因子，用它将细节影像的黑度分布修正为矩形分布，并保持细节影像黑度的峰值不变和影像面积不变。在以下的讨论中假定：

1) 缺陷尺寸相对于工件厚度是很小的，对散射线强度的影响可以忽略；

2) 射线照片上影像的宽度等于影像本身的宽度与不清晰度之和；

3) 影像的可识别性决定于影像的黑度峰值与背景黑度之差；

4)射线照相影像的黑度分布可以用形状因子修正为矩形分布；

5)影像的颗粒度对影像可识别性的影响可以忽略。

记

$$I = I_D + I_S \quad I' = I'_D + I'_S$$
$$\Delta I = I' - I = I'_D - I_D$$
$$\Delta D = D' - D$$

其中带"'"的符号均表示小厚度差ΔT引入后的该量（如图3-1所示）。

从射线照相对比度的讨论中已经得到

$$\Delta I = -\mu T \Delta T$$

$$\Delta D = -\frac{0.434 \mu G I_D \Delta T}{I_D + I_S}$$

设工件中存在一小缺陷，记

δV —— 缺陷体积；

δA —— 射线照片上缺陷影像的面积；

ΔD —— 缺陷影像黑度峰值与背景黑度差；

δI —— 缺陷产生的与背景总的射线强度差；

δD —— 缺陷影像与背景总的黑度差。

按上面两式则有

$$\delta I = -\mu I \delta V$$

$$\delta D = -\frac{0.434 \mu G I_D \delta V}{I_D + I_S}$$

另一方面可写

$$\delta D = \Delta D F \delta A$$

联立有关δD的两式，得到

$$\frac{\delta V}{\delta A} = -\frac{2.3 F \Delta D (1 + I_S / I_D)}{\mu G} \quad (3-11)$$

此式是讨论各种细节可识别性的基本公式。

对丝型细节，记

r —— 丝的半径；

l —— 丝的长度。

则有

$$\delta V = \pi r^2 l$$

$$\delta A = \frac{U + 2rf}{f - T} l$$

一般有

$$f \gg T$$

所以可写

$$\delta A = (U+2r)\,l$$

带入式（3-11）中，得到

$$\frac{\pi r^2}{U+2r} = -\frac{2.3F\Delta D\,(1+I_S/I_D)}{\mu G} \qquad (3\text{-}12)$$

对柱孔细节，记

d —— 柱孔直径；

h —— 柱孔（透照方向）高度。

当 $f \gg T$ 时则有，

$$\delta V = \frac{\pi d^2 h}{4}$$

$$\delta A = \pi\left(U+\frac{d}{2}\right)^2$$

带入式（3-11）中，得到

$$\frac{d^2 h}{(2U+d)^2} = -\frac{2.3F\Delta D\,(1+I_S/I_D)}{\mu G} \qquad (3\text{-}13)$$

对球孔细节，记球孔直径为 d，则

$$\delta V = \frac{\pi d^3}{6}$$

$$\delta A = \pi\left(U+\frac{d}{2}\right)^2$$

带入式（3-11）中，得到

$$\frac{2d^3}{3(2U+d)^2} = -\frac{2.3F\Delta D\,(1+I_S/I_D)}{\mu G} \qquad (3\text{-}14)$$

对槽形缝细节，记（见图3-6）

l —— 槽形缝深度方向的长度；

W —— 槽形缝开裂的宽度；

θ —— 槽形缝深度方向长度延伸的方向与射线束的角度；

L —— 槽形缝在透照平面上的延伸长度。

则有

$$\delta V = lWL$$

$$\delta A = (l\sin\theta + W\cos\theta + U)\,L$$

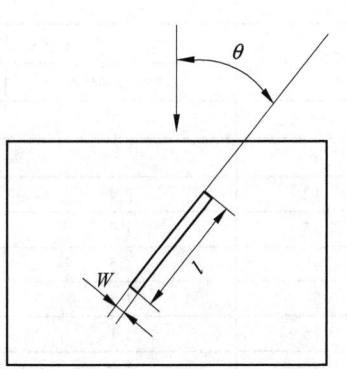

图3-6 槽形缝的主要参数

带入式（3-11）中，得到

$$\frac{lW}{l\sin\theta + W\cos\theta + U} = -\frac{2.3F\Delta D\,(1+I_S/I_D)}{\mu G} \quad (3\text{-}15)$$

上述公式，建立了各种细节在射线照片上的对比度与射线照相的技术因素及细节本身尺寸、形状的关系。它们是射线照相检验理论建立的主要公式，从这些公式可讨论各种缺陷在射线照相检验中被检出的可能性，并构成了分析射线照相检验问题的基础。

3.3.3 射线照相灵敏度

射线照相灵敏度表示的是射线照片记录细节或缺陷的能力，也就是说，它给出了射线照片显示缺陷的能力。或者说，它给出了射线照相检验技术发现缺陷的能力。

前面的讨论已经指出，射线照片影像质量的三个因素是对比度、不清晰度、颗粒度。但在日常的射线照相检验工作中并不直接测量射线照片影像的对比度、不清晰度、颗粒度，为了评定射线照片的影像质量，设计了一些方法综合地测定影像质量。现在广泛采用射线照相灵敏度这个概念，描述射线照片记录、显示细节的能力（射线照片记录和显示缺陷的能力）。射线照相灵敏度是通过一些规定形式的细节，在射线照片上被记录和显示的程度，描述射线照片上形成的影像的质量，它在一定程度上综合评定了影像质量三个基本因素。测定射线照片的射线照相灵敏度采用像质计（像质指示器、透度计），最广泛使用的像质计主要是三种：丝型像质计、阶梯孔型像质计、平板孔型像质计，此外还有槽型像质计等。

射线照相灵敏度的表示方法有两种，一种称为相对灵敏度，另一种称为绝对灵敏度。相对灵敏度以百分比表示，即以射线照片上可识别的像质计的最小细节的尺寸与被透照工件的厚度之比的百分比表示。绝对灵敏度则以射线照片上可识别的像质计的最小细节尺寸表示。

用像质计测定的射线照相灵敏度也称为细节灵敏度或像质计灵敏度，即它表示某种特定形状的细节在使用的射线照相技术下可被发现的程度，它不完全等同于同样尺寸的自然缺陷可被发现的程度。表 3-3 列出的是钢和铝合金在适当的射线照相检验技术下可达到的射线照相灵敏度值。

表 3-3 可达到的射线照相灵敏度

厚度/mm	A 级技术（%）		B 级技术（%）	
	丝型像质计	阶梯孔型像质计	丝型像质计	阶梯孔型像质计
3	—	—	2.4	5.1
6	—	—	1.6	3.6
12	2.4	4.6	1.4	3.0
25	1.7	3.0	1.2	2.5
40	1.5	2.5	1.1	2.1
50	1.3	2.2	1.0	1.8
75	1.1	2.0	0.9	1.6
100	1.0	1.8	0.8	1.4
150	0.9	1.8	0.7	1.3

影响射线照片影像质量的因素也就是影响射线照相灵敏度的因素,从技术方面归纳可包括胶片类型、透照参数、透照布置、辅助措施等。具体的内容,将在以后的章节中进一步讨论。

**3.4 射线照相检验技术的基本构成

对射线照相检验技术的限定性规定,贯穿的基本思路是:
控制技术→限定底片图像质量→保证缺陷检验

理论上,控制了所采用的射线照相检验技术,就应该限定了能够得到的射线照片的质量,或者说射线照相检验的结果。但实际上,由于射线照相过程的复杂性,一些因素的影响不可能受到严格的控制,因此,在射线照相技术中,还必须对射线照片作出限定性规定。以保证检验结果符合质量验收标准(技术条件)的要求。

一般地说,射线照相检验技术其规定的核心内容都包括下列主要方面:
1)射线照相技术选用的射线胶片类型;
2)射线照相的透照参数,主要是射线能量、透照焦距、曝光量;
3)射线照相的透照布置,主要是透照方式、透照方向、一次透照区;
4)射线照相的辅助措施(如增感和各种控制散射线的措施);
5)射线照片影像质量,主要是底片黑度和射线照相灵敏度。

图 3-7 给出的是,射线照相检验标准中贯穿在射线照相检验技术规定中的线索。这个线索可作为理解射线照相检验技术的指导。

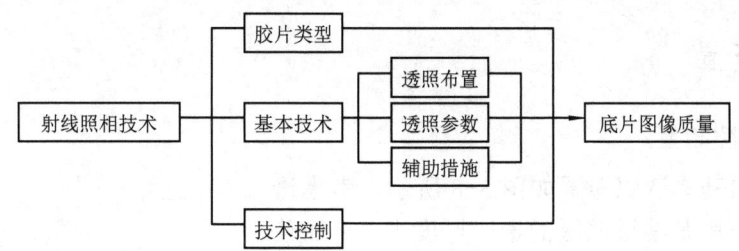

图3-7 射线照相检验技术规定的基本线索

在射线照相检验技术的规定中,(某个级别)技术规定的基础是胶片。

按射线照相检验技术的理论,为了在射线照片上识别一个细节,该细节影像的对比度 ΔD 必须满足的条件之一是

$$|\Delta D| \geqslant (3 \sim 5)\sigma_D$$

也就是说,影像的颗粒度 σ_D 是限定所能检验的缺陷最小尺寸的基本限制。

前面讨论已经指出,影像的颗粒度 σ_D 是胶片颗粒尺寸、颗粒尺寸大小的随机分布、单位面积中颗粒数的随机性及射线量子吸收的随机性的反映。因此,即使在非常均匀的曝光下,所得到的影像也具有一定的颗粒度。影像的颗粒度主要决定于胶片本身的特性,也相关于射线照相所采用的射线能量、曝光量和以后的暗室处理过程。影像颗粒度的上

述性质说明，对于形成的射线照片的影像质量，胶片自身的特性提供了可能达到的最高水平。

透照中所采用的技术因素，是在这个可能达到的基础上进行控制、调整，以达到所希望、所要求的影像质量。不能期望通过控制、调整射线照相的技术因素得到超过胶片特性限定的影像质量。即在适当的透照参数等条件下，较细颗粒的胶片可以得到更好的影像质量，可以检验出更小的缺陷。正是如此，在射线照相标准中对射线照相技术首先规定的是应选用的胶片类型。

基本透照参数规定，是技术规定中对技术因素的基本规定，它是影像质量的技术保证。显然，射线能量是透照参数中最重要的参数，因为它直接关系到射线的线衰减系数、散射比和射线照相不清晰度等，它选取的正确与否，将直接影响射线照片的影像质量。焦距是另一个基本透照参数，它直接关系射线照相的几何不清晰度。基本透照参数中的曝光量直接关系到射线照片影像的信噪比，但是，曝光量却是射线照相技术中难以严格规定的透照参数，特别是对低能 X 射线。这使得对 X 射线的曝光量至今难以作出严格的规定。所以，标准中或者是推荐曝光量值，或者是不作明确的规定。但应看到，对底片黑度的规定，含有对曝光量的间接限定性规定。

射线照片质量对底片黑度和灵敏度的规定，包含了间接对技术的限定。黑度规定间接限定了曝光量，也是对底片对比度和影像颗粒度的一种控制。灵敏度规定明确限定了底片必须达到的显示细节的要求。

以胶片为基础，对射线照相检验技术作出的各方面规定，从不同方面为底片影像质量达到一定的要求提供了保证，为射线照相检验技术对缺陷的检验提供了系统性保证。

3.5 透照布置

3.5.1 基本透照布置

射线照相的基本透照布置如图 3-8 所示，考虑透照布置的基本原则是使透照区的透照厚度小，从而使射线照相能更有效地对缺陷进行检验。在具体进行透照布置时主要应考虑的方面有：

1）射线源、工件、胶片的相对位置；
2）射线中心束的方向；
3）有效透照区（一次透照区）。

此外，还包括防散射措施、像质计和标记系的使用等方面的内容。

在图 3-8 中，射线源与工件源侧表面的距离一般记为 f，有效透照区一般记为 L，射线源与工件胶片侧表面的距离一般记为 F，并称为焦距，中心射线束与透照区边缘射线束的夹角一般记为 θ，并称为照射角。

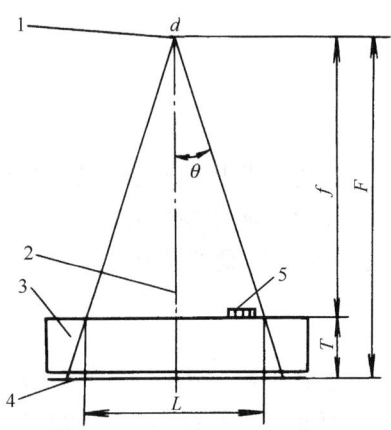

图3-8 射线照相的基本透照布置
1—射线源 2—中心束
3—工件 4—胶片 5—像质计

T 是工件厚度,对于一个具体工件,通常所说的透照厚度,即是指工件本身的厚度。

3.5.2 确定透照布置的基本考虑

对于一个具体工件的射线照相检验,确定透照布置时应综合考虑下列方面。

一是可能出现的缺陷类型和特点,从这些缺陷本身选择适宜检验它们的透照布置。不同的加工工艺产生的缺陷不同,不同的缺陷可以具有不同的形状、尺寸、延伸方向和出现在不同的位置。因此,在确定透照布置时必须考虑所要检验缺陷的类型和特点。例如,应考虑何种透照布置可以使可能存在的缺陷更靠近胶片,通过减少缺陷与胶片的距离,减小几何不清晰度,从而提高缺陷影像的可识别性。

二是应考虑验收标准对缺陷的要求,所选取的透照布置应有利于保证达到验收标准的要求。或者说,应从缺陷检验灵敏度方面考虑。射线照相检验技术在不同的透照厚度下,所能检验出的缺陷最小尺寸不同,对于具体工件,在确定透照布置时必须考虑这一点。典型的情况是,一般情况下都是单壁透照布置将明显地比双壁透照布置具有更好的缺陷检验能力。从缺陷检验角度考虑,所选定的透照布置应是透照厚度最小的透照布置。

三是工件和设备的具体情况和特点。由于这方面具体情况的限制,或者考虑到工作效率的因素等,会从这方面的考虑选定透照布置。这样一来会出现,同一工件在不同单位采用了不同的透照布置,判定其是否适当的最终依据,应是检验结果是否符合验收标准的要求。不能达到验收标准要求的检验结果,将不能保证质量。

3.5.3 有效透照区

有效透照区,即一次透照的有效透照范围(因此,也可称为"一次透照区"),是指透照区内在射线照片上形成的影像满足下面要求的区域:

1)黑度处于规定的黑度范围;
2)射线照相灵敏度符合规定的要求。

射线照片上只有符合这两项要求的区域,才能对工件的质量作出评定。

确定有效透照区是正确进行透照布置的基础,它是透照布置的一个重要问题。简单地说,有效透照区主要是控制一次透照中透照厚度变化的范围,这个变化的范围必须限制在一定的限度之内。

透照厚度是指透照时射线穿过工件的路径长度。显然,在透照区内不同的位置其透照厚度不同,图 3-9 清楚地说明了这一点。在一次透照范围内,如果不同点的透照厚度相差过大,将造成射线照片上不同点的黑度相差过大,这必然导致不同点影像质量明显不同,使得难以确定射线照片的射线照相灵敏度。因此必须控制一次透照范围,也就是有效透照区。

不同国家、不同标准对确定有效透照区的规定

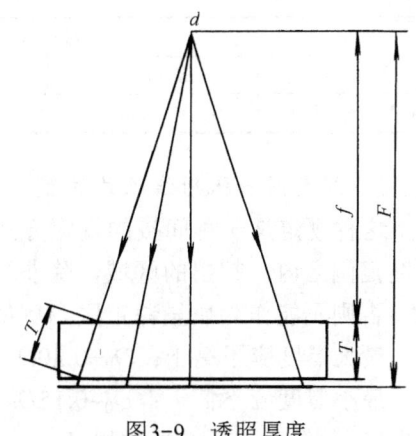

图3-9 透照厚度

存在一些差异，主要的规定有如下三种。

1. 规定透照厚度比

透照厚度比定义为，有效透照范围内最大透照厚度与最小透照厚度之比。按图 3-9 所示，透照厚度比 K 可以表示为

$$K = T'/T \qquad (3-16)$$

式中　T —— 中心射线束的透照厚度；

　　　T' —— 边缘射线束的透照厚度。

这种规定方式就是限定透照厚度比。从 20 世纪 60 年代开始国际标准实际上就采用这种方式，我国的一些标准也相继采用了这种方式。表 3-4 是一种关于透照厚度比的规定。

表 3-4　焊缝常用的透照厚度比规定

焊　缝　类　型	A 级技术	B 级技术	焊　缝　类　型	A 级技术	B 级技术
环　　　缝	$K \leqslant 1.1$	$K \leqslant 1.06$	纵　　　缝	$K \leqslant 1.03$	$K \leqslant 1.01$

2. 规定射线源与工件源侧表面距离和有效透照区大小的关系

这种规定直接规定射线源与工件源侧表面距离和有效透照区大小的比，通过此比值的方式规定有效透照区。常用的规定为：

A 级技术：$f \geqslant 2L$

B 级技术：$f \geqslant 3L$

在射线照相检验技术标准中，A 级技术是一般灵敏度技术，B 级技术是高灵敏度技术，此外存在比 B 级灵敏度更高的技术。

对于平板形工件，规定透照厚度比和规定射线源与工件源侧表面距离和有效透照区大小的比，实际上是基本相同的规定，表 3-5 给出了两种规定的照射角比较，清楚地说明了这一点。显然，在实际工作中，采用射线源与工件源侧表面距离和有效透照区大小的比确定有效透照区，是一种简单的方法。

表 3-5　平板工件两种规定的照射角比较

	A 级技术		B 级技术	
透照区规定	$K \leqslant 1.03$	$f/L \geqslant 2$	$K \leqslant 1.01$	$f/L \geqslant 3$
照射角 $\theta/(°)$	$\leqslant 13.86$	$\leqslant 14.03$	$\leqslant 8.07$	$\leqslant 9.46$

3. 规定同一张射线照片的黑度

这种规定是一种间接的规定方式。它规定，同一张射线照片的黑度必须处于规定的黑度范围之内，超出的区域，除非另外证明这些区域的射线照相灵敏度达到了规定的要求，否则不能作为质量评定区。例如，美国的一些标准常如下规定：

最大黑度应不高于：$D_0 + 0.30 D_0$

最小黑度应不低于：$D_0 - 0.15 D_0$

其中 D_0 是像质计所在处的黑度。

3.6 基本透照参数

射线照相检验的基本透照参数是射线能量、焦距、曝光量。它们对射线照片的质量具有重要影响，简单地说，采用较低能量的射线、较大的焦距、较大的曝光量可以得到更好质量的射线照片。

3.6.1 射线能量

射线能量，对于 X 射线是以 X 射线管所施加的高压，即管电压表示，一般称它为透照电压。对于γ射线是γ射线源辐射的主要γ射线的能量或这些主要能量的等效能量。

射线能量是重要的基本透照参数，它对射线照片的影像质量和射线照相灵敏度都具有重要影响。主要是随着射线能量的提高，线衰减系数将减小，胶片固有不清晰度将增大，此外还将影响散射比。推荐的选取射线能量的原则是，在保证射线具有一定穿透能力条件下选用较低的能量。

按照射线的衰减规律，不同能量的射线具有不同的穿透物体的能力，即入射射线强度相同、但能量不同的射线，在穿透同样厚度物体后透射射线强度不同。透射射线强度高的穿透能力强，能量高的射线具有较强的穿透能力。在透照厚度较大的物体时，应采用能量较高的射线，否则很难在适当的时间内得到足够的曝光量。如果透照厚度较小的物体，采用较高能量的射线，尽管可以在更短的时间内得到足够的曝光量，但将因线衰减系数的降低、不清晰度的增大等，而使影像质量降低。所以，选取的射线能量应与透照物体的材料和厚度相适应。

在实际的射线照相检验工作中，确定射线能量时，对低能 X 射线必须遵守的一项具体规定是，透照电压不能高于允许的最高透照电压。图 3-10 是一些标准中对部分材料关于最高允许透照电压与透照厚度关系的规定，表 3-6 是高能 X 射线和部分γ射线源适用的透照厚度，它们可作为确定射线能量的参考。一般说，γ射线照相检验的灵敏度低于 X 射线照相检验的灵敏度，因此，在可能的情况下，应优先选用 X 射线照相检验技术。但在一些特殊情况时，例如球罐焊缝射线照相检验，γ射线全景曝光，在工作效率方面，显然具有特别的优越性。这时，只可能选用γ射线照相检验技术。

表 3-6 对钢、铜、镍基合金γ射线源和能量 1MeV 以上 X 射线设备的透照厚度范围

射线源	透照厚度/mm	
	A 级 技术	B 级技术
^{75}Se	$10 \leqslant T \leqslant 40$	$14 \leqslant T \leqslant 40$
^{192}Ir	$20 \leqslant T \leqslant 100$	$20 \leqslant T \leqslant 90$
^{60}Co	$40 \leqslant T \leqslant 200$	$60 \leqslant T \leqslant 150$
X 射线，1~4MeV	$30 \leqslant T \leqslant 200$	$50 \leqslant T \leqslant 180$
X 射线，4~12MeV	$T \geqslant 50$	$T \geqslant 80$
X 射线，>12MeV	$T \geqslant 80$	$T \geqslant 100$

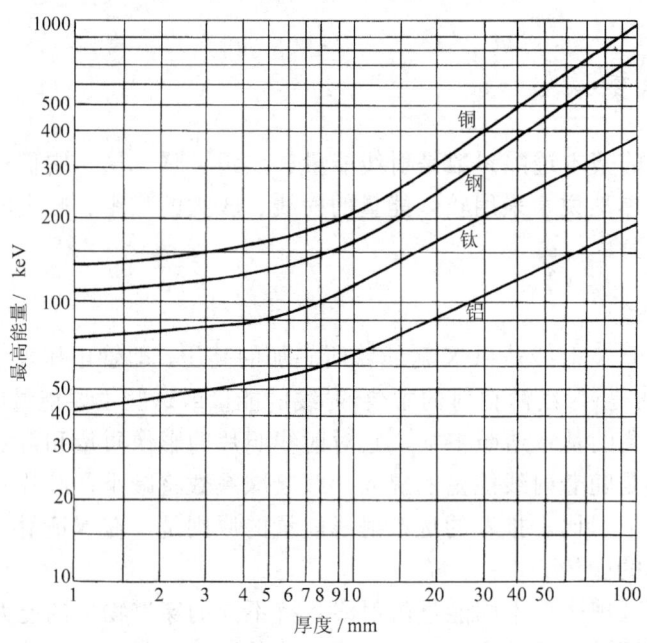

图3-10 最高透照电压与透照厚度的关系

在具体确定射线能量时常还需要考虑其他一些情况,如一次透照厚度的变化范围、要求的检验技术级别等,即使在只考虑射线照相灵敏度时,也要与选用的焦距同时考虑。例如,当一次透照厚度的变化范围较大时,可能选用偏高一些的射线能量,当采用灵敏度高的技术时,由于选用细颗粒的胶片,也会选用偏高一些的射线能量等。

3.6.2 焦距

焦距是射线源与胶片之间的距离,通常以 F 记号表示。焦距是射线照相另一个基本透照参数,确定焦距时必须考虑的是:

1)所选取的焦距必须满足射线照相对几何不清晰度的规定;
2)所选取的焦距应给出射线强度比较均匀的适当大小的透照区。

前者限定了焦距的最小值,后者指导如何确定实际使用的焦距值。

在实际的射线照相检验中所使用的射线源,总是具有一定的尺寸,因而必然要产生一定的几何不清晰度。在讨论影像质量时曾给出几何不清晰度的计算公式

$$U_g = \frac{dT}{F-T}$$

从此式可以得到计算焦距最小值的公式

$$F_{min} = T\left(1+\frac{d}{U_g}\right) \quad (3-17)$$

式中 F_{min} —— 焦距最小值;

d —— 射线源焦点尺寸;

T —— 物体的透照厚度；

U_g —— 几何不清晰度。

焦距直接关系到射线照相的几何不清晰度，并影响其他透照参数的确定，对射线照相得到的影像质量，也就是对射线照相灵敏度具有重要影响。从此式可以看到，在确定焦距时应同时考虑物体的透照厚度、射线源的焦点尺寸、限定的几何不清晰度。

近年来我国和国外的许多标准，对钢铁材料焊缝射线照相关于焦距选取，都直接规定焦距最小值与射线源焦点尺寸和透照厚度之间关系，主要的规定如下：

A 级技术　　$f/d \geqslant 7.5T^{2/3}$

B 级技术　　$f/d \geqslant 15T^{2/3}$

其中 d 为射线源的有效焦点尺寸。这些规定可以转化为对几何不清晰度的规定

A 级技术　　$U_g \leqslant \dfrac{1}{7.5}T^{1/3}$

B 级技术　　$U_g \leqslant \dfrac{1}{15}T^{1/3}$

可见，这些规定还是限定几何不清晰度，但是它对几何不清晰度的具体限定是随着透照厚度连续改变的，而不是一固定值，也不是按照透照厚度分段规定，这是明显的改进。

在实际的射线照相检验工作中，确定焦距最小值常采用诺模图。诺模图是一种计算用的列线图，确定焦距最小值的三线诺模图是把计算焦距最小值的一些关系，利用梯形上底与下底之和等于 2 倍中线的几何关系，画出的三线计算图。用这个图可以直接查出给出条件下的焦距最小值。图 3-11 是上面 A 级和 B 级技术的诺模图，从此图确定焦距最小值的方法如下：

1）在 d 和 T 线上分别找到所使用射线源的焦点尺寸和透照厚度对应的点；

2）用直线（直尺）连接这两个点；

3）直线与 f 线相交的点对应的值，就是应选用的射线源与透照物体源侧表面的最小距离 f 值。

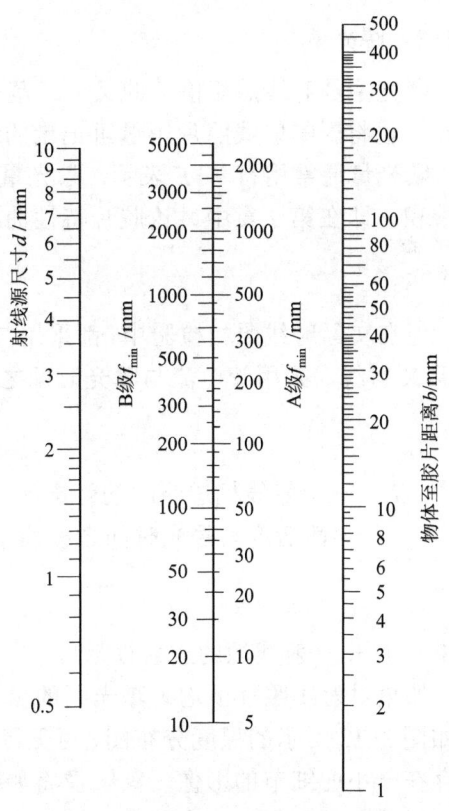

图3-11　确定焦距最小值的诺模图

这样，焦距最小值则为

$$F_{\min} = f + T$$

例如，若焦点尺寸 $d=2$mm，透照厚度 $T=15$mm，则从图 3-11 得到 B 级技术的

$f=182$mm

对应的计算值是182.5mm。

上面仅是从射线照相灵敏度要求的几何不清晰度确定的焦距最小值,在实际射线照相时还必须考虑有效透照区的大小,即选用的焦距必须给出射线强度均匀的适当大小的透照区。因此,实际选用的焦距总是要大于上面确定的焦距最小值。选用的焦距值也不能过大,否则将会大大增加曝光量,这常常是不可能的。

约在20世纪70年代,英国工业射线照相检验标准中,提出了采用几何不清晰度与胶片固有不清晰度相协调的方式规定焦距最小值。这是从能量与几何条件相协调的角度的考虑。例如,它规定:

对一般灵敏度技术:$U_g = 2U_i$

对较高灵敏度技术:$U_g = U_i$

对更高灵敏度技术:$U_g = \dfrac{U_i}{2}$

应该说,这是对焦距规定的一种进一步的考虑。其存在的主要问题是,在目前对透照电压的限制下,对轻合金可能导致过大的最小焦距。

3.6.3 曝光量

曝光量是射线照相检验的又一个基本参数,它直接影响底片的黑度和影像的颗粒度,因此,也将影响射线照片影像可记录的细节最小尺寸。

曝光量通常用符号 E 表示。曝光量本应是透照时曝光时间(透照时间)与射线强度的乘积,即在第2章中讨论胶片特性曲线时给出的

$$H = It$$

但在实际射线照相检验中,都采用与射线强度相关的量代替射线强度来表示曝光量。对于 X 射线,采用管电流与曝光时间之积表示曝光量,即

$$E = it \qquad (3-18)$$

式中　i ——X 射线机透照时的管电流,t 为曝光时间。对于γ射线,常用γ射线源的放射性活度与曝光时间之积表示曝光量,即

$$E = At \qquad (3-19)$$

式中　A ——γ射线源的放射性活度。

如果对射线照片上均匀曝光区的黑度用测微光度计沿某一方向进行扫描测量,将得到如图 3-12 所示的黑度分布图,可见黑度分布是不规则地起伏变化。如果在测量的方向上存在一小的细节的影像,其影像将如图 3-12b 所示,在黑度不均匀性较大的情况下,将难以确定是否存在这个影像。如果把曝光量加大到一定程度,将得到如图 3-12c 所示的细节影像。影像的这种变化可以如下理解,当加大曝光量后,多幅具有较大黑度起伏的影像互相叠加,不规则的黑度起伏相互补充,降低了每个点间黑度的相对差,但细节影像的黑度是固定显示在同一位置,由于多次叠加将越来越高,而明显地显现出来。可见,曝光量必须达到一定的大小,才能保证小的细节的影像的可检验性。

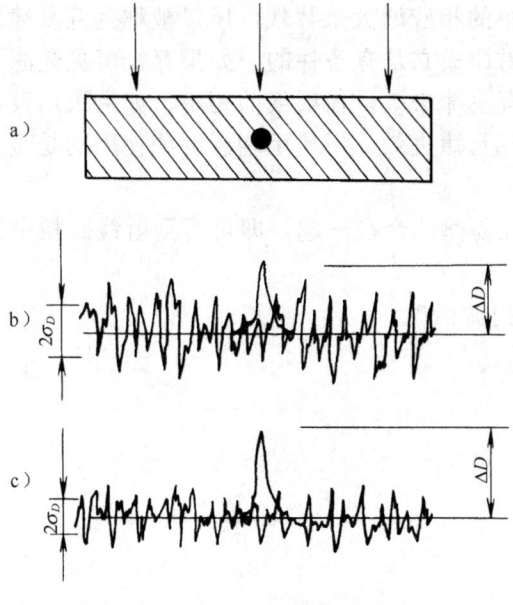

图3-12 曝光量与影像的颗粒度

在射线照相检验中,保持曝光因子为相等值,则可保证给予胶片相等的曝光量,从而得到相同的底片黑度。曝光因子给出的是曝光量与 X 射线机的管电流或放射性同位素源的活度、曝光时间、焦距的关系。

导出曝光因子需要使用平方反比定律和互易律。平方反比定律给出了射线强度随距离变化的规律,互易律给出了射线强度与曝光时间在感光作用中的相互关系。

从 X 射线源或γ射线源辐射的射线是发散的,随着与源之间距离的增加,射线覆盖的面积逐渐加大,射线强度不断减小,它们之间存在平方反比的关系。即,空间某一点的射线强度和这点与射线源的距离的平方成反比关系,这个关系即是平方反比定律。这个定律的一般表示式为

$$\frac{I_1}{I_2} = \frac{F_2^2}{F_1^2}$$

从这个关系式可以看到,如果离开射线源的距离增加一倍,则射线强度不是降低为原强度的 1/2,而是降低为原强度的 1/4。可见,射线强度随着与射线源距离的增大将很快减小。

互易律是光化学反应的一个基本定律,它指出,光的化学作用决定于吸收的光能,而不依赖于吸收光能的速率。这个定律应用于射线照相则是指,在胶片感光乳剂中产生的光解银量只与总的曝光量相关,即与射线强度和曝光时间的乘积相关,而与射线强度和曝光时间的单独大小无关。即只要保持

$$I_1 t_1 = I_2 t_2$$

则得到的底片黑度将相同。由于它指出了射线强度和曝光时间这二个因素具有同等的作

用，一个变小可由另一个的相应增大来替代，所以被称为互易律。

但应指出的是，互易律成立是有条件的。如果存在可见光感光作用，将发生互易律不正确的情况，这称为互易律失效。在射线照相中，如果采用荧光增感屏，由于存在荧光的照相作用，将出现互易律失效。不使用增感屏或使用的是金属增感屏，都可认为互易律成立。

将平方反比定律和互易律结合在一起，即可得到射线照相中的曝光因子概念。记

i —— 管电流（A）；
A —— γ射线源的放射源活度；
t —— 曝光时间（s）；
F —— 焦距（mm）。

则对 X 射线可记

$$M = \frac{it}{F^2} \quad (3-20)$$

则对γ射线可记

$$M = \frac{At}{F^2} \quad (3-21)$$

M 则称为曝光因子。从式（3-20）和式（3-21）可以方便地确定焦距、曝光时间、管电流或源活度中任一个发生改变时，如何修正其他的量来保证曝光量不发生改变。

应注意的是，这两个关系式都是在一定的条件下才可以应用的。式（3-20）是对于给定的 X 射线机、给定的胶片、给定的透照电压下得到的关系，如果这些条件发生改变，也能够导出类似的关系，但表示式将变得复杂。式（3-21）是对同一γ射线源、同一胶片导出的关系。如果应用到不同的胶片，显然，必须结合胶片的感光特性曲线，作出进一步的考虑。

作为指导，在一些标准中对 X 射线照相推荐了下面的最小曝光量值：

对一般灵敏度技术曝光量应不小于：15 mA·min；
对较高灵敏度技术曝光量应不小于：20 mA·min；
对高灵敏度技术曝光量应不小于：30 mA·min。

应注意的是，这些值对应的焦距约为 700mm，如果焦距改变，应按平方反比定律对上述曝光量进行修正。

3.7 散射线控制

射线入射到物体后，由于射线量子与物质发生相互作用，一部分被吸收，一部分被散射，一部分沿直线穿透物体。因此，在透射射线中总包括下列的成分：从射线源发出沿直线穿透物体透射的一次射线，射线与物体相互作用中产生的次级射线，即散射线。散射线的能量低于一次射线，方向一般都不同于一次射线，有时也称它为二次射线。

在常规的射线照相检验中，散射线是有害的射线，应采取各种措施进行控制，减少它对底片影像质量的影响。

图 3-13 是射线照相时散射线产生的示意图。在射线照相检验中，散射线产生于射线照射的任何物体，包括被透照的工件、放置工件的台面或支架、胶片与胶片暗袋、工件周围的各种物体（如地面、墙壁、其他物体），空气也是一种散射源。对于实际的射线照相检验工作。到达胶片的散射线，最主要的是来自被透照的工件本身，其次（当对散射线防护不好时）是工件背面与周围的物体，特别是原子序数比较低的物体产生的散射线。

从图中可见，对胶片来说，散射线可来自前方、后方、侧面等各个方向，来自后方和侧面的散射线常被称为"背散射线"，它们可从暗盒的背面入射到胶片，产生曝光作用。

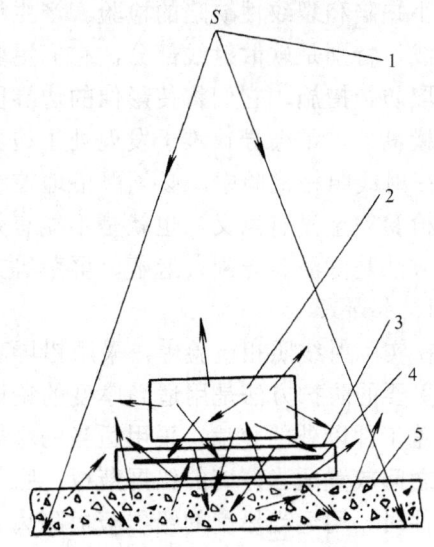

图3-13　散射线产生示意图

1—射线源　2—工件　3—暗盒　4—胶片　5—地面

所产生的散射线的多少，与射线能量相关，与射线照射物体的材料、厚度、面积也相关。对散射比来说，它们之间的关系可简单地概括如下：

1）随着射线能量的提高散射比将降低，应注意的是这是对能量变化较大的一般结论；

2）随着透照厚度的增大散射比也增大；

3）在较小的面积范围内，随着面积的增大散射线比也增大，但当面积增大到一定程度后，散射线比不再增大。一般认为，当透照区直径小于 100mm 左右时，散射比随透照区增大而增大，当透照区直径大于 100mm 左右后，散射比不再增大。

图 3-14 给出了钢的散射比（积累因子）与射线能量和厚度的试验结果。它清楚地显示了上面的主要结论。

散射线对影像质量可产生重要的影响，主要表现在两个方面：降低影像的对比度和产生"边蚀"。

从射线照相对比度的基本公式

$$\Delta D = -\frac{0.434\mu G \Delta T}{1+n}$$

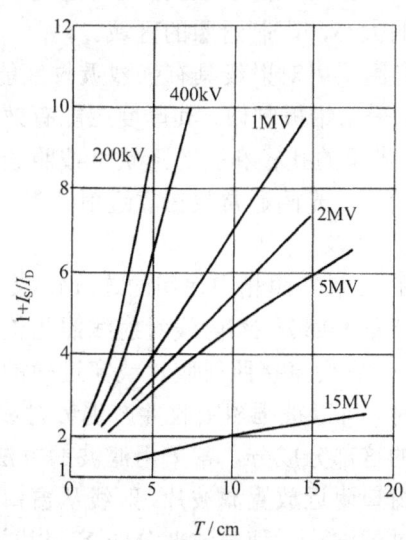

图3-14　散射比与射线能量和透照厚度的关系

可以清楚地看到，如果散射比较大，影像的对比度将降低很多，也就是散射线会严重地影响小缺陷和裂纹性缺陷的检验。产生边蚀的主要原因是在透照物体边界区射线产生的散射线，特别是软散射线部分，它们更容易被胶片吸收，产生的感光作用也更强。如果不采取防护措施，它们将使影像的边界区域变得很模糊，这就是边蚀。边蚀除了使边界影像模糊外，常会导致难于发现处于边界区中的较小缺陷。

在射线照相检验中，必须严格地控制到达胶片的散射线，否则可能使所进行的射线照相检验完全没有意义，也就是不能有效地对缺陷完成检验。减少到达胶片的散射线的主要方法是滤波、光阑、遮蔽、屏蔽等方法，具体的布置示意图如图3-15所示。

1. 铅屏蔽

在实际射线照相检验中，采用铅屏蔽防护散射线是经常使用的措施。

主要的防护方法是用适当厚度的铅屏蔽板遮盖工件非透照区，用适当厚度的铅屏蔽板遮盖工件以外的胶片，采用适当的金属增感屏吸收来自工件的散射线，或者在工件与胶片之间放置适当厚度的铅屏蔽板，吸收从被透照工件产生的散射线。当同时透照的多个工件时，用适当厚度的铅屏蔽板隔离各个工件，减少产生的散射线的相互影响等。

特别应注意的是，被透照的工件小于所使用的胶片、射线的能量又比较低、被透照工件物质的原子序数也比较低时，更应注意对直接处于射线束照射下的那部分胶片的遮蔽。

2. 光阑与准直器

减少散射线的另一个主要方法是尽量减少物体被检验区以外受到射线照射的范围大小，除了采用铅屏蔽板遮盖外，常用的方法是用光阑或准直器限制射线束的大小，限制透照的区域。

光阑采用对射线具有强烈吸收性能的材料制做，例如，采用铅板制做，其厚度应能有效地吸收入射的射线。光阑的孔径和孔的形状可按照透照区的大小和形状设计，光阑通常放在靠近射线源的位置。

3. 滤波

在X射线照相中使用的连续谱X射线，其长波（低能量）部分X射线对射线照相检验不起主要作用，但当它们直接照射胶片或穿过薄的物体到达射线胶片时，可以被强烈吸收并产生散射线。为了减少射线中的这部分成分，常采用滤波的方法。即在X射线管窗口附近放置滤波片，射线从窗口出射之后首先要穿过滤波片，使长波部分的X射线被大量吸收。

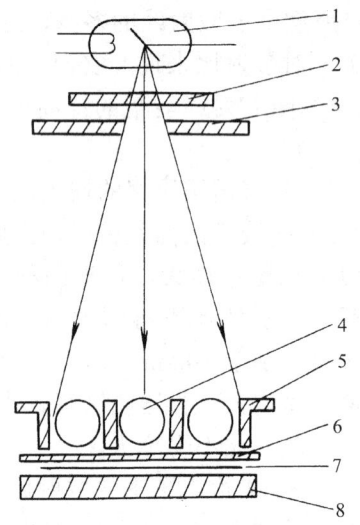

图3-15 散射线防护方法

1—X射线管　2—滤波板　3—光阑与准直器
4—工件　5—遮蔽铅板　6—前吸收铅板（箔）
7—胶片　8—后屏蔽铅板

滤波片就是适当厚度的某种金属材料平板，它的厚度应按射线能量选取。例如，透照钢时，采用铜滤波板时其厚度应不超过透照厚度的20%，若采用铅滤波板则厚度应不超过透照厚度的3%；透照铝时，采用的铜滤波板的厚度应不超过透照厚度的4%等。

当然，从滤波片也会产生散射线，但由于散射线的方向多偏离一次射线方向，且滤波片与胶片之间具有较大的距离,因此,除了有部分散射线偏离有效透照区外,按照平方反比定律,到达胶片的散射线强度也将大大降低。

4. 背散射防护

在射线照相检验中,当胶片后方较近的地方存在物体时,必须注意采用背铅板对背散射线进行防护。否则,背散射线很可能会使底片无法达到规定的影像质量要求。背铅板的厚度一般应大于 1mm。

背铅板的厚度是否满足防护背散射线的要求,可以采用下述的方法检验。在胶片暗袋背面贴附一厚度为 1.6mm、高度为 13mm 左右的铅字,一般是铅字"B"。透照后观察底片,如果底片上未出现这个铅字 B 的影像或出现黑度高于背景黑度的铅字 B 影像,则说明防护铅板的厚度符合要求。如果出现黑度低于背景黑度的铅字 B 的影像,则说明防护不足,应加大背铅板的厚度。后者显然说明,有来自周围背景的散射线对胶片产生了一定程度的曝光,由于铅字吸收了一些这部分散射线,所以它才呈现为低于周围背景黑度的影像。

当透照厚度较大的非金属材料工件时,特别是原子序数小的元素,可能必须采用特殊的散射线防护方法,如防散射栅格。

3.8 曝光曲线

3.8.1 曝光曲线的类型与制作

曝光曲线是在一定条件下绘制的透照参数(射线能量、焦距、曝光量)与透照厚度之间的关系曲线。这些条件主要是透照工件材料、射线源、胶片、暗室处理技术、增感、射线照相质量要求等。实际进行射线照相时确定透照参数经常采用曝光曲线,从曝光曲线给出的关系可方便地确定某种材料、某个厚度的工件、满足规定的质量要求应选用的射线能量、焦距、曝光量等。

对 X 射线照相检验,常用的曝光曲线有两种类型,第一种类型曝光曲线以透照电压为参数,给出一定焦距下曝光量对数与透照厚度之间的关系。第二种类型曝光曲线以曝光量为参数,给出一定焦距下透照电压与透照厚度之间的关系。图 3-16 是第一种类型,图 3-17 是第二种类型。

第一种类型曝光曲线,纵坐标是曝光量,单位是毫安·分(mA·min),采用对数刻度尺,横坐标是透照厚度,常用毫米(mm)为单位,采用算术刻度尺。图中的曲线是在相同的焦距下对不同的透照电压画出来的。从图中的曲线可以看到,采用某一透照电压但透照不同厚度时,曝光量相差得很大。由于曝光量既不能很大,也不能很小,所以某个透照电压实际上只适于透照一较小的厚度范围。

第二种类型曝光曲线,纵坐标是透照电压,单位名称为千伏,单位符号为 kV,采用算术刻度尺;横坐标是透照厚度,单位常用毫米(mm),采用算术刻度尺。图中曲线是在相同的焦距下对不同曝光量画出的。很显然,它不是直线。

γ射线曝光曲线的一般形式如图 3-18 所示,它是以黑度为参数,对于一个γ射线源画出的曝光量与透照厚度的关系曲线。图中纵坐标是曝光量,采用对数刻度尺,横坐标是透照厚度,采用算术刻度尺。另一种曝光曲线是以焦距为参数的曝光量与透照厚度的关系曲线。

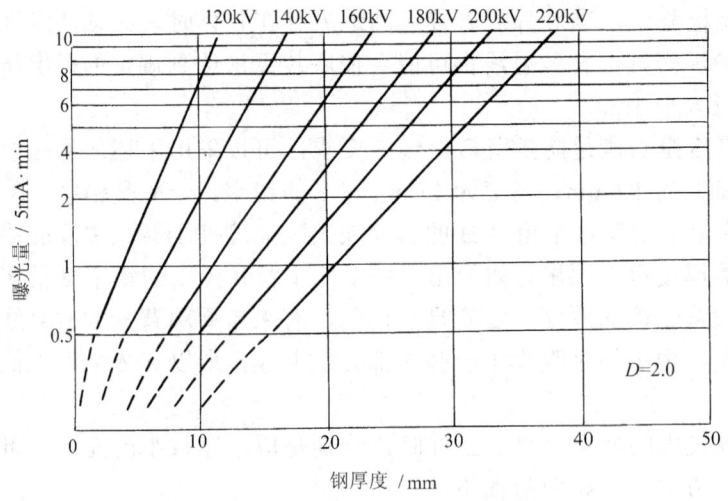

图3-16 以透照电压为参数的曝光曲线

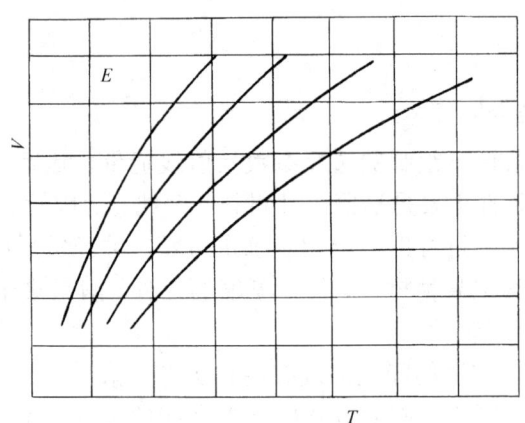

图3-17 以曝光量为参数的曝光曲线

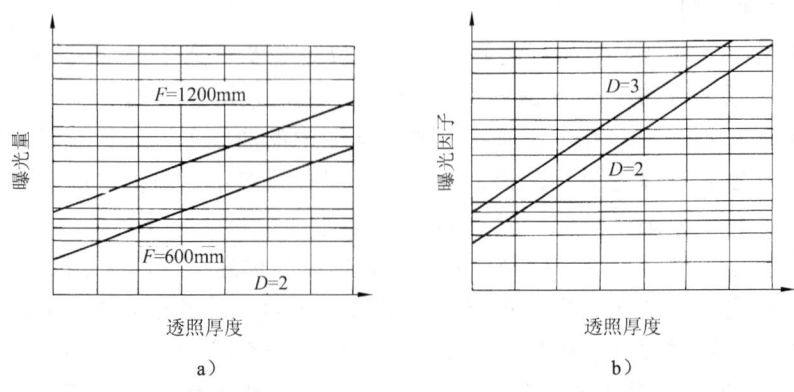

图3-18 γ射线曝光曲线

γ射线源的放射性活度随时间不断减弱，因此在使用γ射线的曝光曲线时，必须知道γ射线源使用时的放射性活度。这可以按照放射性衰变规律绘制出适用于任何γ射线源的曲线，给出γ射线源放射性活度随时间改变的一般关系。

制作曝光曲线可以采用不同的方法，通常曝光曲线采用透照阶梯试块的方法制作。

对 X 射线的曝光曲线可按照下面的步骤制作。

1. 准备

确定制作曝光曲线的条件和准备阶梯试块及补充试块。

需确定的制作曝光曲线的条件主要是 X 射线机型号；透照物体的材料和厚度范围；透照的主要条件（胶片、焦距、增感屏等）；射线照相的质量要求（灵敏度、黑度等）。

阶梯试块应选用与被透照物体材料相同或相近的材料制做，应具有一定的平面尺寸，例如 300×100mm，每个阶梯的厚度差常取为 2mm，阶梯应具有适当的宽度，如 20mm。为适应透照厚度范围，常还需要制做几块补充试块，补充试块是一平板试块，其尺寸一般取为 210×100×5mm。利用阶梯试块和补充试块就可以构成较大的厚度范围。

2. 透照

在选定的透照条件下，采用一系列不同的透照电压和不同的曝光量对阶梯试块进行射线照相。严格时应在每个阶梯上放置像质计，以判断射线照相灵敏度是否达到要求。

3. 暗室处理

按规定的暗室处理条件进行暗室处理，得到一系列底片。

4. 测定数据

对得到的底片测量底片黑度，从测得的数据选出在某个透照电压和某个曝光量下符合黑度要求的透照厚度数据，填入表中，编制成如表 3-7 所示的数据表。对某个透照电压，至少应有不少于 5 个透照厚度的数据，对不同的透照电压，曝光量可以采用不同的值。

表 3-7　绘制曝光曲线数据表 —— 透照厚度　　（单位：mm）

管电压/kV	100	120	140	160	—
10mA·min					
15mA·min					
20mA·min					
—					

射线机型号和编号：

胶片：　　　　　焦距：　　　　　增感：

暗室处理条件：

底片黑度：

5. 绘制曝光曲线

利用表 3-5 的数据，采用直接描点方法即可绘制出曝光曲线。

直接进行描点时，会出现数据点并不都在同一直线的情况，这时应用过大多数点的直线作出曝光曲线图。

也可以采用绘制预备曲线的方法绘制曝光曲线，这时候对不同透照电压应采用两个相差较大的不同曝光量透照阶梯试块。具体方法可参考有关教材。

对γ射线的曝光曲线可以采取类似于 X 射线曝光曲线的制作方法进行制作。

*3.8.2 曝光曲线的应用

在射线照相检验中，曝光曲线主要用于直接确定透照参数。

如果射线照相检验的条件与制作曝光曲线的条件完全一致，则可以简单地从曝光曲线直接查出所需要的透照参数。这时，首先确定透照厚度，然后按透照厚度选择适当的透照电压或γ射线源，进一步再确定曝光量。对于厚度均匀的工件，一般取工件的公称厚度为透照厚度。对变截面工件或在透照区中透照厚度变化较大的工件，则需作进一步的考虑。

实际射线照相检验的条件有时不同于制作曝光曲线的条件，这时候不能简单地直接从曝光曲线确定透照参数，而必须对从曝光曲线得到的透照参数进行修正。主要可分为下面四种情况。在下面的讨论中，所采用的符号意义如下：

E_0 —— 从曝光曲线直接得到的曝光量；

E —— 修正后的曝光量；

V_0 —— 从曝光曲线直接得到的透照电压；

V —— 修正后的透照电压；

F_0 —— 制作曝光曲线时采用的焦距；

F —— 射线照相时实际采用的焦距；

D_0 —— 曝光曲线采用的底片黑度；

D —— 射线照相时底片采用的黑度。

1. 焦距不同时的修正

如果射线照相检验时实际使用的焦距不同于制作曝光曲线时的焦距，可以直接应用曝光因子对从曝光曲线得到的曝光量进行修正。

2. 黑度不同时的修正

如果底片采用的黑度不同于曝光曲线给定的黑度，对从曝光曲线得出的曝光量进行修正时，必须结合射线胶片的特性曲线。修正方法如下：

先从胶片特性曲线查出对应于黑度 D_0 与 D 的曝光量 H_0 与 H（如图 3-19a 所示，实际一般是它们的常用对数值）；然后求出这两个曝光量之比

$$H / H_0$$

最后，将曝光曲线上得到的曝光量乘以这个比，即得到黑度改变后应选用的曝光量

$$E = E_0 \frac{H}{H_0}$$

也就是

$$E = E_0 10^{(\lg H - \lg H_0)}$$

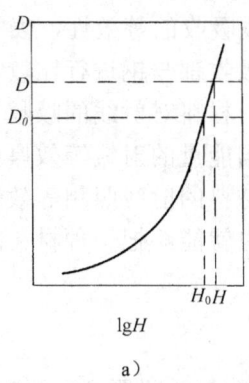 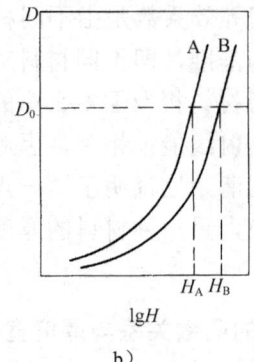

图3-19 从胶片特性曲线确定曝光量比

3. 胶片不同时的修正

如果制作曝光曲线时使用的是 A 型胶片,实际射线照相时采用的是 B 型胶片,那么对从曝光曲线得到的透照参数应进行修正。修正时必须有这两种胶片的特性曲线。具体方法如下:

先从胶片特性曲线查出为得到黑度 D。它们应采用的曝光量 H_A、H_B(见图3-19b),然后求出 H_B 与 H_A 之比(求此比的方法与求 H/H_0 相同),最后将从 A 型胶片曝光曲线上求出的曝光量乘以这个比值,即得到换用 B 型胶片时应采用的曝光量

$$E = E_0 \frac{H_B}{H_A}$$

也就是

$$E = E_0 10^{(\lg H_B - \lg H_A)}$$

4. 材料不同时的修正

如果被透照的物体的材料不同于制作曝光曲线时的材料,显然,不能直接运用曝光曲线确定透照参数。为了从对一种材料制作的曝光曲线给出其他材料的透照参数,可借助于材料的射线照相等效厚度系数。表 3-8 给出了常见材料的射线照相等效厚度系数。

表 3-8 部分材料的射线照相等效厚度系数

材料	X射线							γ射线	
	50kV	100kV	150kV	200kV	400kV	2MeV	6-31MeV	^{192}Ir	^{60}Co
粘合剂	0.04								
铝	1.0	1.0	0.12	0.14				0.35	0.35
铝合金	1.4	1.2	0.13	0.14				0.35	0.35
硼环氧树脂	0.75	1.0							
碳环氧树脂	0.07								
玻璃纤维	0.35								
镁	0.6	0.6	0.05	0.05					
钛	6.2	5.8	0.45	0.54	0.71	0.90	0.90	0.90	0.90
锆			2.3	2.0	1.5	1.0	1.2	1.2	1.0
不锈钢	12.0	12.0	1.0	1.0	1.0	1.0	1.0	1.0	1.0
钢	12.0	12.0	1.0	1.0	1.0	1.0	1.0	1.0	1.0

注:表中 50kV 和 100kV 以铝为基准,其余以钢为基准。

材料的射线照相等效系数是指不同材料对射线吸收的等效性，表 3-8 中给出的等效厚度系数是以钢作为基准，即不同材料对射线的吸收都与钢进行比较。简单地说，可以看成 1mm 厚的任何材料相当于多么厚的钢。由于材料对射线的吸收不仅与材料本身的性质相关，而且也与射线能量相关，因此，对不同能量的射线等效厚度系数并不完全相同。表 3-8 中的数据清楚地说明了这一点。利用材料的射线照相等效厚度系数，可以把一种材料的厚度转换为另一种材料的厚度，这样也就能够把一种材料的曝光曲线应用到另一种材料。

**3.8.3　曝光曲线的函数关系与厚度宽容度

对图 3-16 中的直线部分，可以给出曝光量对数与透照厚度之间的下述关系

$$\lg E = kT + C \tag{3-22}$$

式中　E——曝光量（mA·min）；
　　　T——透照厚度（mm）；
　　　k——曝光曲线的斜率；
　　　C——常数。

这个公式，也可以从射线的衰减规律、X 射线源在空间一点的辐射强度公式、曝光量概念等导出。导出时需要的条件是，连续谱射线近似可视为单色射线，互易律成立。

从曝光曲线可以直接确定该曝光曲线对应的透照电压的半值层厚度，方法是，在曝光曲线的直线部分上取任意两点 E_1 和 E_2，它们对应的厚度分别为 T_1 和 T_2，若它们的曝光量相差一倍，即

$$E_2 = 2E_1$$

则该透照电压的半值层厚度为

$$T_{1/2} = T_2 - T_1$$

利用曝光曲线的函数关系可简单地作出证明。从上面的设定有

$$\lg E_1 = kT_1 + C$$
$$\lg E_2 = kT_2 + C$$
$$\lg \frac{E_2}{E_1} = k(T_2 - T_1)$$
$$T_2 - T_1 = \frac{\lg(E_2/E_1)}{k}$$

实际上，在曝光曲线的函数关系中，斜率为

$$k = \mu \lg e$$

所以有

$$T_2 - T_1 = \frac{\lg(E_2/E_1)}{\mu \lg e} = \frac{\ln(E_2/E_1)}{\mu} = \frac{\ln 2}{\mu}$$

这就证明了前面的结论。从此也看到,从曝光曲线也可以确定线衰减系数,当然是连续谱射线已近似单色化后的线衰减系数。

射线照相的厚度宽容度是,采用选定的透照参数在一次透照中,可以透照的厚度差范围。在这个厚度差范围内射线照相灵敏度和射线照片黑度都应符合规定的要求。射线照相厚度宽容度决定于透照时所选用的射线能量和射线胶片。对 X 射线的曝光曲线,每一条曲线由于透照电压不同,因此其厚度宽容度也不同。即采用不同的透照电压,一次可透照的厚度差范围不同。

射线照相的厚度宽容度计算公式可以从曝光曲线的函数关系式(3-22)和胶片特性曲线的函数关系

$$D = G\lg H + C$$

导出。设采用某透照电压透照厚度 T_1、T_2,曝光量分别为 E_1、E_2,得到的黑度分别为 D_1、D_2,记

$$\Delta T = T_2 - T_1$$

$$\Delta D = D_2 - D_1$$

按照上面两式,则

$$\Delta D = G_2 \lg H_2 - G_1 \lg H_1$$

由于 H 与 E 实际只相差一个比例系数,又在胶片特性曲线的近似直线部分可以认为

$$G = G_1 = G_2$$

所以,上式可改写成

$$\Delta D = G(\lg H_2 - \lg H_1) = G(\lg E_2 - \lg E_1)$$

这样就可以得到

$$\Delta D = Gk(T_2 - T_1)$$

或

$$\Delta D = Gk\Delta T$$

最后得到

$$\Delta T = \frac{\Delta D}{Gk}$$

可见,若射线照片允许的黑度差范围为 ΔD,则可透照的厚度差范围 ΔT 相关于胶片特性曲线的梯度和曝光曲线的斜率。

3.8.4 曝光量计算

曝光量计算主要可涉及下面三种类型:
1)简单的直接运用曝光因子进行的曝光量修正计算;
2)曝光因子与胶片特性曲线相结合的曝光量计算;
3)曝光因子与放射性衰变规律结合的曝光量计算。

除此之外，本章还会涉及一些其他方面的计算，例如透照布置计算、对比度计算等。当然，到了本章后，已可以形成较多方面的计算问题。下面列举一些简单的曝光量计算例题，帮助熟悉这方面问题的处理。

〔例1〕采用固定式X射线机透照一铸件，焦距为700mm、管电流为8mA时曝光时间为3min，现改用1000mm的焦距，管电流为12mA，这时所需的曝光时间。

解：记 $i_0=8mA$；$t_0=3min$；$F_0=700mm$；

$i=12\ mA$；$F=1000\ mm$

设 t 为改变透照条件后的曝光时间

按曝光因子概念，则应有

$$\frac{it}{F^2}=\frac{i_0 t_0}{F_0^2}$$

所以

$$t=\frac{i_0 t_0 F^2}{i F_0^2}$$

$t=8\times3\times1000^2/（12\times700^2\ ）$

$t=4.1（min）$

〔例2〕用 ^{192}Ir γ射线源，透照直径1.8m的环焊缝，曝光时间为30min，若透照直径为2.4m的相同的环焊缝，问曝光时间应是多少？

解：记 A 为γ射线源的放射性活度；

$R_0=（1.8/2）m$；$t_0=30\ min$；$R=（2.4/2）m$

设 t 为透照第二焊缝的曝光时间

则

$$\frac{At}{R^2}=\frac{At_0}{R_0^2}$$

所以

$$t=\frac{t_0 R^2}{R_0^2}$$

$$t=\frac{30\times2.4^2}{1.8^2}$$

$t=53.3（min）$

〔例3〕用 ^{192}r γ射线源，透照直径1.6m的环焊缝，曝光时间为32min。若在透照直径1.6m的容器环焊缝后25天再透照直径为1.8m的容器焊焊缝，问应选用多大的曝光时间？

解：记 A_0 为开始时源的放射性活度；A 为30天后源的放射性活度；

$R_0=(1.6/2)$ m；$R=(1.8/2)$ m；$t_0=32$min；$\Delta t=25$ 天；

$T_{1/2}$ 为源的半衰期

设　n 是 25 天所等于的半衰期个数

　　t 为 25 天后透照容器焊缝所需的曝光时间

则

$$\frac{At}{R^2}=\frac{A_0 t_0}{R_0^2}$$

所以

$$t=\frac{A_0 t_0 R^2}{A R_0^2}$$

因

$$A=\left(\frac{1}{2}\right)^n A_0$$

又　　　　$t=nT_{1/2}$

而　　　　$T_{1/2}=74$ 天

故　　　　$n=25/74=0.3378$

$$A=\left(\frac{1}{2}\right)^{0.3378} A_0$$

$$A=0.7912 A_0$$

最后得到

$$t=\frac{32\times 1.8^2 A_0}{1.6^2 \times 0.7912 A_0}$$

$t=51.2$（min）

〔例 4〕采用 X 射线源透照一工件，焦距为 600mm、管电流为 4mA 时曝光时间为 5min 时得到的底片黑度为 1.8。现改用 800 mm 的焦距，管电流 12 mA，底片黑度要求为 2.6，求这时所需的曝光时间。（胶片特性曲线上，黑度为 1.8 对应的曝光量对数为 2.1，黑度为 2.6 处对应的曝光量对数为 2.4）

解：记　$i_0=4$mA；$t_0=5$ min；$F_0=600$mm；$D_0=1.8$；$\lg H_0=2.1$

　　　　$i=12$mA；$F=800$mm；$D=2.6$；$\lg H=2.4$

设　t 为所求的曝光时间

先求仅改变透照参数、但黑度仍为 $D_0=1.8$ 时所需的曝光时间 t_1

$$\frac{it_1}{F^2}=\frac{i_0 t_0}{F_0^2}$$

所以

$$t_1 = \frac{i_0 t_0 F^2}{i F_0^2}$$

$$t_1 = \frac{4 \times 5 \times 800^2}{12 \times 600^2}$$

$$t_1 = 2.96 \text{（min）}$$

当黑度从 1.8 增加到 2.6 时，到达胶片的曝光量应从 H_0 增到 H，因此，将求得的 t_1 再乘以比 H/H_0 即可得到所求的曝光时间 t，即

$$t = \frac{H}{H_0} t_1$$

而

$$\frac{H}{H_0} = 10^{(\lg H - \lg H_0)}$$

$$H/H_0 = 10^{0.3} = 2$$

这样，最后得到

$$t = 2 \times 2.96 = 5.92 \text{（min）}$$

本题也可以采用其他方法计算，例如从射线强度公式入手等。

3.9 暗室处理技术

3.9.1 暗室处理概述

具有潜影的胶片必须经过一系列的加工处理才能变为可见影像的底片并可将其长期保存，这种底片反映了试件内部的质量。一般情况下，这一系列的加工处理是在暗室内进行的，所以称为暗室处理。暗室处理过程是射线照相检验的一个重要的基本技术过程，射线照片的质量不仅与透照过程相关，而且也密切相关于暗室处理过程，如果处理不当就会影响全部工作的效果，造成底片灵敏度不够甚至报废。

暗室处理的基本过程一般都包括显影、停显（或中间水洗）、定影、水洗、干燥这五个基本过程。经过这些过程，使胶片潜在的图像成为固定下来的可见图像。暗室处理方法，目前可分成自动处理和手工处理两类。自动处理采用自动洗片机完成胶片暗室处理过程，它需要使用专用显影液、定影液，一般是在高温下进行处理，得到的射线照片质量好并且稳定。手工处理可分为盘式处理和槽式处理两种方式，槽式处理适于处理规格比较一致的胶片，盘式处理适于胶片规格不固定、变化较大情况的暗室处理。盘式处理要求操作人员应具有熟练的暗室操作技术和较高的操作水平，否则将难以得到质量良好的射线照片。手工处理时各环节操作的概要情况如表 3-9 所示。

第3章 射线照相检验技术的理论基础和基本技术

表3-9 手工暗室处理过程的要点

处理过程	温度/℃	时间/min	基本操作与要求
显影	20±2	4~6	水平方向、竖直方向移动胶片
停显	16~24	0.5~1	应保证胶片完全浸入在停显液中
定影	16~24	10~15	可间断适当时间移动胶片
水洗	一般 16~24	≥30	流动水,级联方式可减少水洗时间
干燥	≤40	—	环境空气中应无尘、无杂物

为了保证暗室处理的质量,暗室环境应满足一些基本要求。

暗室一般应设计成分立的两部分,一部分是存放和切装胶片的工作室,另一部分是进行胶片从显影至干燥（或水洗）的工作室。

暗室的环境条件的主要要求包括：

（1）室温控制　特别在采用手工处理时,要求室温能控制在 20℃±5℃；

（2）湿度控制　切装胶片工作室应控制湿度在适当范围,经常要求相对湿度为30%~60%；

（3）通风　暗室应具有排风设备,其换气量应能达到 5~10 次/h；

（4）照明　暗室应有两种照明方式 —— 白炽灯、安全红灯；

（5）墙壁与地面　应反光少,地面和局部墙壁应防水、防化学腐蚀。

此外,应有方便的水源、排水设施和足够的面积。

暗室操作的基本要求是：清洁、有序、细心、熟练。

暗室操作人员,在进行暗室操作之前应洗手,去除手上的汗液和污物,以保证不因手接触胶片而对胶片产生污染,必要时应戴乳胶手套。

在切装胶片之前,应清洁工作台面、切刀、有关用具；整理并布置工作台面,使胶片、暗袋、增感屏等按序排放；必要时应带细纱手套进行切装胶片的操作。切装后剩余的非整张胶片,应加上必要的包装纸,按管理规定放置,以备以后使用。操作人员应安排好正确的工作流程,养成良好的习惯,避免错装、漏装。切装胶片和胶片冲洗的主要处理过程（显影、停显（或中间水洗）、定影的初期阶段）必须在安全红灯照明下进行。

冲洗胶片之前,应按序布置好处理溶液,完成必要的温度控制检验,调整好计时设备。对手工处理,需要时应进行溶液有效性试验,对自动洗片机,在预热后必要时应进行系统稳定性试验。

操作之中必须避免胶片之间、胶片与工作台面、胶片与暗袋间的严重摩擦,避免胶片发生弯折和受到严重挤压；取放胶片时应尽量夹持其边角部位、两个侧边,尽量减少手与胶片表面的接触面积和时间。

暗室处理的各个操作环节,必须遵守有关的规定,必须按有关的操作要求进行。粗心的操作常导致胶片损伤,并将严重损害射线照片的质量,甚至造成返工。

3.9.2 显影

曝光以后在胶片的乳剂层中形成潜影,对通常采用的曝光量必须经过显影才能把潜影转化为可见的影像。显影就是以还原作用,从感光乳剂中感光的溴化银还原出金属银,使不可见的潜影转化为可见的影像。显影是暗室处理中最重要的环节，也是与影像质量关系最密切的暗室处理过程。因此，显影必须使用与胶片相适宜的显影液配方和操作过程。

1. 显影过程的作用

显影过程在本质上是一个氧化还原过程。显影剂被氧化，卤化银的银离子还原为银原子。

简单地说，显影过程分为三步。首先，潜影中心（显影中心）吸附显影剂。然后，显影剂释放电子，电子转移到潜影中心。最后，电子与银的正离子结合形成银原子，并聚集在潜影中心。这个过程不断进行，使潜影转化为可见的银原子团影像。

对通常使用的显影液，显影过程必须在碱性溶液中进行。在碱性溶液中，显影剂才能离解。例如，显影剂对苯二酚离解为对苯二酚负离子和氢正离子，对苯二酚负离子与银正离子作用，产生银原子，完成显影过程。显影液的碱性越大，显影剂的离解程度越大，显影液的显影能力越强，但容易产生过大的灰雾。显影后得到的银量比曝光得到的银量可以大到 10^9 倍。

在显影过程中，显影液对曝光的卤化银颗粒和未曝光的卤化银颗粒都具有还原作用，但还原的速度不同，曝光的卤化银颗粒还原速度远高于未曝光的卤化银颗粒。

2. 显影液的组分与各个组分的作用

通常使用的显影液含有四种主要组分：显影剂、保护剂、促进（加速）剂、抑制剂，此外还应有溶剂水。调整各个组分的比例，可以得到不同性能的显影液。

（1）显影剂　是显影液的基本组分，它使已感光的卤化银还原为金属银。不同的显影剂具有不同的特点，显影液中常常采用多种显影剂，来调整显影液的性能。最常用的显影剂是米吐尔、对苯二酚、菲尼酮。

米吐尔是一种白色或灰色的针状结晶体或粉末，易溶于水，难溶于亚硫酸钠溶液。它是一种强显影剂，还原能力强，作用快，反差低，显影能力对温度变化不敏感，易氧化。在显影初期作用比较急速，但显影到一定程度后，其作用即停止。由于得到的反差低，所以常称它为软调性显影剂。单独使用时，易产生较大灰雾。

对苯二酚是一种白色或灰白色的细小针状结晶体，易溶于热水，也易溶于亚硫酸钠溶液。当发生氧化时，其本身变为灰黄色，其水溶液变为褐色。它是一种弱显影剂，还原能力弱，作用慢，反差高，显影能力对温度非常敏感，低于13℃时作用减弱，低于5℃时几乎无显影能力。此外，溴化钾能明显减弱它的显影能力。在显影初期作用比较缓慢，但显影到一定程度后，其作用逐渐加强和加快。

菲尼酮是一种白色结晶体，在热水和碱性溶液中具有中等溶解度，难溶于冷水。它是一种弱显影剂，单独作为显影剂时显影能力很弱，作用快，反差较低，但影像颗粒较细，不易氧化。与对苯二酚组合可产生超加合性，具有强显影能力。

（2）保护剂　显影剂在水溶液中容易氧化，特别是在碱性溶液中更易氧化。氧化不仅减弱了显影液的显影能力，而且会产生污染力很强的氧化物。为防止显影剂氧化，延长显影液的寿命，必须在显影液中加入保护剂。显影液中经常采用的保护剂是无水亚硫酸钠。

亚硫酸钠具有较强的与氧化合的能力，因此它能够优先与进入显影液的氧发生反应，减少了显影剂与氧的化合。其作用的化学反应是

$$2Na_2SO_3 + O_2 \rightarrow 2Na_2SO_4$$

（3）促进剂　经常使用的显影剂，在碱性溶液中才能离解，起显影作用。但在显影剂离解中同时会产生氢离子，它们会阻止显影剂的离解。在显影液中加入促进剂是为了中和显影液中的氢离子，调节氢离子浓度，控制显影液的碱性，使显影液的pH值控制在8～11之间。显影液中常用的促进剂是碳酸钠、硼砂，它们都是弱碱性物质，很少使用强碱氢氧化钠。

碳酸钠是中性促进剂，作用稳定。硼砂是软性促进剂，作用柔和。强碱性可以使显影速度加快、对比度大，但颗粒粗；弱碱性的的加速作用小，得到的影像的颗粒细。

（4）抑制剂　显影剂对未曝光的卤化银微粒也具有显影作用，为减少对未曝光卤化银微粒的显影程度，降低灰雾，在显影液中必须加入抑制剂。经常使用的抑制剂是溴化钾。

溴化钾在水溶液中可离解为带正电的钾离子和带负电的溴离子。在显影过程中，带负电的溴离子吸附在溴化银微粒的表面，形成一个负电层。这个负电层排斥显影剂的负离子吸附到未曝光卤化银微粒上，从而抑制了显影剂对未曝光卤化银微粒的显影作用。已曝光的卤化银微粒，由于存在潜影（显影中心），其吸附显影剂离子的能力远大于吸附带负电的溴离子的能力，但显影的能力会因存在抑制剂而减弱。

（5）溶剂水　溶解各种其他组分，构成显影液。

部分射线胶片的显影液配方如表3-10所示。

表3-10　显影液配方与使用条件

药　　品	天　津	柯达 D-19	阿克发	依尔福 ID-11	富士
米吐尔/g	4	2.2	3.5	2.3	4
无水亚硫酸钠/g	65	96	60	72	60
对苯二酚/g	10	8.8	9	8.8	10
无水碳酸钠/g	45	48	40	47.9	53
溴化钾/g	5	5	3.5	4	2.5
水/mL	1000	1000	1000	1000	1000
显影温度/℃	20	20	18	20	20
显影时间/min	4～8	5	5～7	4	5

在显影液配方中一般都采用两种显影剂，相互配合，得到所希望的显影性能。采用对苯二酚与米吐尔作为显影剂的显影液称为MQ显影液，采用对苯二酚与菲尼酮作为显影剂的显影液称为PQ显影液。

3. 显影液配制

配制显影液的方法和程序必须按配方的规定进行，主要的要求是下列方面。

一般应用蒸馏水或去离子水，所用的水应不含杂质，配制时水的温度应控制在配方

指定的范围，一般是 40～50℃，水温过高药品将分解失效，水温过低药品溶解太慢。

准确称量药品的质量，按照配方规定的顺序顺次加入各种药品，后一种药品必须在前一种药品完全溶解后才能再加入。否则可能发生不良后果，如过分氧化，急剧沉淀，甚至使配制完全失败。

例如，对 MQ 型显影液，本应先溶解无水亚硫酸钠，但因米吐尔不溶于亚硫酸钠溶液，因此，须在溶解无水亚硫酸钠之前溶解米吐尔。为减少米吐尔的氧化，一般先将少量无水亚硫酸钠先溶于水中（溶解量常与米吐尔量相等），然后再溶解米吐尔。必须保证各组分药品充分溶解，适当延长无水亚硫酸钠的溶解时间，是保证后续药品很好溶解的重要经验。

溶解药品的过程应进行适当搅拌，促进溶解，但搅拌不能过大，以免造成大量空气溶入水中，导致显影液过分氧化。如果采用了强碱性（如氢氧化钠）或化学性质活泼的药品，应注意其特性，正确使用，避免发生意外事故。配制显影液的容器应是玻璃、不锈钢、搪瓷罐等的制品，不能采用铜、铁等制做的容器，以免配制显影液的药品与容器发生反应。

配制好的显影液应贮存在密闭、避光的容器中，不能长时间暴露在空气中，造成显影液不断被氧化。贮存显影液的温度一般应控制在 4～27℃ 左右。新配制的显影液一般应放置 24h 之后再投入使用。

4. 显影操作与影响显影的因素

在显影过程中，显影液需要渗透胶片的保护膜，进入乳剂层，才能进行显影作用。为了保证显影过程的均匀进行，对手工进行显影处理，在操作上应注意下面所述的一些方面。

在显影进行之前，应测定显影液的温度，保证温度处于规定的范围，并应采取适当的措施控制显影液温度。

在胶片放入显影液前，先将胶片完全浸入请水中，使胶片表面被水浸润，这可以排除表面可能存在的气泡，并能有效保证胶片从一开始就处于均匀显影的状态。当胶片刚与显影液接触时，一定要迅速使胶片全部浸入显影液中。

在显影过程中，特别是最初的 1～2min 时间里，一定要使胶片在显影液中不断做两个相互垂直方向的移动（盘式处理是水平两个方向，槽式处理是竖直方向和水平方向）或翻动，使胶片之间不相互粘贴，否则将产生显影不均匀的痕迹，并且以后很难再消除。此后可间断地移动或翻动胶片。在操作中应避免胶片间发生较强的摩擦。显影操作不正确将产生显影不均匀或造成各种假象。

显影应按规定的时间进行，不应随意缩短或延长。

显影过程对射线照片影像的质量具有重要影响，因此必须严格控制显影过程。影响显影结果的因素主要是显影的温度与时间、显影液的老化程度、显影操作。

显影温度对显影液的显影能力具有明显影响，手工处理时显影液的显影温度一般为 18～20℃。温度高时显影作用快，温度低时显影作用慢。温度过高可能使显影液中的药品分解失效，或造成显影液的过分氧化，主要危害是灰雾增大、影像颗粒变粗，而且可能损害乳剂层。显影温度过低，显影液的显影能力大大降低，甚至可能完全失去显影作用，造成影像的对比度（反差）降低。

显影时间与显影液配方相关，应按配方推荐的时间显影。对手工显影，正常的显影时间一般是 4~6min，它是综合考虑显影时间的影响确定的，特别是考虑了平均梯度。图 3-20 描述了显影时间对胶片的感光特性（感光度、平均梯度、灰雾度）的影响，从图中可以看到，随着显影时间的加长感光度、平均斜率、灰雾度变化的规律。显影时间延长，可以增加底片黑度和影像对比度，但也会增大灰雾度和影像的颗粒度。显影时间过短，底片影像对比度降低，也会增大影像的颗粒度。显影时间过长或过短都不能得到良好的影像质量。

显影液在使用过程中其本身的浓度将降低，显影中产生的生成物会改变显影液的 pH 值，抑制显影作用，显影液受到的氧化会使显影液的显影能力降低。即，随着使用，显影液将老化。当显影液老化到一定程度后应停止使用（在规定的温度和时间条件下处理，底片的黑度明显偏离正常值），否则将影响底片质量。或者通过加入补充液的方法提高显影液的活性，但在实际中很少使用这种方法。如果使用补充液，必须注意氢氧化钠是强碱，具有很强的腐蚀作用，使用时必须先进一步了解其化学性质，充分注意安全！

不遵守操作规定、操作技术不熟练等可能产生的主要问题是造成显影不均匀或其他的不正常影像。

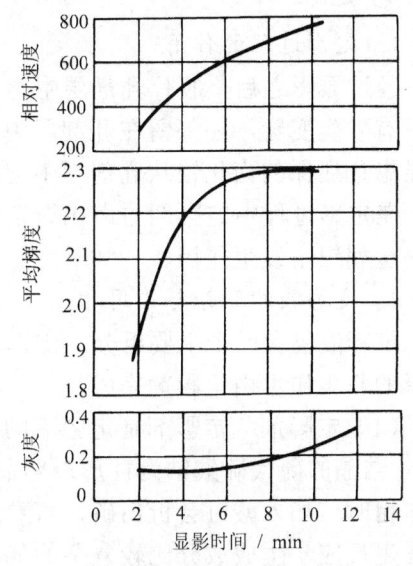

图3-20 显影时间对胶片感光特性的影响

3.9.3 停显或中间水洗

停显的作用主要是终止显影和减少显影液对后面的定影液的污染。

从显影液中取出胶片后，显影作用并不能立即停止，这时候胶片乳剂层中还残留着显影液，它们仍在继续进行显影作用，在这种情况下容易产生显影不均匀。如果这时立即将胶片放入定影液中，则可能产生二色性灰雾。同时，由于显影液带入定影液，还会损害定影液。

二色性灰雾是极细的银粒沉淀，在反射光下呈现蓝绿色，在透射光下呈现粉红色。

为了立即终止显影液的作用，在显影之后应进行停显处理。即把从显影液中取出的胶片转移至停显液中，使胶片表面和乳剂层中残留的显影液与停显液发生相互作用，停止显影作用。常用的停显液是 1.5%~5%的醋酸水溶液。停显时间约为 0.5~1min。停显液的主要作用是其酸中和显影液的碱。表 3-11 是常用的停显液配方。

如果不采用停显液，则应在显影之后先将胶片放入流动水中冲洗约 1min 左右，然后才能将胶片转入定影液中。

停显温度一般应与显影温度相同或相近，避免产生温差网纹。停显过程应注意操作，使停显能均匀进行，并避免损伤胶片。

表 3-11 常用的停显液配方

停显液类型	一般停显液	坚膜停显液
水/mL	1000	1000
冰醋酸（98%）/mL	15	15
无水碳酸钠/g	—	45
停显时间/s	≈20	≈20

3.9.4 定影

1. 定影过程的作用

经过显影之后，胶片乳剂层中感光的卤化银还原为金属银，但大部分未感光的卤化银没有发生变化，还保留在乳剂层中。定影过程的作用是，将感光乳剂层中未感光也未被显影剂还原的卤化银从乳剂层中溶解掉，使显影形成的影像固定下来。

在定影过程中定影剂与卤化银发生化学反应，生成溶于水的银的络合物，但对已还原的金属银不发生作用。

2. 定影液的组分与作用

定影液包含四个主要组分：定影剂、保护剂、酸性剂、坚膜剂，此外还有溶剂水，定影的基本作用由定影剂完成。

（1）定影剂　定影剂是定影液的主要组分，使用最广泛的定影剂是硫代硫酸钠（海波）。结晶的硫代硫酸钠为柱形透明晶体，白色，易溶于水。硫代硫酸钠水溶液受光线长期作用时，加入酸时会析出硫，可看到硫的沉淀物。在定影过程中，硫代硫酸钠与卤化银发生反应，生成成分比较复杂的能溶于水的银的络合物。但对已还原出的金属银不起作用，从而使影像固定下来。

定影过程要经过两个阶段（或认为经过三个阶段）。在第一阶段，硫代硫酸钠与卤化银反应，生成不溶于水的硫代硫酸银钠

$$AgBr + Na_2S_2O_3 = NaBr + NaAgS_2O_3$$

然后，硫代硫酸银钠与硫代硫酸钠继续反应，生成可溶于水的硫代硫酸三银钠

$$3NaAgS_2O_3 + Na_2S_2O_3 = Na_5Ag_3(S_2O_3)_4$$

胶片从停显液移入定影液开始至未感光部分呈现透明所需的时间常称为"定透时间"（或"通透时间"），完成定影过程的时间约为定透时间的 2 倍。

（2）酸性剂　为了中和在停显过程未消除而进入定影液中的显影液的碱性、停止显影作用，在定影液中需加入一些酸。定影液的酸度一般应控制在 pH 值为 4~6。定影液的 pH 值低于 4 时，硫代硫酸钠易发生分解析出硫，定影液的 pH 值高于 6 时，坚膜剂硫酸铝钾易发生水解产生氢氧化铝沉淀。

常用的酸性剂是冰醋酸和硼酸。

冰醋酸在在常温下为无色透明液体，具有强烈的酸性刺激气味。高浓度（96%以上）的冰醋酸，在 17℃ 以下时呈现为白色晶状体。配制定影液时，为避免硫代硫酸钠产生硫

沉淀,最好先将高浓度的冰醋酸稀释,然后在缓慢加入。

(3)保护剂 定影剂硫代硫酸钠,当定影液的酸度提高时会分解,产生硫沉淀,其化学反应为

$$S_2O_3 + [H^+] = HSO_3 + S\downarrow$$

为防止定影液的酸度升高,在定影液中需加入保护剂。常用的保护剂是亚硫酸钠,它的亚硫酸根离子可以和氢离子结合,抑制定影液酸度升高,其化学反应为

$$SO_3 + [H^+] = HSO_3$$

(4)坚膜剂 在定影过程中,胶片感光乳剂层大量吸入水分,发生膨胀,容易划伤和脱落。坚膜剂主要是为了降低乳剂层吸水膨胀,从而减少在水洗、干燥中可能产生的机械损伤。酸性定影液最常用的坚膜剂是硫酸铝钾(明矾)。

硫酸铝钾是白色透明结晶体,溶于水。它的坚膜能力在 pH 值为 4~6 时较好。当酸度降低时(pH 值提高),可产生亚硫酸铝沉淀。

溶剂水用于溶解其他组分,构成定影液。

常用的定影液配方列于表 3-12 中。定影液配制的注意事项与配制显影液相同。

表 3-12 常用定影液配方

药　　品	天　　津	柯达 F-5	药　　品	天　　津	柯达 F-5
水/mL	600	600	硼酸/g	7.5	7.5
硫代硫酸钠/g	240	240	硫酸铝钾/g	15	15
无水亚硫酸钠/g	15	15	加水至/mL	1000	1000
冰醋酸/mL	15(98%)	39(36%)			

3. 定影操作与影响定影的因素

定影操作一般的方面,与显影的注意事项相同。影响定影过程的因素主要是定影的温度与时间、定影液的老化程度、定影操作。

定影操作对定影过程也具有很大影响,在定影过程中注意使胶片经常与新鲜定影液接触,可以加快定影过程的进行,并有助于得到均匀的定影结果。特别是在定影的最初阶段,一定要注意使胶片在两个不同方向上移动,以保证定影能够均匀进行。

定影过程的进行受温度影响较大,温度低时定影进行缓慢,温度高时定影进行快。但温度不能过高,温度过高可能造成定影液药品分解失效,使乳剂层膨胀加大,容易产生划伤和脱膜。定影液温度应与显影液相近,常控制在 16~24℃。定影温度低.则定影过程进行慢。在一般情况下,希望定影温度与显影温度相同或相近。

定影时间也是影响定影过程的重要因素之一。完成定影所需要的时间与定影液中硫代硫酸钠的浓度、定影液老化的程度、定影温度都相关。如果定影时间短于定透时间,射线照片将呈现灰白雾状,影像明显不清晰。定影时间超过定透时间,胶片未感光部分也已呈现透明状态,也不能简单地认为定影过程已经完成。定影过程中硫代硫酸钠与卤化银的反应要经过多个阶段,中间阶段生成的银的络合物是无色但稍溶于水的物质,因此,在胶片未感光的部分已呈现透明时,很可能这些反应生成物并未转移至定影液中,

定影过程也未进行完毕。实验研究指出，定影时间应为定透时间的2倍。

定影液在使用过程中定影剂不断消耗，卤化物、银的络合物的积累，将导致定影液定影能力降低，即定影液不断老化。随着定影液的老化定透时间将不断加长，一般认为，定影液老化到定透时间已长到新定影液定透时间的2倍时，则应该认为定影液已失效。使用过于老化的定影液时，必然会过分地加长定影时间，这可导致定影过程产生的硫代硫酸银钠粘附在乳剂层上，水洗也难于去除。这些残留物，在底片存放中将会分解出硫化银，使底片变成棕黄色。

3.9.5 水洗与干燥

1. 水洗

定影以后在胶片的表面和内部都吸附着硫代硫酸钠和银的络合物，如果它们留在射线照片里，银的络合物会很快分解，硫代硫酸钠会缓慢地与空气中的水分、二氧化碳进行反应，最终产生棕黄色的硫化银，导致在底片上出现斑点，使底片变黄。水洗就是为了清除这些有害物质，使底片具有稳定的质量。

水洗的质量决定于水洗的温度、时间、方式。温度高可缩短水洗时间，但温度过高可能会损害乳剂层，水洗温度一般控制在16～24℃。水洗时间一般需要30min。一般应用流动水洗方式进行水洗，使胶片总是接触新鲜清水，利于清除残留的有害物质。为节约用水推荐采用级联递进水洗方式，这种水洗方式是将从定影液中取出的胶片先放入第一个水槽，然后依次再放入第二、第三等水槽，而水则是从最后一个水槽进入，然后依次流入前方的水槽。它同时可以水洗多批胶片，但又不使处于不同水洗状况的胶片互相污染，既节约了用水，又可得到良好的水洗效果。

水洗效果可用下面的方法鉴别。用蒸馏水配制1%浓度的硝酸银溶液，取待鉴别的底片（刚水洗完的底片应擦去表面的水），用滴管将配制的硝酸银溶液滴一滴到底片比较透明处，静置1min左右后，用试纸吸去所滴溶液，然后观察该处的颜色：

颜色无变化 —— 水洗充分；

颜色呈微黄 —— 水洗不够充分；

颜色呈棕黄 —— 水洗不足，应重新水洗。

水洗良好的底片保存10年不会发生变色。

2. 干燥

干燥是为了排除膨胀的乳剂层中的水分。

为避免干燥在底片上可能产生的水迹，可在水洗后、干燥前进行润湿处理。即将水洗后的胶片浸入约0.1%左右浓度的洗涤剂水溶液中约30s，然后取出使水从胶片表面流掉，再进行干燥。

干燥方法主要是两种：自然干燥和烘箱干燥。

自然干燥是在清洁、干燥、空气流动的室内，把水洗后的胶片悬挂起来，让水分自然蒸发，使胶片干燥。烘箱干燥是把水洗后的胶片悬挂在烘箱内干燥，烘箱中通过热风，热风的温度一般不能高于40℃，并应对热风进行过滤，尽量减少热风所带的杂质和灰尘。

3.9.6 存档质量

水洗质量又称为"存档质量"。所谓存档质量是指，底片的质量不因污染发生变化的保存期限。存档质量直接相关于底片水洗后乳剂层中残留的硫代硫酸盐的含量。达到"存档质量"要求的底片，应至少保存10年不会发生变色。底片中残留的硫代硫酸盐的含量可用适当的方法测定，例如美国标准规定的银密度测试方法。这个方法，可将底片中残留的硫代硫酸盐等变为色斑，色斑密度对应底片的可保存年限。

3.9.7 胶片自动处理

胶片自动处理是采用专用的自动洗片机进行从显影到干燥全过程的自动处理。胶片从进片口送入自动洗片机内，然后顺序通过显影、定影、水洗、干燥过程，从出片口送出一张处理质量良好的底片。完成上述全过程的处理的时间约为 7~14min 或更短些。为了在短时间内完成全部暗室处理过程，自动洗片机需要在高温下完成处理。因此它采用特殊的专用显影液和定影液。在处理过程中，自动洗片机会自动地补充显影液和定影液。与手工处理相比，胶片自动处理的主要优点是，处理工艺严格规范化，处理质量稳定、可靠。所以它特别适于大批量工件的射线照相检验应用。由于自动洗片机是按照固定的规范完成处理过程，因此，必须保证同批工件透照参数的一致性。

图 3-21 是自动洗片机结构示意图。自动洗片机一般都包括五部分：胶片传送机构、显影液和定影液输送机构（补充机构）、温度控制机构、搅拌机构、干燥机构。

1. 胶片传送机构

胶片传送机构是由多个滚筒及其传动部件组成，它能使胶片从输入口进入，按一定速率移动，完成显影、定影、水洗、干燥等各项胶片处理工作，最后将底片送入受片箱。送片滚筒分为几组，可以方便地从洗片机中取出，进行清洗、维修工作。

2. 温度控制机构

自动洗片机内显影、干燥温度要求严格，温度自动控制通过电加热器及热交换器来完成，使各项温度达到要求。

3. 干燥机构

由电加热器和鼓风机组成，使水洗后的底片在热风中迅速烘干。

4. 补充机构

显影液、定影液在与胶片多次作用后药力会下降，然而自动洗片机显影，定影的时间和温度是一定的，要求药液的浓度不能变化，为了解决这一矛盾，自动洗片机配置了显影液、定影液补充筒。每次进片自动洗片机能给出一个进片信号，使溶液泵自动向机内补充一定数量的显影液、定影液，与此同时机内排出相应数量的溶液，每处理 $1m^2$ 的胶片约需补充 1000mL 显影液和 1000mL 定影液。

5. 搅拌机构

为了使机内药液温度、浓度均匀，并使胶片表面不断与溶液充分接触，自动洗片机设有搅拌机构。

使用自动洗片机应注意下列事项：

1）每次使用前，应先开机预热一段时间，当温度达到设定温度、机器给出允许送片信号后才能开始处理胶片。然后，才能开始正式处理工作。

2）处理的胶片的长度一般不应小于 100mm。

3）胶片不能不间断地连续送入（对同一送片位置），必须在前一张胶片已送入一定时间、机器给出允许送片信号后方可送入第二张胶片。

4）胶片送入时，应使其长度方向尽量垂直于送入口方向。

5）在自动洗片机工作结束后或开始前，将显影槽和定影槽中的辊轴机构取出，用清水洗净，以免其上粘附的药液氧化和形成结晶颗粒对胶片产生污染。否则，在正式处理胶片前，应先送入一张宽度为机器可处理的最大幅面的、一定长度的"清洗片"（例如，常用一张 43cm×35cm 尺寸的废胶片），用它带走辊轴上粘附的已氧化的显影液和定影液，但这并不是推荐的方法。此外，还应定期清洗水洗槽和其辊轴。

6）要防止异物进入洗片机，防止划伤滚筒。

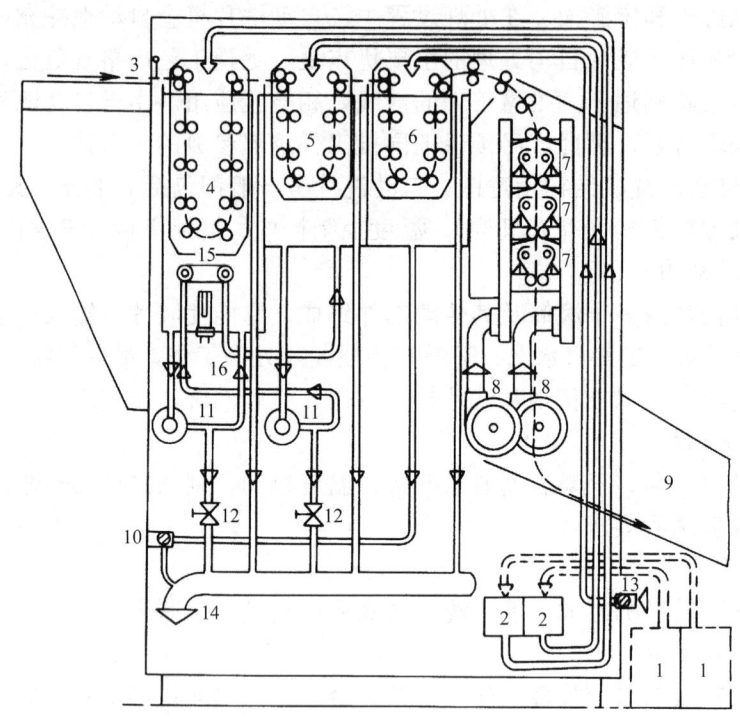

图3-21 自动洗片机机构示意图

1—显影液和定影液补充箱（机外） 2—补给泵 3—进片扫描器 4—显影箱 5—定影箱 6—水洗箱 7—红外加热器 8—风扇 9—收片斗 10—排水阀门 11—循环泵 12—显影液和定影液排放口 13—冷水供给阀门 14—总排放口 15—定影液热交换器 16—显影液加热器

3.9.8 暗室处理的质量控制措施

为了保证暗室处理工作的质量，在暗室处理技术中应采取一系列的质量控制措施，其中主要的是下列一些措施。

1. 安全红灯安全性检验

简单的检验方法是，切取一条胶片，置于平时切装胶片工作距红灯最近的位置，一半用黑纸遮盖，另一半暴露在红灯照射下，暴露时间不短于切装胶片所需的最长时间。然后，按工作程序处理此胶片，测量两边的黑度。暴露部分的黑度不高出 0.05 时，认为红灯安全。

2. 胶片入厂复验

胶片入厂后应在一个月内进行质量复验，主要是抽验灰雾度和一般质量。可对每个批号的胶片随机抽取一张，切取一条测定灰雾度，其他部分透照处理。灰雾度应不高于出厂标准规定值，透照的底片应不存在气泡、白点、霉点、划伤、脱膜、涂布不匀条纹等问题。

3. 显影液有效性试验

取一条胶片，用标准试板（如阶梯试块），按曝光曲线给定的条件和参数透照，按规定的程序进行暗室处理，然后测量所得底片的黑度。当黑度值与曝光曲线给定值的差超出±15%，如果可排除射线机性能存在较大变化，则认为显影液的有效性存在问题，应进行处理或停止使用。

4. 系统稳定性试验

系统稳定性试验也有的称为工艺检验。试验方法与显影液有效性试验类似。

取一条胶片，在标准试板（如阶梯试块）上放置好像质计，按曝光曲线给定的条件和参数透照，按规定的程序进行暗室处理，然后测量所得底片的黑度。当黑度值与曝光曲线给定值的差超出±15%，或像质计灵敏度达不到规定的要求时，则认为系统稳定性存在问题。发现问题后应中断工作，并对系统的各环节进行分析，确认问题的原因：射线机性能存在较大变化、处理溶液有效性存在问题、自动洗片机的处理存在问题等，找出并排除问题后，才能继续进行检验工作。

**3.10 缺陷位置与尺寸测定方法

3.10.1 缺陷位置测定方法

确定缺陷在被透照工件中的位置经常是很重要的。确定缺陷对工件质量危害，不仅需要知道缺陷的性质、大小，而且需要知道缺陷在工件中的位置。对于缺陷返修，准确的缺陷位置更是非常重要。

对于射线照相，由于底片直接给出了缺陷在透照平面上的位置，所以缺陷位置测定主要是进一步确定缺陷在工件中的深度位置。这可以通过二次射线照相实现。

最简单、最容易实现的二次射线照相方法是，在互相垂直的两个方向进行二次射线照相，从得到的二张底片可以直接测量缺陷的位置。只要可能就应采用这种方法。

但是，对于许多工件，由于其结构的几何特点常常不能采用上述方法确定缺陷位置，这时候只能采用其他的二次射线照相方法确定缺陷位置。主要的方法有平移二次射线照相方法和旋转二次射线照相方法。平移二次射线照相方法是在完成第一次射线照相之后，射线源与被透照工件进行一平行的相对移动,然后再完成第二次射线照相,用所得到的二张底片确定缺陷位置。旋转二次射线照相方法是在完成第一次射线照相后,射线源相对于被透照工件旋转一个角度,再完成第二次射线照相,从得到的两张底片确定缺陷位置。

下面给出平移二次射线照相方法缺陷深度的式。如图 3-22 所示,图中

x —— 工件中的缺陷位置;

h —— 缺陷与工件表面的距离;

S_1,S_2 —— 两次射线照相的射线源位置;

W —— 两次射线照相间射线源平移的距离;

M —— 放在工件表面的铅制标记。

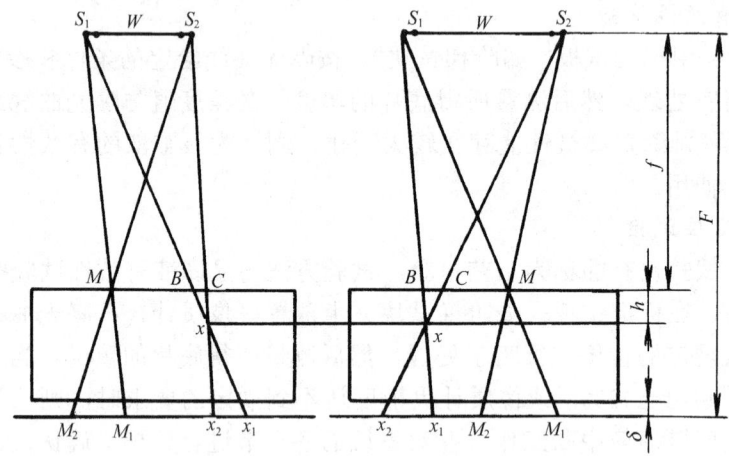

图3-22 平移二次射线照相定位方法

图中 M_1,M_2 是 M 标记二次照相的影像,x_1,x_2 是缺陷二次照相的影像,记

$$M = M_1 M_2$$

$$\Delta = x_1 x_2$$

从相似三角形的基本关系可以得到

$$\frac{\Delta}{W} = \frac{T + \delta - h}{f + h}$$

$$\frac{M}{W} = \frac{T + \delta}{f}$$

从上两式则容易得到

$$h = \frac{f(M - \Delta)}{W + \Delta} \tag{3-23}$$

用此式通过二次照相则可给出缺陷的深度尺寸。

也可以采用作图的方法确定缺陷位置,其适应于各种二次射线照相缺陷定位方法。

只要图画得准确，同样可得到满意的结果。

3.10.2 缺陷深度尺寸测定方法

缺陷的平面尺寸可从底片上的影像直接测定，需要解决的是深度尺寸测定问题。深度尺寸测定的基本依据是射线照相的对比度公式

$$\Delta D = -\frac{0.434 \mu G \Delta T}{1+n}$$

从此公式可以看到，在底片上不同的 ΔT 将得到不同的 ΔD。基于这点可通过测量缺陷影像与背景的黑度差判定缺陷的深度尺寸。由于公式中 ΔT 与 ΔD 间的系数项相关于多方面的因素和操作，因此很难从理论上给出。这样一来，测定缺陷的深度尺寸就必须借助于试块给出系数项在具体情况下的值，才能实现对缺陷深度尺寸的测定。

现在应用的缺陷深度尺寸测定方法主要是试块对比法和黑度测量法。试块对比法是采用具有一系列不同深度槽的试块，放在被测缺陷附近同时透照，观察底片上的影像黑度，以黑度相同或相近的槽的深度作为缺陷的深度。黑度测量法只不过是经上面的透照后，不是视觉直接观察，而是采用扫描仪进行测量黑度，得出缺陷的深度尺寸。从测量值给出缺陷的深度尺寸可由测量程序完成。显然，黑度测量法要比试块对比法的视觉判断更规范、更客观。

无论哪种方法，都需要很好设计的对比试块，都是对比测量方法，并不存在本质上的不同。

复 习 题

1. 试导出射线照相对比度公式。
2. 说明射线照相影像质量的基本因素。
3. 简要分析射线能量对射线照相对比度的影响。
4. 试从射线照相对比度的基本公式讨论影响对比度的因素。
5. 简要讨论产生射线照相影像不清晰度的主要原因。
6. 简述识别射线照片上的细节影像，该影像必须满足哪些条件？
7. 试述确定射线照相透照布置应如何考虑。
8. 简述射线照相中有效透照区概念和确定有效透照区的方法。
9. 简述透照参数对射线照相影像质量的影响。
10. 简述散射线对射线照相影像质量的影响。
11. 说明常用 X 射线照相曝光曲线的类型和制作方法。
12. 简述曝光曲线的使用方法。
13. 简述显影过程与显影的主要作用。
14. 简述定影过程与定影的主要作用。
15. 简述显影液的组分与各组分的主要作用。
16. 简述定影液的组分与各组分的主要作用。

17. 试述显影操作不当对影像质量的影响。
18. 简述胶片自动处理的特点和注意事项。
19. 如何控制胶片暗室处理的质量?
20. 在射线照相检验中,如何测定缺陷的位置?

第4章 典型工件的射线照相检验技术

本章将运用第三章给出的技术讨论一些有代表性的工件的射线照相检验技术。

4.1 铸件射线照相检验技术

4.1.1 铸件射线照相检验常用技术

铸件射线照相检验时，经常遇到的主要问题之一是处理变截面工件透照技术。也就是，在一次透照区中将包含不同的透照厚度。这种情况，一般称为变截面工件射线照相检验技术。处理这种问题的常用技术主要是：双（多）胶片技术、适当提高透照电压（X射线）、补偿方法等。当然，厚度的变化范围必须限制在适当的范围之内。

1. 双胶片技术

双胶片技术是在同一暗盒中放置两张感光度不同或感光度相同的胶片同时透照的技术。当采用两张感光度不同的胶片时，感光度较高的胶片应适于工件厚度较大部分的透照，感光度较低的胶片应适于工件厚度较小部分的透照。当采用两张感光度相同的胶片时，单张胶片观察时评定厚度小的区域，两张胶片叠加观察时评定厚度大的区域。

如果工件截面厚度变化不是太大，特别是主要由两个厚度组成时，则可以采用双胶片技术进行透照。

对采用两张感光度不同胶片的双胶片技术，应解决的问题是选用胶片。简单地说，选用方法是利用曝光曲线和胶片的感光特性曲线。从曝光曲线确定应使用的一种胶片和对应的厚度，并从曝光曲线确定两厚度的曝光量比，利用此比和胶片感光特性曲线确定应使用的另一种胶片。选取方法可参照图4-1进行。

对采用两张感光度相同胶片的双胶片技术，应注意的是底片的黑度。在目前的多数标准中，均限定双片迭加观察区的黑度，该区单片的黑度不能低于标准规定的下限值。不同标准限定值可能不同，主要的下限限定值有：

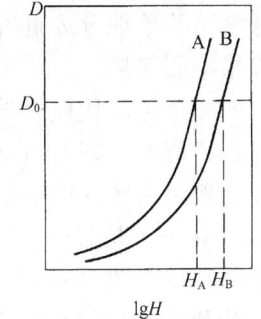

图4-1 双胶片技术选取胶片方法

ASTM E1742—00：$D \geqslant 1.0$；
EN 444:1994：$D \geqslant 1.3$；
ISO 5579:1998：$D \geqslant 1.3$；
GJB 1187A—2001：$D \geqslant 1.2$。

2. 适当提高透照电压技术

对截面厚度变化比较小，特别是截面厚度是连续变化时，可采用适当提高透照电压技术进行透照。

从曝光曲线可以看出，不同透照电压的曝光曲线其厚度宽容度不同。标准中规定的允许的底片黑度范围，相当于规定了允许的曝光量范围，这个范围对曝光曲线中不同的透照电压对应的厚度差范围不同。从曝光曲线中可以看到，较高的透照电压对应的厚度差范围较大，也即厚度宽容度较大。

因此，当采用不同的透照电压进行透照时，最大透照厚度与最小透照厚度之间的黑度差将不同。较大的透照电压得到的黑度差较小，较小透照电压得到的黑度差较大。这样，对规定的黑度范围，采用较高的透照电压透照，就可以覆盖更大的厚度差范围。应注意的是，这肯定降低了射线照相对比度。

适当提高透照电压技术，是处理在一次透照区中厚度连续变化较大问题经常采用的技术。

3．补偿技术

对截面厚度变化大或异形工件采用补偿技术进行透照是比较有效的方法。

补偿是采用与被透照工件对射线吸收性质相同或相近的材料，制成的补偿块、补偿粉、补偿液等，对工件的不同厚度部分进行填补，使工件的透照厚度转化为同样的厚度，这样，就可以按照厚度均匀的工件进行透照。

使用时主要应注意补偿物体中应不含有影响评定或可能造成误判的缺陷。

*4.1.2 发动机叶片射线照相检验技术

叶片是压气机或涡轮的重要零件，它在气流通道内实现气流动能转换与改变气流方向。叶片分为转子叶片（动叶）和静子叶片（静叶、整流叶片、导向叶片）两类，它基本由叶身和叶根（榫头）两部分组成。叶身具有一定的叶型，工作时处于气流通道内，通常可简单地分为进气边和排气边。叶根是叶片的安装部分，它与压气机盘或涡轮盘的榫槽牢固连接。

叶片是现代航空发动机的重要零件，它的破坏会导致机毁人亡。因此，对叶片的质量要求十分严格。下面以空心涡轮叶片为例讨论叶片的射线照相检验技术问题。

图 4-2 是某一空心涡轮叶片的外形示意图，图 4-3 是它的截面形状，图 4-4 是该空心涡轮叶片内部主要结构图。空心涡轮叶片采用熔模铸造方法制造，铸造时空心涡轮叶片的孔道用预制的陶瓷型芯成型。

图4-2　空心涡轮叶片外形示意图

图4-3　空心涡轮叶片截面（CT 图像）

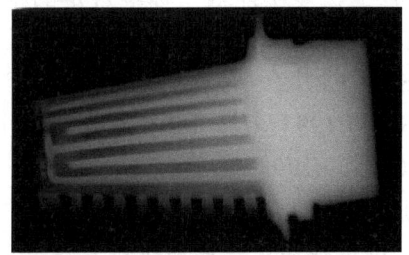

图4-4　空心涡轮叶片内部结构

空心涡轮叶片可能存在的铸造缺陷主要有气孔、夹杂、疏松、裂纹及冷隔等。此外，由于型芯偏移可能引起壁厚不均匀；型芯断裂可使孔道内形成金属阻隔；由于除芯不彻底在孔道内会留有残余陶瓷型芯等。为了保证空心涡轮叶片的质量，对空心涡轮叶片的检验不仅是对铸造缺陷的检验，还需要对孔道内的多余物的检验和叶片壁厚的测量。

从图4-3和图4-4可以看出，空心涡轮叶片的射线照相检验问题，显然是一个变截面射线照相检验问题。由于空心涡轮叶片的壁厚常为0.5~1.0mm左右，且叶片型面复杂，造成厚度变化较大，因此，不能简单地采用双胶片技术和适当提高透照电压等一般的变截面射线照相检验技术处理，必须采取一些进一步的技术措施。仅从一般射线照相检验技术考虑，最主要的是正确划分透照区、正确确定透照电压、选取适宜的胶片等。此外，必须考虑的是一次透照多个叶片的工艺技术问题。

以变截面射线照相检验技术为处理的基点，将整个叶片划分为三个透照区，即叶根区、进气边区、排气边区。这样一来，每个透照区的厚度就都控制在了一个适当的范围，也就是可以按变截面射线照相检验技术处理的一个范围。按照射线照相检验的一般理论，确定透照电压的透照厚度应选在透照厚度范围的中等偏厚厚度。以此厚度按曝光曲线确定所需的透照电压等透照参数，从理论上它可较好地保证透照区的底片黑度处于规定的范围。

考虑到叶片是重要的关键零件，为了保证检验质量，应选用细颗粒胶片。它既可以得到较高对比度的影像，又具有适当的宽容度。由于叶片本身的特点，不宜采用中颗粒的胶片，中颗粒胶片的射线照相检验技术，难于保证检验质量，也较难达到国家军标的要求。

在实际的空心涡轮叶片射线照相检验中，一次常需透照多个叶片，在射线照相检验工艺上必须考虑这时常出现的问题。较好的处理方法是设计适当的工装，使每个叶片的透照区平面都处于与入射射线束相垂直的状况。否则，一次只能透照较少的叶片，有效透照区内射线束锥的半角应控制在10°以内。在进行透照布置时，应注意使叶片透照区主要平面或曲面的切平面与胶片面平行并贴近，射线束尽可能与胶片平面垂直。

图4-5是某叶片中存在夹杂物的射线照相检验图片，对较小尺寸的残余型芯应采用热中子射线照相检验技术检验。叶片壁厚测量经常使用的方法是超声测厚和射线CT技术测厚。

考虑到叶片的多样性，上述关于空心涡轮叶片的透照分区只适用于与其类似的叶片，而对于其他类型的叶片，区域的划分应根据叶片的结构及相关的技术条件加以确定。如有的叶片要对锁板进行检验，对带有叶冠的叶片，还应对叶冠进行检验等。

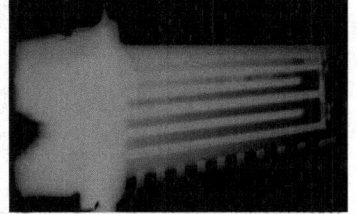

图4-5　叶片残芯的图像

*4.1.3　笼型转子射线照相检验技术

笼型转子的主要结构包括两部分，一部分是由一定形状的硅钢片叠合成的基本结构，另一部分是在硅钢片的孔中浇铸的导体，即笼型条。笼型条可能是直圆柱，也可能是具有一定倾斜的其他形状。图4-6画出的是直圆柱形笼型条笼型转子送检时的基本结构示意图，图中带有斜线部分即是笼型条。图4-7是笼型条具有倾角的笼型转子基本结构的射线照相图像。笼型转子的射线照相检验是检验铸造笼型条的铸造质量。

笼型转子射线照相检验需要处理的主要技术问题是，一次检验多个笼型转子时设计有效透照区。图 4-8 给出的是同种规格笼型转子的射线照相图像，图 a 是处于平面透照区中心位置的笼型转子图像，图 b 是处于偏离中心一定距离位置的笼型转子图像。显然，图 b 中笼型条已出现严重变形的图像。

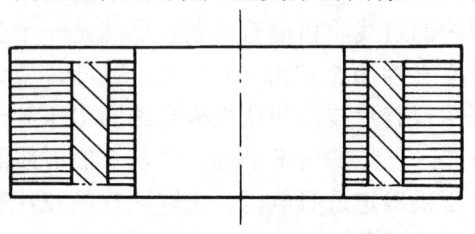

图4-6　笼型转子基本结构示意图

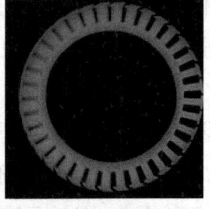

图4-7　其他结构的笼型转子

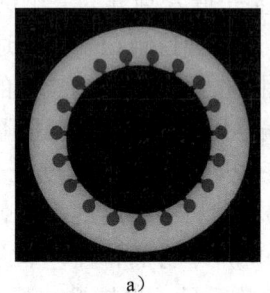
a）

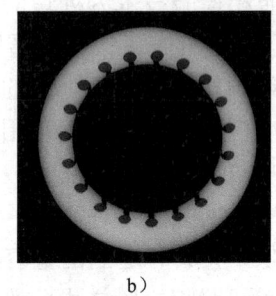
b）

图4-8　笼型转子射线照相检验图像

解决笼型条图像严重变形的最好方法，显然是设计合适的工装，使透照区中每个笼型转子都处于射线束垂直入射到笼型转子的中心这种状态，同时，正确选用焦距，使焦距与笼型转子的半径之比为一个很大的值，从而使笼型条高度的投影与笼型条直径之比很小，得到如图 4-8a 所给出的图像。

笼型条中可能出现的主要缺陷是缩孔和气孔。应注意的是由于笼型条的特定形状和较小的尺寸，这时的缩孔并不显示为一般铸件的缩孔形貌，而是常常显示为一般铸件的小片状夹渣形貌。

当不考虑设计工装时，则应根据选用的焦距和设定的笼型条变形值（即笼型条高度投影值与笼型条直径之比）限定有效透照区，以保证得到的笼型条图像能够有效地用于评定笼型条的铸造质量。

在条件具备时，采用扫描射线照相检验技术进行笼型转子的射线照相检验，应是更好的射线照相检验技术。

*4.1.4　固体火箭发动机药柱质量的射线照相检验技术

固体火箭发动机的主要结构如图 4-9 所示。推进剂药柱一般是通过液体状态的推进剂浇铸、固化成形制成。固体火箭发动机的质量检验，主要包括推进剂药柱质量、包覆层与药柱的粘结质量、包覆层与绝热层的粘结质量、绝热层与外壳的粘结质量等。本节仅讨论推进剂药柱质量的射线照相检验技术。推进剂药柱可能存在的主要缺陷是孔洞、裂纹、夹杂物，当这些缺陷大到一定尺寸时，将改变推进剂的燃烧速度和方向，可导致壳体烧穿，甚至造成爆炸。因此，必须保证推进剂药柱的质量。

从图4-9可以看出，推进剂药柱的射线照相检验技术，是一个特殊的变截面射线照相检验问题。图4-10给出了其截面厚度变化的基本特点（详细的讨论见小直径管对接接头一节的叙述）。显然，进行射线照相检验时，射线束必须穿过外壳的金属层和药柱外面的包覆层和绝热层。也就是，考虑透照参数时需要涉及非药柱部分。这种情况决定了对固体火箭发动机药柱进行射线照相检验技术时，应注意的主要问题是透照厚度确定、焦距选取、透照次数。

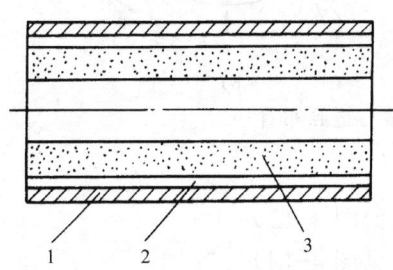
图4-9　固体火箭发动机结构示意图
1—外壳　2—包覆层和绝热层　3—推进剂（药柱）

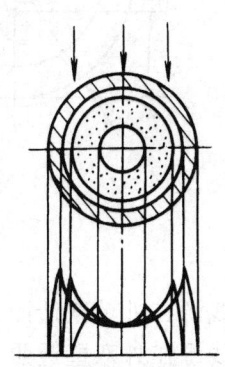
图4-10　固体火箭发动机截面厚度

显然，在确定透照厚度时，首先应利用材料的射线透照厚度等效系数对不同材料进行厚度转换，另外，应从透照次数确定一次透照的厚度范围 $T_1 \sim T_2$，然后，类似于发动机叶片的讨论，按下式确定选取透照能量的厚度

$$T_0 = \frac{1}{3}(T_1+2T_2) = T_1+\frac{2}{3}(T_2-T_1)$$

为了使透照区内的透照厚度变化小一些，一次能够透照较大的区域，一般应选用较大的焦距。而且，也只有在较大的焦距下，才有利于使透照区内的透照厚度都趋于较小的值。一般，一个圆截面都需要相隔90°的二次透照，才能基本保证整个圆截面区都受到检验。严格地说，由于透照厚度的变化，二次透照后，还会有较小的局部区处于非有效透照区，因此，当有怀疑时，或者要求加严时，应进行更多次的透照。

4.2　熔焊接头射线照相检验技术

4.2.1　环形对接接头射线照相检验技术

1. 环焊缝透照布置

环形对接接头常简称为环焊缝，它一般是指直径较大的管件、筒件、容器等的圆周焊缝。按照工件直径、壁厚大小的不同和结构的特点，可以采用不同的方法进行透照。概括起来环焊缝的透照布置可分为：

1）射线源在中心单壁透照方法（周向透照，如图4-11所示）；

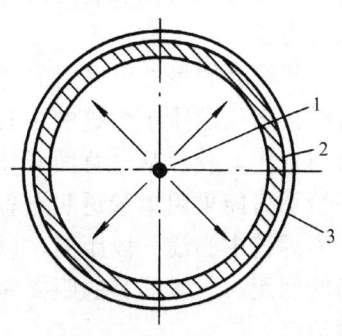
图4-11　环焊缝的周向透照布置
1—射线源　2—焊缝　3—胶片

2）射线源在内单壁透照方法（偏心透照，如图4-12）；

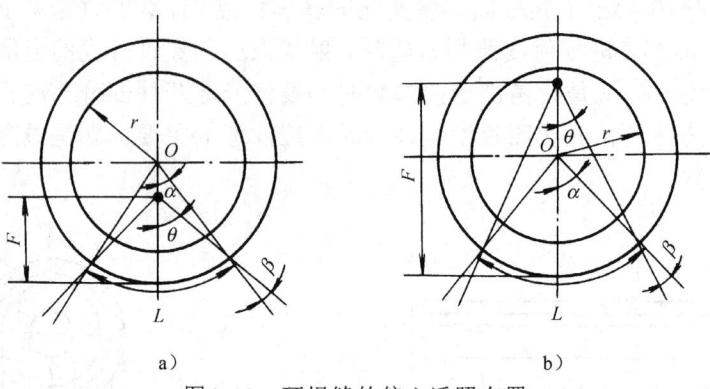

图4-12　环焊缝的偏心透照布置
a) $F<r$　b) $F>r$

3）射线源在外单壁透照方法（单壁单影，如图4-13）；
4）射线源在外双壁透照方法（双壁单影，见图4-14）。

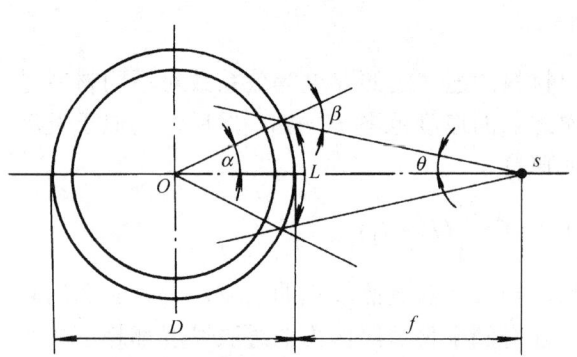 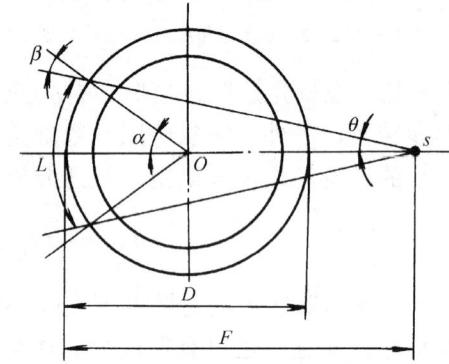

图4-13　射线源在外单壁透照布置　　　图4-14　射线源在外双壁透照布置

在周向透照布置时，显然，透照厚度比在一周焊缝上都是1，因此，对环焊缝透照时，只要可能首先应选用周向透照布置。偏心透照是射线源不放置在环焊缝中心单壁透照的方法。

环焊缝的另外可采用的透照布置是射线源在外的单壁单影（像）透照布置。透照布置时，射线源置于焊缝的中心线上，中心射线束垂直指向被透照焊缝区中心。在这种透照布置中，胶片暗盒背面必须放置铅板，以屏蔽来自工件内壁其他部分的散射线。当环焊缝不可能采用单壁透照布置时，可采用射线源在外双壁透照布置。这时候，射线源应偏离焊缝中心线一段距离，以保证源侧焊缝的影像不与透照焊缝的影像重叠，并具有适当的间距。一般偏移的距离应控制在源侧焊缝的影像刚刚移出被透照焊缝热影响区影像的边缘。

2. 透照厚度比与横向裂纹检验角

环焊缝的各种透照布置的透照厚度比与横向裂纹检验角可按图4-15讨论。

如图4-15所示，在环焊缝的各种透照布置中，不同射线束的透照厚度比与所形成的横向裂纹检验角，决定于该射线束与环焊缝中心的距离，它们的具体关系可如下给出。按图中所给的符号，设 AB 为任一射线束，它与环焊缝中心的距离为 x，对 x<r 情况则有

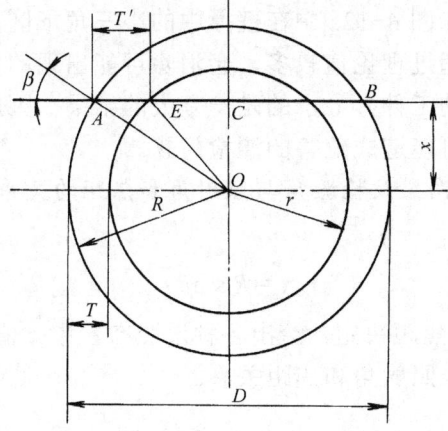

图4-15　环焊缝的透照厚度比与横向裂纹检验角

$$T' = \sqrt{R^2 - x^2} - \sqrt{r^2 - x^2}$$

进行下列代换

$$r = R - T,\ D = 2R,\ k = T'/T$$

整理，则可得到

$$T' = R\sqrt{1-(x/R)^2} - \sqrt{1-(2T/D)^2-(x/R)^2}$$

这样最后得到

$$k = \frac{\sqrt{1-(x/R)^2} - \sqrt{1-(2T/D)^2-(x/R)^2}}{2(T/D)} \tag{4-1}$$

从透照厚度比的这个表示式可以证明，随着 x 值的增大透照厚度比也将增大。因而，对内透法和外透法，总存在某个 x 值，即某个照射角，使透照厚度比（与横向裂纹检验角）达到限定的最大值。

透照厚度比与横向裂纹检验角的关系可如下建立。

在 $\triangle AOE$ 中，按余弦定理

$$r^2 = R^2 + T'^2 - 2RT'\cos\beta$$

所以

$$\cos\beta = \frac{R^2 - r^2 + T'^2}{2RT'}$$

用 k、T、D 代换有关的量，进行整理，得到

$$\cos\beta = \frac{1+(k^2-1)T/D}{k} \tag{4-2}$$

此式指出，横向裂纹检验角与透照厚度比对于给定的环焊缝是一一对应的，即只要一个

量确定，另一个量也就确定。

有时候会认为，对射线源在内偏心单壁透照中焦距小于内半径的透照布置，按上述的讨论将产生漏检区，即在图4-12a中在壁厚中的小三角形区。实际上，对工程应用来说，由于胶片搭接区都要超过理论值较多，会消除可能出现的图中三角区。另外，所画的图的比例关系不同于真的工件，显示的是一夸大的结果。因此，用这些给出的关系处理实际问题，并不会产生可能造成危害的漏检问题。

3．有效透照长度、横向裂纹检验角与照射角和焦距的关系

按图4-15所示，应有

$$x = R\sin\beta$$

另一方面，x值由照射角和焦距决定，给出各种透照布置中x值与照射角和焦距的关系，则可建立横向裂纹检验角与照射角和焦距关系。

对内透法：

$F < r$ 时，$x = (R-F)\sin\theta$

$$\sin\theta = \frac{R\sin\beta}{R-F}$$

$$\sin\theta = \frac{\sin\beta}{1-2F/D} \tag{4-3}$$

$$\alpha = \theta - \beta \tag{4-4}$$

$F > r$ 时，$x = (F-R)\sin\theta$

$$\sin\theta = \frac{R\sin\beta}{F-R}$$

$$\sin\theta = \frac{\sin\beta}{2F/D-1} \tag{4-5}$$

$$\alpha = \theta + \beta \tag{4-6}$$

对外透法：

射线源在外单壁透照布置时，$x = (f+R)\sin\theta$

$$\sin\theta = \frac{R\sin\beta}{f+R}$$

$$\sin\theta = \frac{\sin\beta}{2f/D+1} \tag{4-7}$$

$$\alpha = \beta - \theta \tag{4-8}$$

射线源在外双壁透照布置时，将得到与内透法中$F > r$相同的表示式。

各种透照布置的有效透照长度，这时可简单地写为

$$L = \frac{\pi D a}{180°} \tag{4-9}$$

一圈焊缝应透照的次数则为

$$N = \frac{\pi D}{L} \tag{4-10}$$

实际工作中按下面顺序确定有效透照长度、照射角和焦距。

1）依据 T/D、k 计算出横向裂纹检验角：β；
2）按产品特点选定 F 或 f，用得出的 β 值计算出照射角 β；
3）用 β、θ 之值，计算出有效透照长度和透照次数。

从上面的讨论可以看到，环焊缝透照时确定有效透照长度可以转化为确定一圈所需的最少透照次数。在选定焦距后确定一圈焊缝需要的最少透照次数，可按照前面的公式计算，但在实际工作中，经常是预先对于不同的透照厚度比，画出不同的透照次数与 T/D、D/f 或 D/F 的关系曲线，有了这种图，对于一个具体的产品只需计算出它的

$$T/D、\ D/f\ 或\ D/F$$

则可从图中迅速查到所需要的最少透照次数。图 4-16 是图的具体形式。

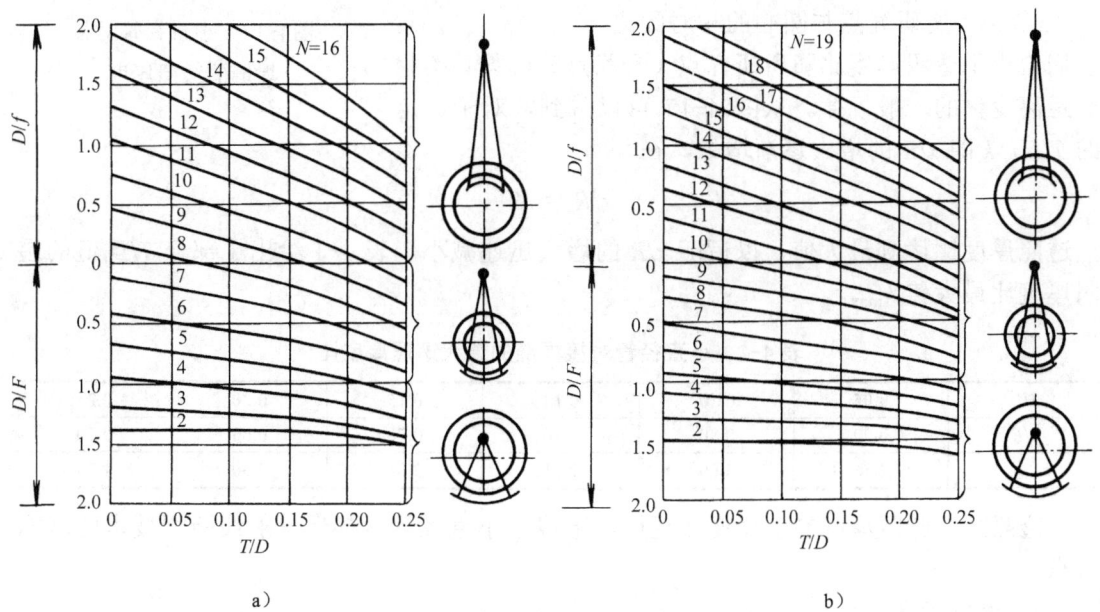

图4-16　环焊缝的最少透照次数

a）$k=1.10$　b）$k=1.06$

4.2.2　小直径管对接接头射线照相检验技术

以往标准中通常定义管外径不大于 89mm 的管为小直径管，但近年的标准一般称管外径不大于 100mm 的管为小直径管。

1. 小直径管对接接头射线照相检验问题的基本特点

在小直径管对接接头射线照相中所选用的焦距都远大于小直径管的直径，因此可近似地认为射线束平行入射，并只讨论垂直管轴截面的情况。对于这种情况，小直径管对

接接头透照时的透照厚度可按照图 4-17 所示进行讨论。其离开圆心不同距离处的透照厚度与圆心处透照厚度的比，也就是透照厚度比，记为 k，x/R 表示离开圆心的相对距离，则有

对 $x<r$

$$k = \frac{\sqrt{1-(x/R)^2} - \sqrt{(1-2T/D)^2-(x/R)^2}}{2(T/D)}$$

对 $x\geqslant r$

$$k = \frac{\sqrt{1-(x/R)^2}}{2(T/D)}$$

从上面的两个关系式可以看到，对于小直径管对接焊缝透照时，透照厚度比相关于：

T/D —— 小直径管的壁厚与外径之比；

x/R —— 所研究点与圆心的相对距离。

它们给出了透照厚度比随所研究点（透照点）与圆心的相对距离变化的一般规律。从图 4-17 可以看到，对于一定的 T/D，k 随 x/R 的增大逐渐增大，在

$$x/R = r/R$$

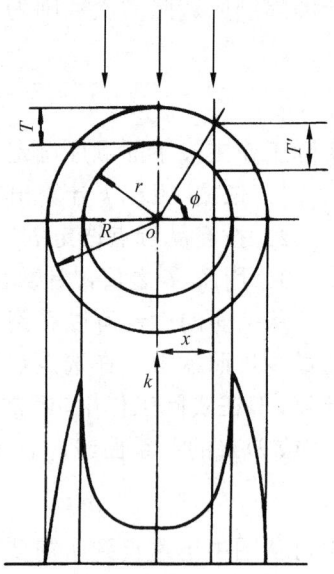

图4-17 小直径管对接焊缝的透照厚度

点透照厚度比达到最大值，以后随 x/R 的增大迅速减小。表 4-1 给出了部分 T/D 值的透照厚度比最大值 $k_{\max}$。

表 4-1 小直径管对接焊缝的最大透照厚度比

T/D	0.05	0.10	0.12	0.15	0.20	0.25
r/R	0.90	0.80	0.76	0.70	0.60	0.50
$k_{\max}$	4.36	3.00	2.71	2.38	2.00	1.73

透照区内透照厚度的上述变化规律，形成了小直径管对接焊缝射线照相技术的基本特点。

2. 透照布置

对小直径管对接接头，其透照布置主要是椭圆成像透照布置和垂直透照布置，图 4-18、图 4-19 是透照布置的示意图。

椭圆成像透照布置是源在外双壁透照的方式，但这时候射线穿过焊缝后在胶片上将形成整个环焊缝的影像，所得到的影像应呈现为椭圆形状，故称为椭圆成像透照，也称为双壁双影透照布置。采用椭圆成像透照的条件是：$D\leqslant 100mm$；W（焊缝宽度）$\leqslant D/4$；$T<8mm$。

椭圆成像透照布置的基本要求是射线源布置在偏离焊缝中心面适当距离的位置；中心射线束一般指向环焊缝的中心。射线源偏移的距离应保证源侧焊缝和胶片侧焊缝的影像不互相重叠，并应具有适当的间距，以保证热影响区的射线照相影像不被干扰。两侧

焊缝影像的间距（椭圆影像的短轴方向距离）常称为（椭圆影像）开口宽度，一般规定其值为 1 倍焊缝宽度。开口宽度不能过大，否则将影响对周向裂纹性缺陷的检验，如根部未焊透。在不干扰热影响区影像的条件下应尽量取较小的值。依据开口宽度值可以计算射线源应偏移的距离。

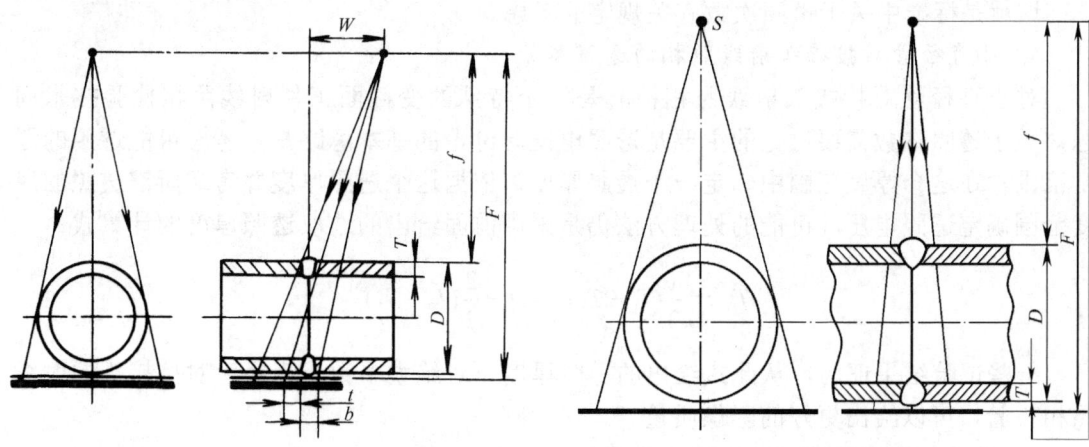

图 4-18　椭圆成像透照布置　　　　　　图 4-19　垂直透照布置

按图 4-18 所示，椭圆成像透照布置中，射线源偏移环焊缝中心面的距离 W 为

$$W = \frac{(b+2t)(f+T)}{2(D-T)}$$

对工程应用来说，采用

$$W = \frac{f(b+t)}{D} \tag{4-11}$$

进行计算已完全可以保证实际的应用要求。

垂直透照布置时，射线源布置在焊缝中心面上适当距离的位置；中心射线束垂直指向环焊缝的中心轴线。当主要检验小直径管对接接头的根部未焊透缺陷或不符合椭圆成像透照条件时，则应采用垂直透照布置。一般相隔 60°进行 3 次垂直透照。

3. **透照次数**

椭圆成像的透照次数一般规定为：

$T/D \leqslant 0.12$，相隔 90°进行 2 次透照；

$T/D > 0.12$，相隔 60°或 120°进行 3 次透照。

垂直透照次数一般规定为：相隔 60°或 120°进行 3 次垂直透照。

椭圆成像的透照次数是小直径管对接焊缝椭圆成像透照技术的重要规定之一，此规定是为了保证全部焊缝区尽可能得到有效的检验。从小直径管对接接头射线照相检验透照厚度比的讨论可以看到，透照次数的规定实际上是控制透照厚度比在一定的范围。由于

　　$N=2$，$T/D \leqslant 0.12$ 时，$k_{max} \leqslant 1.78$

　　$N=3$，$T/D \leqslant 0.25$ 时，$k_{max} \leqslant 1.73$

可见，对小直径管对接焊缝椭圆成像透照的上述规定，实质上是把椭圆成像透照的透照厚度比控制在一定的范围内，即

对 $N=2$，k_{max}：1.4~1.8；

对 $N=3$，k_{max}：1.2~1.8。

这就是标准中关于透照次数有关规定的考虑。

4. 小直径管对接接头射线照相的透照参数

对小直径管对接接头射线照相检验是一个特殊的变截面工件射线照相检验技术问题，关于透照参数需要讨论的主要是透照电压。讨论的基本思路是，考虑可能透照的厚度范围，在这个厚度范围中确定一个透照厚度，依据这个透照厚度并考虑所需透照的厚度范围确定透照电压。可能的处理方法仍是采用前面给出的选取透照厚度的计算式

$$T_0 = \frac{1}{3}(T_1+2T_2) = T_1+\frac{2}{3}(T_2-T_1)$$

一些试验结果证明，从此式给出的透照厚度，对绝大多数小直径管对接接头的射线照相检验，可以给出更好的影像质量。

5. 椭圆成像透照的有效透照长度估计方法

如图 4-20 所示，设在底片上椭圆成像透照的有效透照区为 PQ 弧和 ST 弧，下面估计它们的长度和占焊缝总长的比率。

任一椭圆都可以用下面的参数方程描述

$X = a \cdot \cos t$

$Y = b \cdot \sin t$

式中，a 为椭圆长轴长度的 1/2，即椭圆的大圆半径；b 为椭圆短轴长度的 1/2，即椭圆的小圆半径；t 为参数。估计时，过 P 点作椭圆长轴（即 X 轴）的垂线，交大圆于 N，交椭圆长轴于 M。则

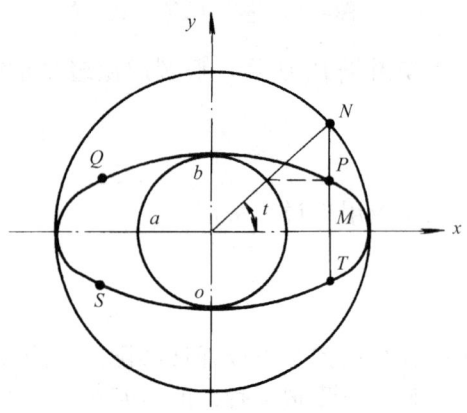

图4-20 椭圆成像透照的有效透照长度

$$t = \angle NOM$$

记

$$OM = h$$

则

$$h = a \cdot \cos t$$

$$t = \arccos(h/a)$$

记有效透照长度为 L，即 $L = PQ + ST$，由于

$$PQ = \pi a(1-t/90°)$$

116

$$ST=\pi a(1-t/90°)$$

所以

$$L=2\pi a(1-t/90°)$$

记一次有效检验率为 η,即 $\eta=L/2\pi a$,则

$$\eta=1-t/90°$$

即只要从底片上确定出有效透照区的端点,则从其和椭圆的半长轴可确定出相应的参数 t 的值,进而给出有效透照区长度和一次有效检验率。表 4-2 给出了一些计算结果。

表 4-2 椭圆成像有效检验率

h/a	0.5	0.6	0.7	0.75	0.8	0.85	0.9	0.95
t(°)	60	53.1	45.6	41.4	36.8	31.8	25.8	18.2
η(%)	33.3	40.9	49.4	54.0	59.0	64.7	71.3	79.8

如果椭圆两侧的有效透照区长度不同,也只需分别计算每侧的参数 t,然后再分别计算 PQ 和 ST。

*4.2.3 T形接头射线照相检验技术

T形接头射线照相问题,在基本方面仍属于变截面射线照相问题,技术方面的问题主要有两个方面,一是透照方向的选取,二是如何确定透照电压。

按照接头的坡口型式,T形接头的透照方向基本选用两种,即 30°或 45°,见图 4-21。采用不同的透照方向应取的透照厚度不同。30°时透照厚度为

$$T_A=1.1(T_1+T_2)$$

45°时透照厚度为

$$T_A=1.4(T_1+T_2)$$

实际上在确定透照方向时,还应考虑对检验缺陷的要求。按上述的透照厚度可确定透照电压。对于形状规则的 T 形接头,可采用补偿块,使透照区厚度转化成比较均匀。

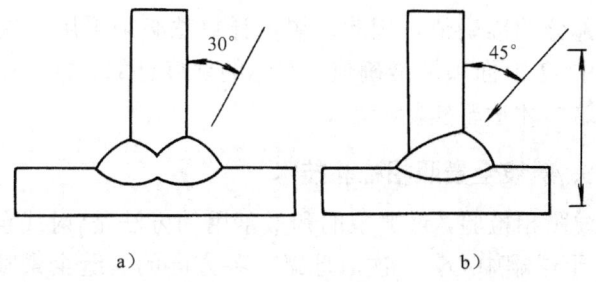

图 4-21 T接接头射线照相的透照方向

一些管座角接头可视为T形接头,其射线照相的基本技术可按如上处理。需要进一步考虑的是透照次数。对小直径的管座角焊缝,透照时经常采用的是(见图 4-22):

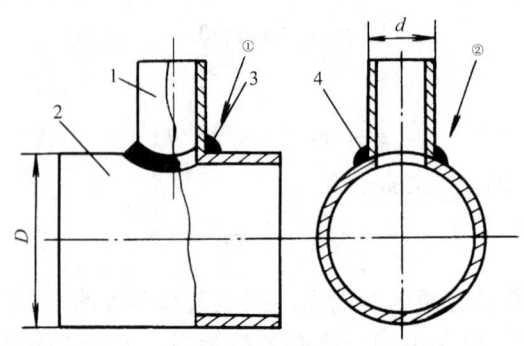

图4-22 管T接接头射线照相的透照方向

1—接管 2—主管 3—肩部 4—腹部（鞍部）

① 中心射线束以与接管成30°左右（或较小角度）指向肩部焊缝区

② 中心射线束以与接管成30°左右（或较小角度）指向腹部焊缝区

在小直径管对接接头讨论的近似假设下，无论从肩部透照或从腹部透照，透照区内任一点的透照厚度比，均可认为服从小直径管对接接头讨论的结论。

此外，对小管T形接头其最大透照厚度比，将直接相关于接管管径与主管管径之比，也与主管的壁厚与主管管径比相关。当接管管径与主管管径之比不大时，无论从肩部透照或从腹部透照，在焊缝半圆周的透照区内，最大透照厚度比均不会超出对接接头关于二次透照的规定。即在多数情况下，管T形接头焊缝可进行二次透照。

对小直径的管座角焊缝，在实际的射线照相检验中，当主管管径较小时，经常采用的是从腹部方向椭圆成像或垂直透照的方式进行射线照相检验。由于它更有利于检验肩部存在的根部缺陷，可能是更好的一种处理。

在T形接头的射线照相检验中，需要解决的另一个问题是未焊透深度的测定。确定未焊透深度目前采用的方法可以分为三种：二次透照法、试块比较法、黑度计算法。黑度计算法依据的基本理论是射线照相对比度公式

$$\Delta D = -\frac{0.434 \mu G \Delta T}{1+n}$$

按底片上的黑度差ΔD给出缺陷与周围背景的厚度差ΔT。由于从理论上很难给出公式中的与技术因素相关的部分的准确值，因此，黑度计算法必须采用试块，通过试块影像的黑度确定对比度公式中ΔT前面项的准确值。实际的黑度计算，常需采用扫描仪器，将底片黑度转换为灰度，这样才适于实际应用。

*4.2.4 球罐焊接接头γ射线全景照相检验技术

球罐焊接接头射线照相检验，最典型的和最常用的方法是γ射线全景曝光技术。这种技术，采用γ射线源置于球罐中心，一次对球罐上各方向的焊缝全景曝光，一次可完成数百张甚至上千张胶片的曝光。透照过程大体上可分为下面一些步骤：

划线→编号与标记→布片→送源→曝光→预处理→收源→取片

与一般的射线照相检验相比，其主要的特点（或说不同）是，一次透照的胶片数量多、

一次透照的时间长、野外现场作业。

球罐γ射线全景曝光技术的上述特点决定了它的射线照相检验工艺必须作出一些特殊的考虑，主要是下列一些方面。

源固定必须考虑稳定性。由于曝光时间长、又处于野外环境，因此在曝光的过程中可能发生各种情况，例如天气的变化、现场周围情况的变化等，都可能引起源的晃动，导致曝光源尺寸的增大，也即产生运动不清晰度。因此必须对源固定的稳定性作出考虑。实际工作中采用的一种方法是，将尼龙绳沿上下人孔固定、绷紧，然后将源导管捆在尼龙绳上。

同样，考虑到曝光时间长、野外作业等，布片必须采取一些措施防风、防雨、防晒等。此外还必须多加考虑的是背散射防护问题。由于球罐γ射线全景曝光时，罐体周围必定有脚手架等辅助装备，下人孔附近将与地面接近等，将造成较多的背散射，对此必须采取措施进行防护。

为避免由于曝光不足或过度造成大量的废片，在透照过程中应增加预处理环节。即在曝光时间达到设定的80%（或/及90%）左右时，取1张胶片进行暗室处理，测定黑度，以此监测或修改设定的曝光时间。

在球罐γ射线全景曝光中，在输源导管的下方的焊缝，主要是下人孔接管和极板区将处于"死区"，即γ射线源透照不到。这些区的焊缝应另外透照。对不同的γ射线机，这个区的范围可能不同，例如有的γ射线机的死区角度约为26°。

此外，为保证曝光的均匀性，应要求送源时间不超过总曝光时间的10%。

球罐γ射线全景曝光时，必须考虑的另一个重要方面是辐射防护。GB 18465—2001《工业γ射线探伤放射卫生防护要求》对此作出了具体规定，在编制有关规定时应依据这个标准的规定。主要的方面是控制区和管理区的设定、现场的辐射防护方面的标志设置、工作人员的辐射防护监测等。

球罐γ射线全景曝光的曝光量可依据有关数据通过计算得出。主要的数据可分为三个方面：源的数据（活度、照射率常数、半值层、散射比等）、球罐的数据（材料、厚度、半径等）、胶片的数据（达到一定黑度所需的曝光量）。源的半值层厚度、散射比及胶片达到一定黑度所需的曝光量常需通过试验确定。

计算曝光量可用公式或计算尺。实用的计算公式可写成

$$t = \frac{XR^2 2^{(T/T_{1/2})}}{AK_r(1+n)} \tag{4-12}$$

式中　A——源的活度（Bq）；

　　　K_r——γ源的照射量率常数（$cm^2/(h \cdot kg \cdot Bq)$）；

　　　$T_{1/2}$——γ源的半值层厚度（mm）；

　　　n——γ源的散射比；

　　　R——球罐的半径（m）；

　　　T——球罐的壁厚（mm）；

　　　X——胶片达到要求黑度所需的照射量（C/kg）；

t——所需的曝光时间（h）。

应注意，源的活度是透照时的活度，而不是源出厂时的活度。

图 4-23 是一种设计的γ射线计算曝光量的计算尺，计算尺的基本原理是利用对数将乘除运算转换为加减运算，这样就可以通过尺的移动完成计算过程。这种计算尺的使用方法是：

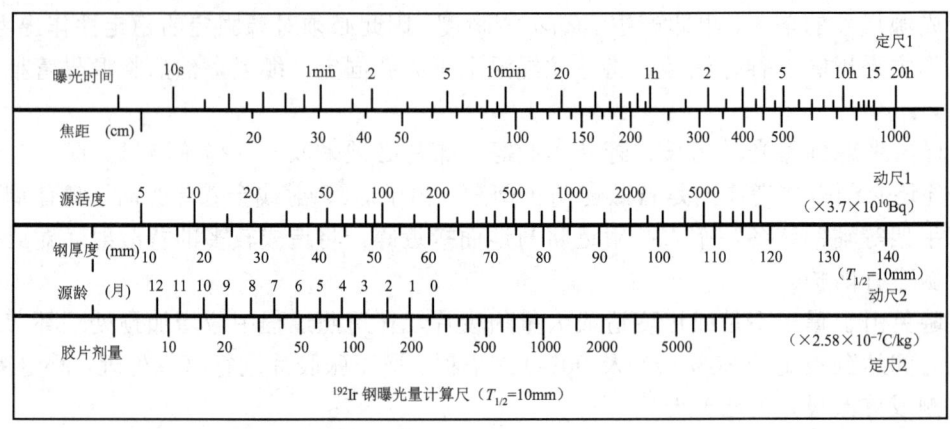

图4-23　γ射线计算曝光量计算尺（^{192}Ir）

在定尺 2 上确定所需的胶片剂量→

移动动尺 2，使相应源龄对准胶片剂量→

移动动尺 1，使相应源活度对准动尺 2 上的厚度→

找到动尺 1 的焦距在定尺 1 上的对应点。

则对应点的时间值即为所求的曝光时间。例如，源的当前活度为 $50×3.7×10^{10}$Bq，达到规定黑度胶片剂量为 $100×2.58×10^{-7}$C/kg，钢厚度为 70mm，图 4-24 是此计算的实际位置，从图中可以得到：

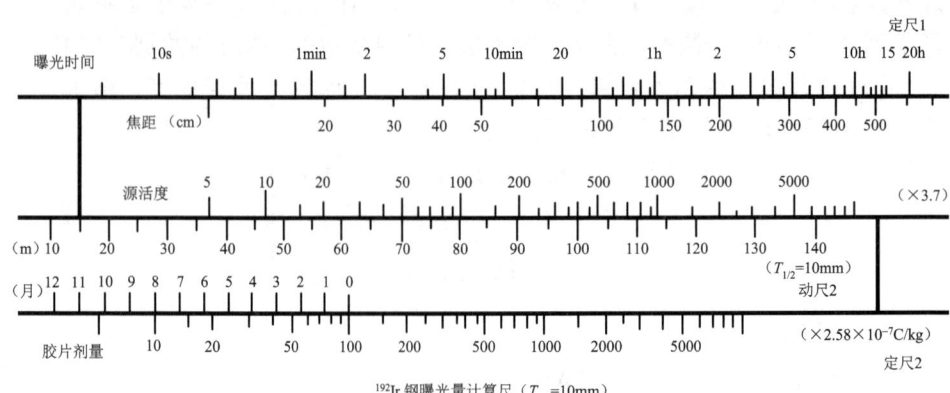

图4-24　γ射线计算曝光量计算尺的计算例

焦距为 100cm 时，曝光时间约为 32min；

焦距为 200cm 时，曝光时间约为 2.2h；

焦距为 500cm 时，曝光时间约为 13h。

这些值与按公式计算的值基本相同（两者均未考虑散射）。

**4.3 特殊焊接接头射线照相检验技术

4.3.1 电阻点焊接头射线照相检验技术

电阻点焊是一种常用的连接工艺，用于板—板的搭接连接。其工艺的主要过程是：

预处理→夹紧加压→通电→断电

通电时在电极下的两板处被加热熔化，形成熔核，断电冷却后形成焊点，通过这些焊点实现板—板连接。电阻点焊工艺可能产生的主要缺陷是缩孔、气孔、夹杂、裂纹、喷溅、未熔合等，图4-25给出的常见的主要缺陷图像，图4-26是缩孔和裂纹缺陷的剖面图像。缩孔、气孔、夹杂、裂纹出现在熔核区和熔核的边缘，喷溅出现在熔核的边缘之外，未熔合是两板焊点处仅是机械贴合，未形成熔核，它也是最严重的缺陷。

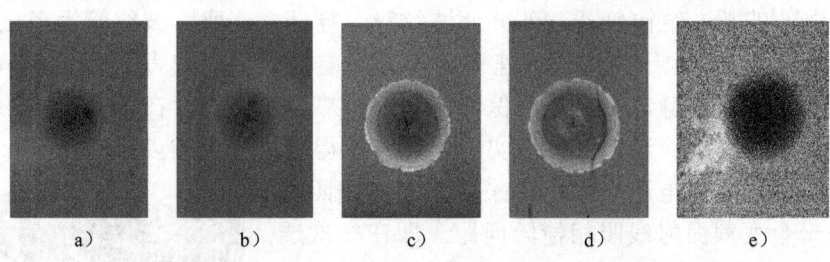

图4-25 电阻点焊接头的主要缺陷

a)、b) 缩孔与气孔　c)、d) 裂纹　e) 喷溅

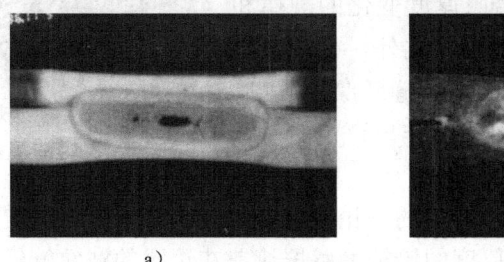

图4-26 电阻点焊接头缺陷剖面

a) 缩孔与气孔　b) 裂纹

电阻点焊的射线照相检验技术，可分为两个方面，一是透照技术，二是缺陷识别技术。

电阻点焊接头射线照相检验技术的透照技术，应根据接头所在工件的具体样式和规格确定。例如，它可能是平板工件、筒形工件，确定透照技术时只需按这些工件的一般射线照相检验技术处理，电阻点焊接头本身并不存在特殊的要求。

电阻点焊接头射线照相检验技术，需要解决的主要问题是缺陷识别问题，主要是未熔合缺陷的检验问题。缩孔、气孔、夹杂、裂纹、喷溅等缺陷的识别并不困难，如何判断是否形成熔核，是值得研究的问题。由于工艺过程存在夹紧加压环节，接头焊点处总有一凹坑，在底片上会形成焊点的影像，但如何判断该点是否经过熔化、形成熔核、然后形成焊点,则存在困难。这也是电阻点焊接头射线照相检验技术需要研究的问题。

对含铜的铝合金,目前基本的判断依据是,熔核边缘是否存在偏析环,图 4-25c 和 d 是含铜铝合金的焊点影像,焊点影像边缘的不规则的亮环(很低黑度环),是铜偏析环,它们的存在显示了焊接过程中经过了熔化、形成熔核、然后形成焊点的过程,即该焊点不存在未熔合缺陷。

对一些不含铜的铝合金,焊点是否存在未熔合,还未提出容易识别的判据。图 4-25a 和 b 是不含铜的铝合金的焊点影像,它们不存在明显的偏析环,但存在一模糊的低黑度环,一些试验证明,此低黑度环的状况与熔核形成状况有关。一般是,此环比较清晰和完整时,可认为焊点不存在未熔合缺陷,此环很模糊并比较小时,应怀疑焊点可能存在熔化不足的问题,严重时,可能存在未熔合缺陷,这还需要比较系统的试验证明。在所给出的图像中,从焊点熔核内存在的缺陷应判断它们不存在未熔合缺陷。

4.3.2 波纹管组件电子束对接接头射线照相检验技术

波纹管组件的基本结构包括三部分:波纹管、导杆、底座,波纹管为多层结构,每层厚度很小,两端采用电子束焊与底座和导杆之间连接,图 4-27 是一端的结构形貌。对所得到的环形电子束焊缝,主要是应保证各层均可靠连接、不存在较大尺寸的缺陷。由于电子束焊缝尺寸很小,连接区又为实心区域,使得焊接质量难以检验。

显然,波纹管组件电子束焊缝应采用切向射线照相方法,这是一个变截面射线照相检验问题。即在一次透照区内,射线穿透的厚度具有较大的变化范围。透照区厚度变化的基本规律,可采用小直径管对接接头射线照相检验技术中的讨论结果。依据透照厚度变化的规律和设计的具体透照方案,确定透照参数。此外,必须解决的另一问题是,如何减少散射对电子束焊缝影像的影响,主要是边蚀影响,以得到能够对焊接质量作出评定的射线照相影像。

图4-27 波纹管电子束焊缝的基本结构

为减少散射造成的边蚀,除了按一般的理论采取光阑、滤波、遮蔽等措施外,在本问题中简便有效的措施是,采用适当厚度的铅箔增感屏遮盖在透照的波纹管组件上,吸收接近胶片的软射线,这可以有效地改善得到的影像质量。

为了检验电子束焊缝的缺陷,必须采用灵敏度较高的射线照相检验技术,必须采用细颗粒或微颗粒胶片,以保证能够识别细小的缺陷影像。选择透照参数的考虑与小直径管对接焊缝的考虑相同。由于采用的是切向射线照相方法,为保证一圈焊缝的质量都能得到有效的检验,必须进行多次透照,试验结果证明,至少进行 6 次透照,得到在圆周上均匀分布的 12 点(区)影像,则可以对一圈焊缝质量作出可靠的评定。

由于底片上所能评定的电子束焊缝影像区很小,在评定时必须注意正确地识别影像、识别出是否存在缺陷。

试验证明,按照上述考虑,所提出的射线照相检验技术,可以有效地检验波纹管电子束焊缝的质量。图 4-28 是得到的不存在未焊接层和较大缺陷的点(区)的影像,图

4-29 是最里面一层未焊上的点（区）的影像。所附的该点的剖切后金相检验照片证明了射线照相检验结果的正确性。

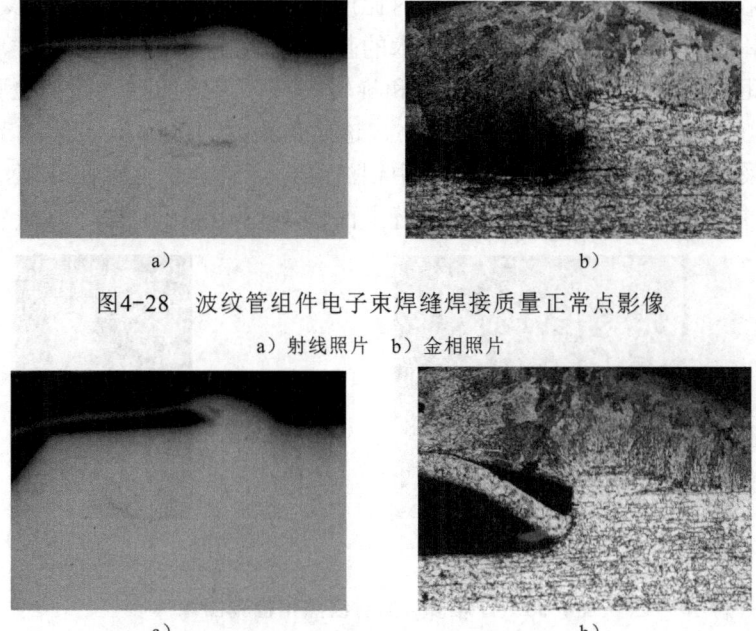

图4-28　波纹管组件电子束焊缝焊接质量正常点影像
a）射线照片　b）金相照片

图4-29　波纹管组件电子束焊缝最里层未焊上点影像
a）射线照片　b）金相照片

核燃料棒的环形焊缝（和堵孔焊点）是类似于波纹管组件电子束对接接头的特殊焊接接头，它们的射线照相检验技术可以参照波纹管组件电子束对接接头的射线照相检验技术处理。

4.3.3　钎焊接头射线照相检验技术

钎焊是一种特殊的焊接连接工艺，其工艺的基本过程是：

预处理→涂布钎料→加热保温→冷却→清洗

所用钎料熔点应低于钎焊接头金属，在加热保温过程中，钎料熔化、润湿扩散，在钎焊接头界面形成连接层，也即是通常说的钎焊缝，通过它实现不同部分的连接。钎焊工艺在一些精密器件的制造中经常使用，可能产生的主要缺陷是钎焊缝存在孔洞（即钎料未扩散到的区域），钎焊缝边缘腐蚀坑。射线照相检验主要是检验钎焊缝存在的孔洞。

钎焊接头，粗略地说，主要有两种类型：缝型和面型。缝型钎焊接头不同部分对接的缝宽度很小，面型钎焊接头不同部分的间隙也很小，这就是钎焊接头射线照相检验技术应考虑的基本特点。

对缝型钎焊接头的射线照相检验，技术上应特殊考虑的主要措施是，采用较大的焦距，严格控制照射角度，以保证钎焊缝处于近似直线入射的方式下透照，特别是对于厚度较大的缝型钎焊接头的射线照相检验。

面型钎焊接头的射线照相检验，主要是检验具有一定面积的未钎上区（无钎料区），技术上应特别注意的是，应提高射线照相影像的对比度。特别是当所用的钎料与钎接金属对射线的吸收性能相近时，提高影像的对比度度是检验获得成功的关键。

概括地说，钎焊接头射线照相检验技术的基本点是采用细颗粒的胶片、低能量的射线、较大的焦距。图 4-30 是铝波导钎焊缝和旋转关节钎焊缝的射线照相检验图像。钎焊缝的宽度约为 0.05mm，铝波导的壁厚较小，透照焦距为 100cm，旋转关节钎焊部位厚度为 10mm，采用了 180cm 的焦距。图 a 中铝波导钎焊缝全长上存在孔洞，右上半区孔洞严重。图 b 中，旋转关节钎焊部位钎焊缝上面约 1/3 区存在孔洞。

图4-30　钎焊接头的射线照相检验图像
a）铝波导　b）旋转关节

4.4　非金属材料与复合材料制件射线照相检验技术

*4.4.1　射线照相检验技术的一般考虑

非金属材料与复合材料不同于金属材料，一方面是它们主要由低原子序数物质构成，物质密度小，对射线的吸收能力弱；另一方面是它们本身的材料特性与金属材料也具有很大的不同，它们的加工成形工艺、缺陷等都与金属材料具有很大的差异，这些使得在非金属材料与复合材料中存在的缺陷与金属材料相比发生了变化，而要求检验的缺陷也发生了变化。因此，在确定非金属材料与复合材料的射线照相检验技术时，应考虑这些差别和变化。

在确定透照技术时主要应考虑的是下面几个方面：
1) 胶片与透照电压；
2) 散射线防护；
3) 透照方向。

对于非金属材料与复合材料工件进行透照一般都应选用较好的胶片，从根本上保证得到的影像具有较高的对比度和较小的颗粒度，这样才可能保证缺陷的检验能力。对非金属材料与复合材料工件进行透照应选用低电压X射线机；如果工件的厚度比较小，则还必须选用铍窗口软X射线机；要求检验的缺陷尺寸很小时，应选取小焦点或微焦点X射线机。表 4-3 是对多数非金属材料与复合材料常见厚度适宜的透照电压和胶片类别。

表 4-3 适宜非金属材料的透照电压和胶片

透照厚度/mm	≤5	5~60	60~120	120~160
透照电压/kV	<25	25~50	50~100	100~120
胶片类别	G1/T1	G2/T2	G3/T3	G3/T3

对非金属材料与复合材料工件进行射线照相，为得到良好的影像质量另一个重要问题是必须注意对散射线的防护。特别是对厚度较大的工件，不解决散射线的防护就不可能得到合格的底片。这主要是因为，这时候在射线与物质的相互作用中康普顿效应和瑞利散射经常是主要的作用，这将导致散射线增加，另外则是透照电压较低，散射线更容易被胶片吸收，因此产生的影响也就更强。除了采用一般防护散射线方法外，在透照厚度较大的工件时，需要采取特殊的散射线防护措施，一种有效的措施是使用栅格式防散射线装置。这种装置的基本结构是具有一定高度的栅格，栅格采用一定厚度的铅片制成。使用时置于工件与胶片之间，在曝光期间以一定速度做往复移动。非一次射线由于其方向的改变，将投射在栅格铅片上而被吸收，达到吸收散射线的目的。

确定透照方向时应考虑工件的加工工艺或成形工艺特点可能产生的缺陷特点。例如，对纤维增强复合材料制作的工件，为检验其纤维分布的均匀性或纤维可能发生的断裂，射线束应垂直于纤维分布平面透照，而如果要检验纤维层间分离时，则应沿纤维分布的平面进行透照。具体工件应具体分析，按照它的特点确定透照方向。

为了检验复合材料中的裂纹和分层缺陷，特别是对叠层结构的边缘分层或构件的损伤部位，可采用渗透增强技术，以提高分层、裂纹和损伤部位的影像对比度。方法是：首先清除构件表面的湿气和污染，然后将构件待检验处浸泡在（或刷涂）增强剂四溴乙烷（TBE）中，浸泡时间取决于材料的疏松度和厚度；完成这种增强处理后，先清除构件表面的增强剂，然后进行射线检测；在射线检测后，应用加热方法将渗入构件的增强剂除掉。由于增强剂对射线的吸收远大于构件本身材料，所以可使缺陷影像的对比度明显增加。除 TBE 外渗透增强还可使用其他一些增强剂，如二碘丁烷等。

评价非金属材料与复合材料工件的射线照相灵敏度一般不采用丝型像质计，因为丝型像质计这时候比较难制作。经常采用的是平板孔型像质计，一般要求达到的灵敏度是 $2-2T$ 级别。即像质计的板厚 T 应是工件透照厚度的 2%，它上面直径为 $2T$ 的孔应能够识别。

**4.4.2 金属蜂窝夹层结构的射线照相检验技术

金属蜂窝夹层结构，常简称为蜂窝夹层结构，其基本结构如图 4-31 所示。该结构的夹芯层是由金属材料、玻璃纤维或复合材料制成的一系列蜂窝状的六边形孔格，孔格的上、下两面再胶接或钎焊上较薄的表板。蜂窝夹层结构比其他的夹层结构具有更高的强度和刚度，在航空航天工业中，常用于制作各种壁板，如翼面、舱面、卫星星体外壳、抛物面天线、太阳能电池翼等。

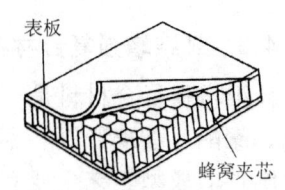

图 4-31 蜂窝夹层结构示意图

蜂窝夹层结构的主要制造缺陷是芯格断裂、芯格压缩（密集）、芯格压塌、芯格节点分离（脱开）、芯格中外来物、表板与芯格脱粘（或脱焊）等。图 4-32 是主要缺陷的示意图。

为了检验蜂窝夹层结构的主要缺陷，在可能的条件下，应采用线阵列实时成像检验技术，以扫描方式完成射线照相检验。

当采用常规射线照相检验技术检验时，技术方面需要进一步考虑的主要问题是控制有效透照区。在通常的射线照相检验技术中，控制有效透照区的常用原则是控制透照厚度比。在蜂窝夹层结构的射线照相检验技术中，不能简单地套用这一原则，必须采用的原则应是控制蜂窝芯格影像的变形程度，也就是应控制透照区边缘的芯格高度的投影与芯格宽度投影（六边形两对边的距离）之比。显然，此比越大芯格影像的变形程度越大。但在实际的蜂窝夹层结构射线照相检验工作中，必须还要考虑工作效率，因此，应依据具体蜂窝夹层结构情况，采用适当的比，兼顾缺陷检验和适当的工作效率。一般说，可通过采用较大的焦距实现这种考虑。图 4-33 是蜂窝夹层结构的射线照相检验图片，从图中可清楚看到已产生变形的蜂窝芯格。

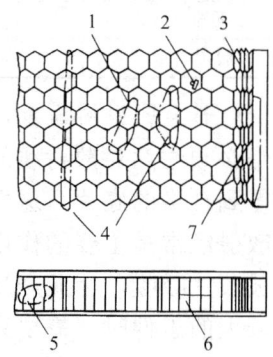

图4-32　蜂窝夹层结构的主要缺陷示意图
1—芯格断裂　2—外来物
3—芯格压缩　4—芯格节点分离
5—芯格压塌　6—芯格横向断裂
7—蜂窝芯格与边缘构件分离

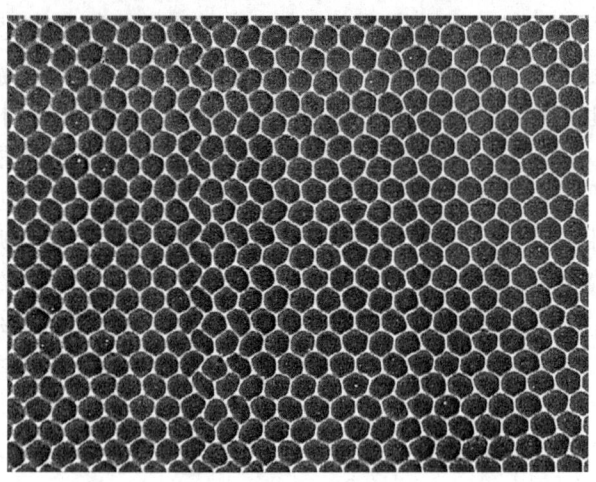

图4-33　蜂窝夹层结构的射线照相检验图像

**4.4.3　纤维增强复合材料射线照相检验技术

纤维增强复合材料是一种采用纤维作为增强材料的复合材料。纤维增强材料主要有尼龙、聚酯、玻璃纤维、不锈钢丝、石墨纤维、硼纤维、碳化硅纤维等。纤维增强复合材料制件的成型工艺主要有层压、模压、挤压、缠绕、手模成型等，成型工艺直接关系到制件的性能。成型工艺不同产生的缺陷也不同，常见的缺陷主要有分层、纤维断裂、空洞、孔隙（疏松）、夹杂物和树脂分布不均匀等。

纤维增强复合材料的射线照相检验技术除了应按复合材料一般射线照相检验技术进

行考虑外，主要还应考虑制件成型工艺特点、缺陷与工艺和制件的关系、射线照相检验技术的灵敏度控制方法等方面。

由于复合材料各组分性能的差异很大，成型后再加工很困难，所以复合材料制件，尤其是纤维增强复合材料，一般采用一次成型，随后不再进行机械加工。纤维增强复合材料制件的射线照相检验是在制造过程或成型后进行。当确定射线照相检验技术时，必须考虑缺陷的性质和特点，特别是缺陷与制件成型工艺的关系。按照纤维增强复合材料制件的形状、成型工艺、铺层结构等，常用的透照方法可分为垂直透照方法、平行透照方法、切线透照方法、斜线透照方法。

垂直透照方法时中心射线束垂直于制件表面，主要用于检验缠绕制件的纤维断裂、空洞、孔隙（疏松）、夹杂物和树脂分布不均匀，以及检验纤维排列和分布状况。平行透照方法时中心射线束与制件的铺层方向平行，主要检验层压件的分层、裂纹，检验小型布带缠绕锥体的裂纹和疏松等缺陷。切线透照方法时中心射线束与筒形件、管形件、锥形件等的圆弧面相切，主要检验布带缠绕制件的裂纹、疏松，回转体模压制件的裂纹、疏松、树脂淤积等缺陷。斜线透照方法时中心射线束与筒形件、容器件的中心轴成一定角度，主要检验制件端部和端部与连接处存在的空洞、树脂淤积等缺陷。

射线照相检验技术灵敏度控制一般不采用丝型像质计，主要是因为难于制作符合要求的丝型像质计。代替的采用平板型像质计或槽型像质计。槽型像质计的样式如图 4-34 所示，表 4-4 给出的是可供参考的槽型像质计尺寸，图 4-35 是复合材料中一些缺陷的射线照相图像。

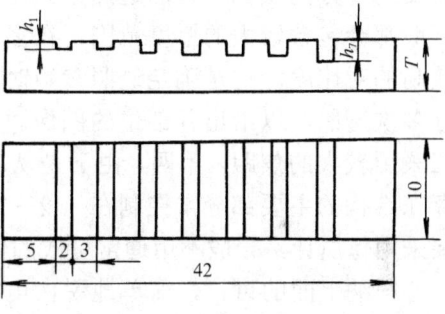

图 4-34　槽型像质计样式

表 4-4　槽型像质计尺寸　　　　　　　　　　　　　　　　（单位：mm）

像质计编号	厚度 T	沟 槽 深 度							偏差
		h_1	h_2	h_3	h_4	h_5	h_6	h_7	
A	2.0	0.1	0.2	0.3	0.4	0.5	0.6	0.7	±0.02
B	3.0	0.8	1.0	1.2	1.4	1.6	1.8	2.0	±0.03

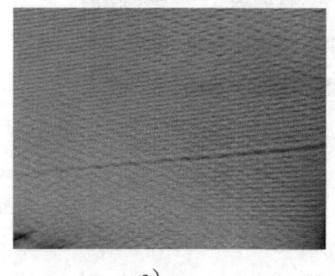
a)
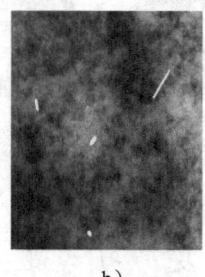
b)
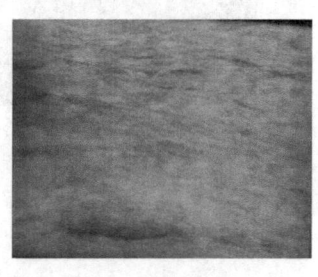
c)

图 4-35　复合材料中的缺陷图像

a) 缺束　b) 金属夹杂　c) 裂纹

*4.5 电子元器件射线照相检验技术

电子元器件射线照相检验,是射线照相检验技术应用的一个重要方面。电子元器件除了采用射线照相检验技术检验外,在工业中更多地是采用射线实时成像检验技术进行检验,特别是微焦点射线实时成像检验系统。

一般地说,电子元器件的射线检测主要分为三个大的方面:电子元器件的结构(包括安装质量)和尺寸测量、电子元器件内多余物检查、电子元器件的锡焊点质量检验(特别是印制电路板焊点的层析检验)。因此,电子元器件射线照相检验技术仅是其中的一部分内容。

电子元器件射线照相检验主要是采用常规射线机进行电子元器件的结构检查,在技术上存在一些不同于一般缺陷检验技术的考虑。

在这种射线照相检验问题中,第一,为了给出电子元器件的结构,对一个器件常常需要两个方向或三个方向透照,给出不同的视图,以形成结构的图像。第二,一次透照一般都会包含较大的厚度范围,在多数情况下,需要的是更大的厚度宽容度,并不需要较高的对比度。这是确定透照参数时的一个基点。需要时,对包含较多厚度的区,应进行多次透照,以给出各部位的图像。第三,为了减小变形,给出正确的结构图像,一般应采用较大的焦距。第四,由于是从底片给出结构图像,因此,底片黑度一般取较低值,存在结构的主要部分常控制在 1.2~2.5,这也便于委托方人员观察判断。第五,如果需要采用像质计,一般不用通常型式的像质计,国外有的标准给出了专用型式的像质计。

归纳上面的讨论,简单地说,电子元器件射线照相检验时,应选用较大的焦距,较高的透照电压,一般应进行两个方向或三个方向的透照。

当进行电子元器件中的多余物射线照相检验时,应在暗盒中放两张胶片同时透照,以便对影像作出准确的判断。

图4-36是两个不同器件的射线照相检验图像,它们清楚地显示了器件的内部基本结构。

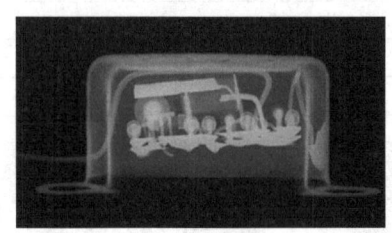
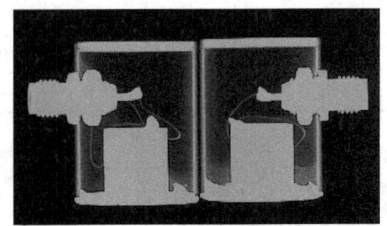

图4-36 电子元器件射线照相检验图像两例

复 习 题

1. 变截面工件可以采用哪些方法进行射线照相检验,各种方法有什么特点?
2. 环形熔焊接头射线照相检验时可采用哪些透照布置?各种透照布置有哪些特点?

3．非金属制件射线照相检验时，与金属制件射线照相技术相比有哪些特点？
4．复合材料制件射线照相检验时，技术上与金属技术制件相比有哪些特点？
5．电子元器件进行射线照相检验时应注意考虑哪些方面？
6．对小直径管椭圆成像透照技术都有哪些方面的规定？
7．在射线照相检验工作时如何确定环焊缝的透照次数？
8．球罐全景γ射线照相检验技术的工艺设计应注意哪些方面？

第5章 评片技术

5.1 评片技术概述

5.1.1 评片的主要内容与底片质量

评片工作一般包括下面的内容：
1）评定底片本身质量的合格性；
2）正确识别底片上的影像；
3）依据从底片上得到的工件缺陷数据，按照验收标准或技术条件对工件质量作出评定；
4）完成有关的各种原始记录和资料整理。

要得到准确的结果，显然进行评定的底片必须是合格的底片，只有符合质量要求的底片才能作为评定工件质量的依据。

对底片质量的主要要求可分为四个方面：
1）黑度应处于规定的范围；
2）射线照相灵敏度应达到规定的要求；
3）标记系应符合有关的规定；
4）表观质量应满足规定的要求。

黑度是底片质量的一个重要指标，它直接关系底片的射线照相灵敏度和底片记录细小缺陷的能力。从以前讨论的胶片特性曲线和胶片特性曲线的梯度与黑度关系曲线知道，只有当黑度达到一定的值以后，黑度与曝光量之间才具有近似直线的关系，胶片特性曲线的梯度才会达到较大的值，底片影像才能达到一定的信噪比。这时，曝光量发生一较小的改变才能在底片上产生一较大的黑度差，即产生较大的对比度，底片才能形成细小缺陷的影像。标准中关于底片黑度范围的规定，正是从这些基本的考虑确定的。

射线照相灵敏度是底片影像质量的综合评定指标，合格的底片其射线照相灵敏度必须符合标准的要求。底片的射线照相灵敏度采用底片上像质计的影像的可识别性测定，对底片应达到的射线照相灵敏度没有严格的统一规定，一般是按照采用的射线照相技术级别规定应达到的射线照相灵敏度。

底片上应有完整的标记系（识别标记和定位标记）的影像，它是识别底片、建立档案资料、缺陷定位必不可少的标志。标记的影像应位于底片的非评定区，以免干扰对缺陷的识别。

对底片表观质量的主要要求是不应存在明显的机械损伤、污染、伪缺陷。一方面是它们可能妨碍缺陷识别，特别是非缺陷影像（常称为伪缺陷），很容易与缺陷影像混淆，从而导致错误的质量评定结论。另一方面，表观质量不符合要求的底片在存放期间也可能变质，造成存档资料的损失。

5.1.2 评片的主要条件与要求

评片条件和对评片条件的要求是按照眼睛的视觉特性提出的。

眼睛的视觉具有下面三方面的主要特性。一是只对可见光具有感受性。二是具有双重视觉功能，一种是明视觉功能，另一种是暗视觉功能。明视觉功能是在明亮的条件下的视觉功能，这时候眼睛可以识别颜色和细节。三是视觉的暗适应性，即当照明条件改变时，眼睛的视觉感受灵敏度也将改变，从明亮的条件下转入黑暗的条件时，视觉的感受灵敏度将逐步提高。视觉灵敏度逐步提高的过程称为暗适应过程。眼睛充分完成暗适应过程约需经过 30min 以上的时间，在最初的 10min 可识别的阈强度降低不迅速；在第 10～20min 期间将迅速降低，也就是眼睛的感受灵敏度迅速提高，产生的差别可以达到 100 倍以上；此后变化又趋于平缓。

眼睛在不同的照明亮度下，视觉的灵敏度不同，也就是识别亮度对比度（或者说小黑度差）的能力不同。图 5-1 给出的是这方面研究的基本结果。从图中可见，在适当的照明亮度时，例如在 30～2000cd/m²，视觉的亮度对比度阈值可达到一近似常数值 0.0175 左右。对应的可识别的小黑度差 ΔD_{min} 约为 0.008。此值与观察时的照明亮度相关，而不是与底片黑度相关。

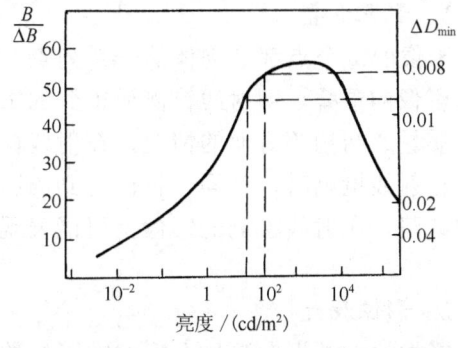

图5-1 小对比度细节可识别性与照明亮度的关系

评片的主要条件和要求，是依据视觉的这些主要特性提出的。主要的要求可归纳为三个方面。

1. 暗适应性要求

为了充分地识别底片上的细节影像，评片者在进入评片室开始观察底片之前必须经历一定的暗适应时间：

从日光下转入评片暗适应时间不能少于 5～10min；

从室内光线下转入评片暗适应时间不能少于 30s。

在更换底片时，如果破坏了眼睛的暗适应状态，那么必须重新进行暗适应过程。

2. 观片灯

观片灯光的颜色一般应为日光色；光源应具有足够的亮度且应可调整，其最大亮度应能达到与底片黑度相适应的值。一般应能保证透过底片的亮度应不低于 30cd/m²，只要可能就应达到 100cd/m² 或更高的值。此外，对观片灯的主要要求是光源的照明应以漫射方式，照明的区域应当可以调整大小，可以控制在评片者注意观察的范围。此外，还应有良好的散热条件，使底片与其观察屏接触 10min 而不致变形或损伤。

3. 评片室

照明亮度应适当的低，应保证杂散光线在评定的底片的表面上不产生较强的反射光线。当存在这些杂散的反射光线时，将会降低观察缺陷时的亮度对比度，这将影响对小细节影像的识别。此外，评片室应具有安静的环境、适宜的温度、新鲜的空气。

5.1.3 评片基本知识

正确地识别底片上的影像，判断影像所代表的缺陷性质，需要丰富的实践经验和一定的材料和工艺方面的知识，必须理解射线照相影像形成的规律和特点，从而掌握主要的缺陷类型、缺陷形态、缺陷产生规律和缺陷影像在底片上显示的规律和特点。了解透照的具体方式，为分析影像的形成和缺陷影像可能发生的变化提供了基础。缺陷识别不是一个纯理论问题。

在底片上得到的射线照相影像可以认为是射线从射线源沿直线在空间传播，并沿直线穿透被透照物体，以射线的透射强度将物体内部的情况投影在胶片平面所形成的一幅图像。上述影像形成的过程使影像具有下面一些特点。

1. 影像重叠

影像的每个点都是物体的一系列点对射线衰减产生的总结果，或者说是物体一系列点的影像的重叠。即射线检测所得到的影像，是把一个立体物体表现在平面上，因此，物体质量、结构等方面的情况，在射线检测的影像上将重叠在一起。这样，当从不同方向进行射线检测时，对同一物体得到的影像可以不同。影像的重叠性使得物体中不同位置的缺陷，在射线检测的影像上可能表现成一个缺陷，这给射线检测影像的判断带来困难。

2. 影像放大

影像放大是指在胶片上形成的影像的尺寸大于影像所表示的物体的尺寸。当射线源可视为是一点源时，得到的影像将都是一个放大的影像，从投影关系不难理解这一点。影像放大的程度与射线源至被透照物体的距离相关、与影像所表示的物体和胶片的距离相关。当射线源尺寸大于缺陷尺寸时，缺陷的实际情况将变得复杂化，这时候需考虑象的位置。简单地说，可以认为，在一般的情况下，影像都存在一定程度的放大。

3. 影像畸变

影像畸变是指得到的影像的形状与物体在射线投影方向截面的形状不相似。产生这种情况的原因是，物体截面上不同的部分在胶片上形成影像时产生的放大不同，这样就导致影像的形状与物体的形状不相似。例如，物体中有一个球孔，当射线中心束不垂直于胶片平面时，所得到的影像将不再是圆形，即发生了影像畸变。在实际射线照相中，缺陷影像畸变是经常发生的，这是由于缺陷总是具有一定的体积，具有一定的空间分布，形状常常是不规则的，这些情况使得透照时总会存在不同部位放大不同，造成了影像畸变。

射线照相影像形成的这些特点，是识别底片缺陷影像的基础之一。

判断缺陷影像的性质，一般地说，可以从下面三个方面进行分析：

1）影像的几何形状；
2）影像的黑度分布；
3）影像的位置。

不同性质的缺陷具有不同的几何形状和空间分布特点，由于底片上缺陷的影像是缺陷的几何形状按照一定规律在平面上投影形成的图形，因此，底片上缺陷影像的形状与缺陷的几何形状密切相关。在分析影像的几何形状应当考虑单个或局部影像的基本形状、多个或整体影像的分布形状、影像轮廓线的特点。应注意的是，对于不同的透照布置，同一缺陷在底片上形成的影像的几何形状将发生变化。

影像的黑度分布是判断影像性质的另一个重要依据。不同性质的缺陷内在性质不同，这种不同产生了不同性质缺陷对射线的吸收不同，形成的缺陷影像黑度也就不同。在分析影像黑度特点时应考虑影像黑度相对于工件本体黑度的高低、影像自身各部分黑度的分布特点。

缺陷影像在底片上的位置，也就是缺陷在工件中位置的反映，这是判断影像缺陷性质的另一个依据。缺陷在工件中出现的位置常具有一定的规律，因此影像所在的位置也与缺陷性质相关。某些性质的缺陷只能出现在工件的特定位置，对这类性质的缺陷，影像的位置将是识别缺陷的重要依据。

实际识别底片上影像的缺陷性质，是从上述三个方面进行综合考虑，作出判断。

评片时必须注意环境光线和非评定区透过光线对识别缺陷的影响，由于这些杂散光线同时进入眼睛，可引起评定缺陷的亮度对比度降低。

记某一缺陷的在无杂散光线时，观片时它与周围背景的亮度差为ΔB_0（眼睛观察该缺陷影像的亮度对比度）。

$$\Delta B_0 = \lg \frac{L_0}{L} - \lg \frac{L_0}{L_1} = \lg \frac{L_1}{L}$$

其中，L_0为评片时观片灯入射到底片的亮度，L为评片时观片灯透过缺陷影像的亮度，L_1为评片时观片灯透过缺陷影像周围背景的亮度。记

$$L_1 = L + \Delta L$$

则有

$$\Delta B_0 = \lg \frac{L + \Delta L}{L} = 0.434 \ln\left(1 + \frac{\Delta L}{L}\right)$$

利用近似公式（当X很小时）

$$\ln(1+X) = X$$

则有

$$\Delta B_0 = 0.434 \frac{\Delta L}{L}$$

当存在杂散光线时，记杂散光线为L_S，并记

$$n = \frac{L_S}{L}$$

记这时的缺陷观察亮度对比度为ΔB，则

$$\Delta B = \lg \frac{L + L_S + \Delta L}{L + L_S} = \lg\left(1 + \frac{\Delta L/L}{1+n}\right) = 0.434 \frac{\Delta L/L}{1+n}$$

因此

$$\Delta B = \frac{\Delta B_0}{1+n}$$

可见，由于存在杂散光线的干扰，眼睛看到的缺陷亮度对比度将降低。

5.2 铸件常见缺陷识别

铸造是通过熔炼金属或其合金、制造铸型、并将金属熔液浇入铸型、在金属熔液凝固后获得一定形状和性能工件的工艺过程，它是工件成形的基本方法之一，是所有冶金方法中最直接成形的方法，其广泛应用于各种各样的产品。

铸造包括多种方法，如砂型铸造、金属型铸造、压铸、熔模铸造、离心铸造等，砂型铸造是最常用的铸造方法，其他铸造方法统称为特种铸造方法。

铸件的质量，除了直接与铸造合金相关外，主要与下列因素相关：
1）铸件设计；
2）铸件制造工艺；
3）铸造操作。

它们共同影响液态合金的性质、液态合金的充型能力和铸件的凝固过程，也就决定了铸件的质量。

铸件中常见的内部缺陷可分为下面四类：
1）孔洞类缺陷：如气孔、针孔、缩孔、缩松、疏松；
2）裂纹类缺陷：如冷裂纹、热裂纹、白点、冷隔；
3）夹杂类缺陷：如夹杂物、夹渣（渣孔）、砂眼；
4）成分类缺陷：偏析。

下面介绍主要缺陷的产生、特点与在底片上影像的特点。

1. 气孔

气孔是熔化的合金在凝固过程中，合金熔液中的气体未能逸出，在铸件中形成的孔洞。气孔是铸件中最常见的缺陷之一。

按照气孔产生的原因，气孔可分为三类：侵入气孔、析出气孔、反应气孔。

侵入气孔是在浇注的过程中，铸型、型芯由于急剧加热挥发出的气体，粘接剂等有机物燃烧产生的气体，型腔中未逸出的气体，进入到金属熔液中形成的气孔。析出气孔是溶解在金属熔液中的气体，在冷却、凝固过程中，由于温度降低或外界压力降低，使溶解度降低，而从金属熔液中析出形成的孔洞。反应气孔是金属熔液与铸型或金属熔液中的某些元素之间发生化学反应产生的气体所造成的气孔。

气孔缺陷在底片上常见的形态主要有两种：各种形态的气孔、针孔。

气孔的影像在底片上可以呈现为各种形态，例如，孤立的或成群的圆形、椭圆形、梨形暗斑，它轮廓光滑、影像鲜明，整个影像黑度较大，无明显变化。较大的气孔很容易识别。但细小的气孔与夹渣，有时很难区分。

针孔是铸件中比较均匀散布的细小气孔。在铸件截面厚度较小时，在底片上它呈现为均匀散布的暗点状影像，影像清晰。在截面厚度较大时，影像模糊，这时候由于气孔在厚度方向上的叠加，影像可转化为尖点状（苍蝇脚状）或近于圆点状。如果厚度大，影像将变成模糊的云片状形貌。

图 5-2 是气孔缺陷影像，图 5-3 针孔缺陷影像。

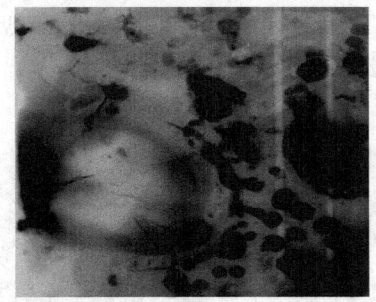
图5-2 气孔（补焊区存在裂纹）

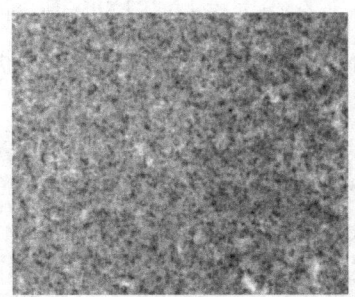
图5-3 针孔

2. 夹杂物

夹杂物缺陷是铸件中含有的成分与基本成分不同的各种金属性异物和非金属性异物。

夹杂物可分为三类：金属夹杂物、夹渣、砂眼（夹砂）。它非金属夹杂物常是氧化物、硫化物、碳化物、硅酸盐等，但主要是氧化物。这些夹杂物多浓集于铸件的某个部位，如铸件的上表面，内浇口附近等。在底片上常见的有三种形态。

（1）金属夹杂物　常见的金属夹杂物主要是混杂在铸件金属熔液中的其他种类金属块，因此它具有一定的几何形状，视其与铸件金属相比密度的大小、原子序数的高低，它的影像可能显现为比背景黑度低或高的黑度，影像常具有片状形象，整个影像的黑度比较一致。

（2）夹渣　夹渣来源于金属熔液内部反应的产物和熔炼过程中形成和分离出来的浮渣、熔剂残渣、脱落的铸型材料等。经常出现的夹渣是炉渣、氧化物等，它们化学成分复杂，形状极不规则，多数情况中它们集中在铸件的某个部位，以比较密集或分散的的状态出现。在底片上它们影像的基本形貌是在一定范围内分布的颗粒状的黑斑。颗粒的大小不同、形状不同，常显现为小片状影像，影像的轮廓比较清楚，影像的黑度与背景黑度相差较大。

（3）砂眼　砂眼是充塞型砂的孔洞，它是由于铸型受到冲刷，致使型砂脱落并残留在铸件中造成的缺陷。在底片上其整体影像的形状可能极不规则，但影像黑度具有颗粒状特征，特别在影像边缘区。

图 5-4 是夹渣的典型形态影像。

3. 缩孔与缩松

铸件在冷却和凝固过程中，合金将发生液态收缩和固态收缩，由于铸件设计的特点和铸型设计存在的不足、浇注操作不当等，造成补缩不足，在铸件中产

图5-4 夹渣

生孔洞。集中的大孔洞称为缩孔，分散而细小的孔洞称为缩松。缩孔与缩松在底片上呈现的形态常见的是集中性孔洞、纤维状缩孔、海绵状缩松三种形态。

集中性孔洞常就称为缩孔，在底片上它呈现为形状不规则、黑度比背景高出较多的暗斑影像，其分布没有确定的方向，面积较大，轮廓一般清晰。纤维状（树枝状）缩孔在底片上它呈现为树枝状黑度较大的影像，影像具有主干、主枝、次枝等形貌，整个影像都显示较大的黑度，特别是主干和主枝。由于其形状的特殊性，这种缺陷影像容易识别。海绵状缩松由相互连结的小孔洞系构成，在底片上呈现为云雾状影像，它总有一定的面积分布。图5-5、图5-6、图5-7是缩孔与缩松缺陷影像。

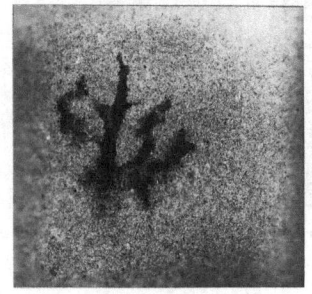　　　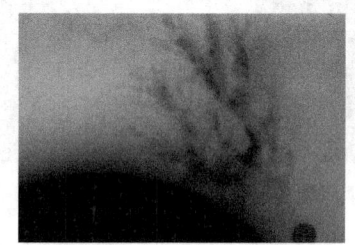　　　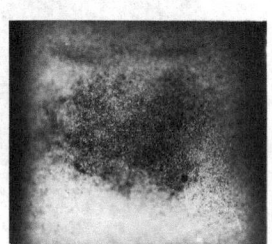

图5-5　缩孔　　　　　　图5-6　纤维状缩孔　　　　图5-7　海绵状缩松

4. 疏松（显微缩松）

铸件在冷却和凝固过程中，合金将发生液态收缩和固态收缩，由于补缩不足，在缓慢凝固区出现的很细小的孔洞区称为疏松，也称为显微缩松。疏松在不同合金中可出现不同的形态，常见的形态主要是一般疏松、中心疏松、层状疏松、分散状疏松。

一般疏松（显微缩松）是细小、分立的孔洞，分布在铸件的整个厚度范围内，在底片上呈现的影像与铸件厚度有关。对薄的截面，可显示为细的网纹影像；对厚的截面，由于孔洞的相互重叠，将显示为模糊的暗斑。当它分布在铸件中心区时，显示为模糊的暗斑影像，常称为中心疏松。

在镁合金中，细小的孔洞系常形成层状分布，在底片上呈现为条纹状影像，条纹的黑度不大，总是以多条同时出现，并具有整体相同的走向，常专称为层状疏松。

分散状疏松是细小、相互连接的孔洞，常集中分布在铸件的某个范围内，在底片上呈现为小长条状的网状影像。

图5-8、图5-9、图5-10是疏松缺陷的一些影像。

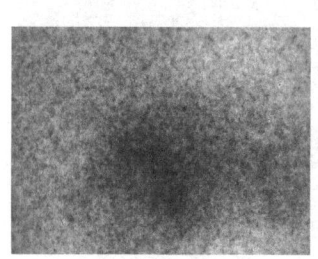　　　　　　

图5-8　中心疏松　　　　图5-9　层状疏松　　　　图5-10　分散状疏松（伴有针孔）

5. 裂纹

铸件在凝固末期和常温的冷却过程中，其收缩可能受到阻碍，这些阻碍作用将导致在铸件中产生应力，当应力超过铸件金属当时的强度时将引起开裂，造成裂纹缺陷。

铸件中出现的裂纹可分为两类：热裂纹、冷裂纹，它们产生的原因不同，特点不同，在底片上影像也具有不同的特征。

热裂纹是高温液态金属凝固时，由于收缩应力超过了金属当时的强度或变形超过了金属的塑性产生的裂纹。它主要出现在铸件的拐角处、截面厚度突变处、最后凝固处。在底片上它呈现为不规则的黑线状影像，黑线常为波折状，有时可形成分叉。冷裂纹是铸件在较低温度下，由于铸造应力超过了合金的强度极限而产生的裂纹。它主要出现在铸件收缩中处于拉伸的部位和应力集中的部位。大型或构造复杂的铸件容易产生冷裂纹。冷裂纹也常称为应力裂纹。在底片上它典型的影像是微弯、平滑的直线状黑线。

图 5-11 和图 5-12 是裂纹缺陷影像。

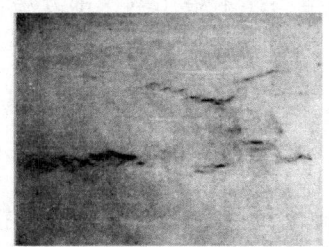
图5-11　热裂纹

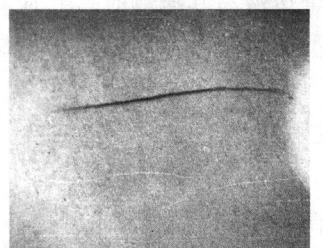
图5-12　冷裂纹

6. 冷隔

在铸件中金属流汇合处，如果金属熔液熔合不完善或金属熔液不连续，那么在铸件中将产生穿透或未穿透的缝隙，这即是冷隔缺陷。产生冷隔的原因主要是金属熔液温度低、铸型表面或冷铁激冷度过大、充型速度不正确、浇注系统不合理等。冷隔缺陷主要出现在铸件远离浇口的宽大表面处和薄壁处。在底片上，冷隔缺陷常呈现为宽度比较均匀、缺少变化、平滑的线条状黑线影像或呈现为片状的影像。

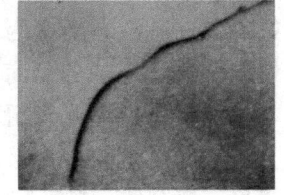
图5-13　冷隔

图 5-13 是冷隔缺陷影像。

7. 偏析

铸件凝固后出现的化学成分不均匀性称为偏析，即在局部区域某种合金成分过多或过少。

偏析可分为三种：一般偏析、局部偏析、带状偏析。

一般偏析是合金不同成分发生均匀地很小局部的集中，形成大量的很小区域的偏析。带状偏析是不同合金成分以层状交替分布在铸件中，它主要发生在离心铸造过程中。一般偏析和带状偏析在一般情况下都不被认为是缺陷。

局部偏析（或称为集中偏析）可以出现多种形态，常见的是缩孔或热裂纹的整体或局部被低熔点的合金成分（或化合物）填充形成的偏析，它们也分别被称为收缩偏析和热裂偏析。对于铝镁合金，它们在底片上的影像呈现为黑度小于背景黑度的裂纹状形态，所以很容易识别。在日常也常称其为白裂纹。在收缩偏析或热裂偏析中也可能含有夹渣物。

图 5-14 是不含夹渣的收缩偏析，图 5-15 是含有夹渣的收缩偏析。

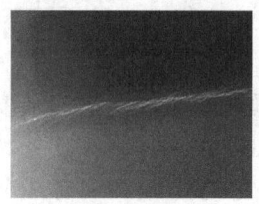 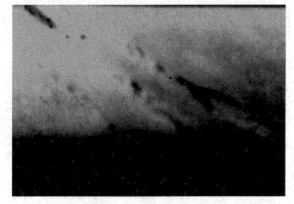

图5-14 收缩偏析　　　　　　　图5-15 含有夹渣的收缩偏析

8. 型芯撑未熔

型芯撑是用于支撑铸模内型芯的金属器件，通常它用与铸件相同的金属材料制做。当熔化的合金熔液与其接触时，它应被熔化。如果型芯撑未熔化或仅部分熔化，所产生的缺陷称为型芯撑未熔。型芯撑未熔缺陷类似于冷隔缺陷，是一种不允许存在的缺陷。

5.3 熔焊接头常见缺陷识别

焊接从微观上看是材料通过原子或分子间的结合和扩散形成永久性连接的工艺过程。为了达到焊接的目的，焊接工艺采用两种措施：对被焊接金属施加热量、对被焊接金属施加压力，使金属表面紧密接触。焊接有多种不同的方法，通常将焊接方法分为熔化焊、压力焊、钎焊三大类。下面仅以常用的电弧熔化焊为例讨论焊接接头缺陷。

简单地说，熔化焊过程是被焊接金属在热源作用下被加热，母材金属局部被熔化，熔化的金属、熔渣、气相之间进行一系列化学冶金反应，伴随着热源移开，熔化的金属开始结晶，从液态转变为固态，形成焊缝，实现焊接。由熔化的母材金属（和焊条金属）在母材金属上形成的具有一定形状的液态金属称为熔池。熔池的形状、体积、存在的时间、温度等不仅影响焊缝的成形，而且也直接相关于焊接缺陷的产生。

结构间通过焊接连接的部分称为焊接接头，粗略地可以把焊接接头分为三个部分：焊缝区、熔合线、热影响区，图 5-16 是熔焊接头的基本结构。焊缝区是由焊条金属和母材金属熔化、发生化学反应后形成的焊缝金属；熔合线是焊缝区外侧至母材部分熔化的区域；热影响区是母材部分熔化区和母材发生固相组织变化的区域。检验时，这三个区都是被检验的区域。

常用的焊接接头形式主要是对接接头、角接接头、T 形接头、搭接接头。焊接处一般要加工成一定形状，称为坡口。焊接接头常用的坡口类型，按坡口的形状分为 V 形坡口、U 形坡口、X 形坡口、双 U 形坡口，对薄板焊接接头，也常不加工出坡口，或者称为 I 形坡口。坡口角度（双面）常为 60°左右。坡口根部一般有直角钝边，即一定高度的直边区。图 5-17 是 V 形坡口结构示意图，可按此图理解其它类型坡口。图 5-18 是部分接头的结构示意图。

由于焊接工艺不当、焊接操作存在问题、接头准备和焊接材料不符合要求、焊接结构设计不合理等原因，均可造成焊接缺陷。熔焊过程中产生的缺陷主要有五类：

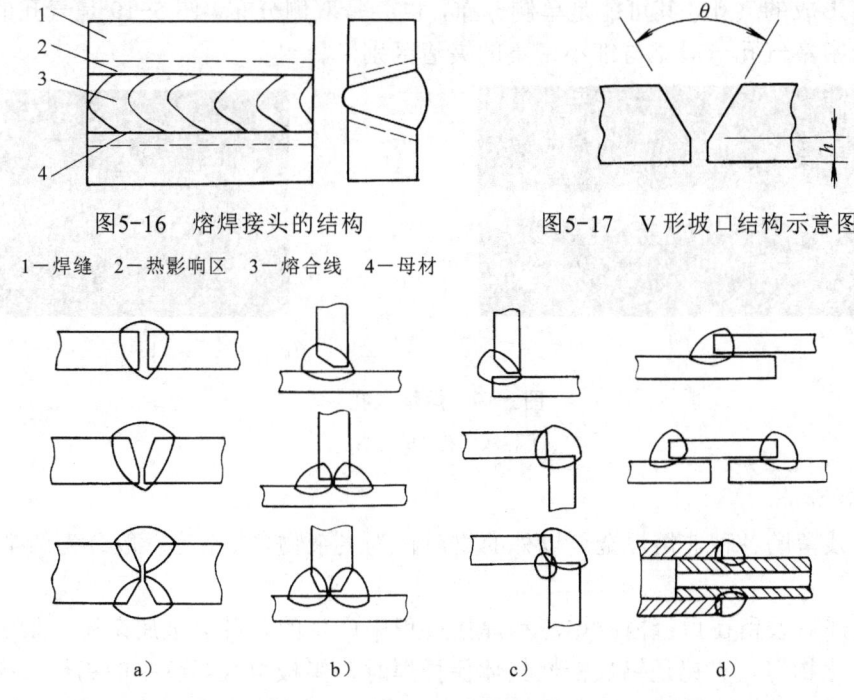

图5-16 熔焊接头的结构

1—焊缝 2—热影响区 3—熔合线 4—母材

图5-17 V形坡口结构示意图

图5-18 部分接头结构示意图

a) 对接接头 b) T形接头 c) 角接接头 d) 搭接接头

1) 熔合不良类：未焊透、未熔合；
2) 裂纹类：热裂纹、冷裂纹；
3) 孔洞类：气孔、缩孔；
4) 夹杂物类：夹渣、夹钨；
5) 成形不良类：咬边、烧穿、焊瘤等。

在评片识别缺陷时，应首先了解接头的坡口类型和具体尺寸，这对于正确识别缺陷是重要的基础资料。同时应了解焊接方法和主要工艺规定，特别是焊接接头成形的方法和焊接道数，例如单面焊还是双面焊，一次成形还是须经多道焊接成形等。

1. 气孔

气孔是焊缝中常见的缺陷，它是在熔池结晶过程中未能逸出而残留在焊缝金属中的气体形成的孔洞。

在焊接过程中焊接区内充满了大量气体，气孔的形成都将经历下面的过程：熔池内发生气体析出、析出的气体聚集形成气泡、气泡长大到一定程度后开始上浮、上浮中受到熔池金属的阻碍不能逸出、被留在焊缝金属中形成气孔。焊缝中形成气孔的气体主要是氢气和一氧化碳。

在底片上气孔呈现为黑度大于背景黑度的斑点状影像，黑度一般都较大，影像清晰，容易识别。影像的形状可能是圆形、椭圆形、长圆形（梨形）和条形。常见的主要分布形态有四种：孤立气孔、密集气孔、链状气孔、虫孔。孤立气孔可能以多种形状出现，链状气孔是指排列在一条直线上、间隔一定距离的多个气孔,虫孔主要是一氧化碳沿结晶方向分布形成的气孔,其可能是单侧分布,也会是双侧分布。图 5-19 是气孔的实际影像。细小的密集气孔一般难与细小密集的夹渣区别。

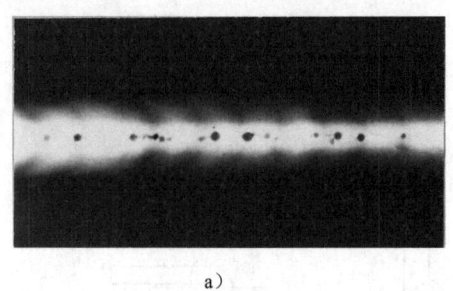
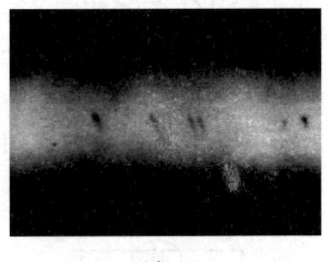

图5-19 熔焊气孔

a)链状气孔 b)虫孔

2. 夹杂物

焊缝中残留的各种非熔焊金属以外的物质称为夹杂物。夹杂物一般分为两类:夹渣、夹钨。

夹渣是焊后残留在焊缝内的熔渣和焊接过程中产生的各种非金属杂质,如氧化物、氮化物、硫化物等。夹钨是钨极惰性气体保护焊时,钨极熔入焊缝中的钨粒,夹钨也称为钨夹杂。焊缝中产生夹渣的主要原因是焊接电流小,或焊接速度快,使杂质不能与液态金属分开并浮出。在多层焊时,如果前一层的熔渣清理不彻底,焊接操作又未能将其完全浮出,也会在焊缝形成夹渣。夹钨主要是焊接操作不当使钨极进入熔池,或焊接电流过大,导致钨极熔化,落入熔池形成了钨夹杂。

夹渣在底片上常见的影像主要有三种形态:点状夹渣、密集夹渣、条状夹渣。其影像的主要特点是形状不规则,边缘不整齐,黑度较大而均匀。条状夹渣呈现长条状、具有一定宽度的暗线形态,线的延伸方向一般与焊缝走向相同。由于钨的原子序数很高、密度很大,所以在底片上夹钨的影像总是呈现为黑度远低于背景黑度的影像,常常为透明状态。夹钨的影像主要有两种形态:孤立点状、密集点(粉)状。图 5-20 是铝合金中的夹渣缺陷影像。图 5-21 是夹钨缺陷影像。

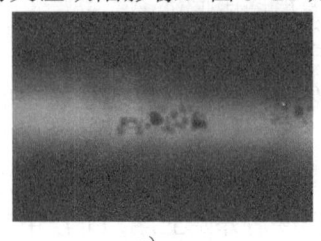
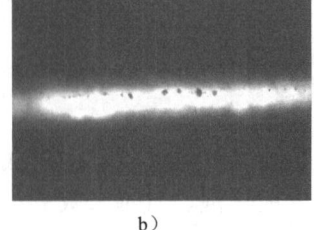

图5-20 熔焊中的夹渣　　　　　图5-21 夹钨(伴有未焊透)

a)密集夹渣滓 b)链状夹渣

3. 未焊透

未焊透是母材金属与母材金属之间局部未熔化成为一体,它出现在坡口根部,因此常称为根部未焊透。产生未焊透的原因可能是焊接规范（电压、电流、预热等）不适当，或焊接操作不正确，坡口角度小、钝边间隙小等。

在底片上未焊透是容易识别的缺陷。由于坡口存在直的机械加工边，而且坡口直边又位于焊缝中心，所以未焊透在底片上一般呈现为笔直的黑线影像，并处于焊缝影像的中心，特别是对于单面焊对接接头。在实际中看到的未焊透缺陷影像，还可能是其他形态，如断续的黑线，或伴随其他形态影像的线状影像，或有一定宽度的条状影像等。由于透照方向的不同，也可能出现在偏离中心位置。图 5-22 是未焊透的影像。

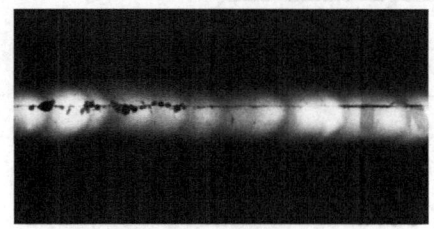 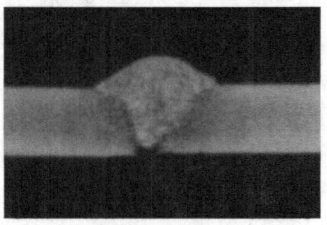

图5-22　未焊透（局部伴有气孔，右图为未焊透的剖面图）

4. 未熔合

未熔合是母材金属与焊缝金属之间局部未熔化成为一体，或焊缝金属与焊缝金属之间未熔化成为一体。产生未熔合的原因可能是焊接规范（电压、电流、预热等）不适当，或焊接操作不正确，坡口角度小、清理不符合要求等。按照未熔合出现的位置，常分为三种：根部未熔合、坡口未熔合、层间未熔合。根部未熔合是指坡口根部处发生的焊缝金属与母材金属未熔化成一体性缺陷，坡口未熔合是指坡口侧壁处发生的焊缝金属与母材金属未熔化成一体性的缺陷，层间未熔合是多层焊时各层焊缝金属之间未熔化成一体性的缺陷。

在底片上未熔合影像的形态与射线束的方向相关。一般情况下它呈现为模糊的线条状影像或断续的线点状影像，线条沿焊缝方向延伸，位置与未熔合的位置相关。影像的黑度与背景的黑度差比较小，有时影像的一侧呈现直边。层间未熔合影像出现的位置和影像的形状与条状夹渣或片状夹渣类似，但未熔合影像的黑度比夹渣影像的黑度要低较多，而且轮廓也模糊。未熔合是射线照相容易漏检的缺陷，特别是层间未熔合，在评片时应注意识别这种缺陷。

图 5-23 是未熔合缺陷的影像。

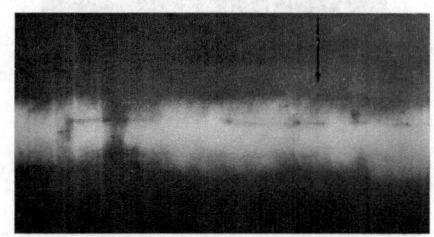 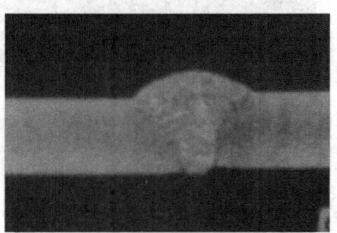

图5-23　未熔合（右图为未熔合的剖面图）

5. 裂纹

焊接过程中产生的裂纹是多种多样的,可分布在接头的各个部位,图5-24是各部位可能出现的裂纹示意图。按照裂纹产生的原因,裂纹可以分为五类:热裂纹、冷裂纹、再热裂纹、层状撕裂、应力腐蚀裂纹。

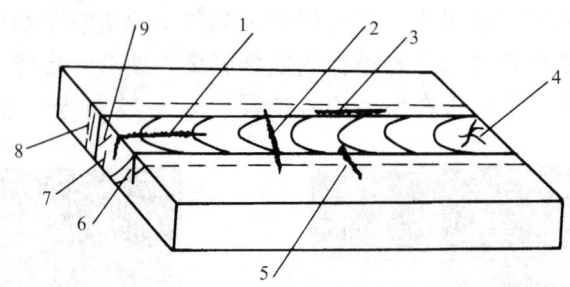

图5-24 焊缝裂纹分布示意图

1—焊缝纵向裂纹 2—焊缝横向裂纹 3—热影响区纵向裂纹 4—弧坑裂纹
5—热影响区横向裂纹 6—焊趾裂纹 7—焊缝根部裂纹 8—焊道下裂纹 9—焊缝内晶间裂纹

热裂纹是在高温下由拉应力作用产生的裂纹。由于焊接过程是一个局部不均匀加热和冷却的过程,因此必然产生拉应力,在拉应力的作用下,焊缝的薄弱处发生开裂。冷裂纹是在焊后较低的温度下产生的裂纹,它与焊接金属材料的成分和特性、与氢的作用和拘束应力密切相关。冷裂纹有的在焊后立即出现,有的在焊后数小时或数天才出现,即它是一种延迟裂纹。冷裂纹常出现在热影响区、熔合线附近和焊缝根部。再热裂纹是焊后进行消除应力的热处理过程产生的裂纹,它一般出现在热影响区、熔合线附近。层状撕裂是由于母材金属中原有的夹杂物在焊接应力作用下导致的开裂,它总是出现在热影响区或母材金属中。应力腐蚀裂纹是某些材料在某些介质中,由于拉应力的作用所产生的延迟裂纹,它是腐蚀介质和拉应力共同作用产生的,它主要由表面向深度方向发展。

在底片上裂纹影像的基本形态呈现为黑线,影像的黑度可能较大,也可能较小,容易与其他缺陷的影像区别。常见的裂纹线状影像有:线状、星(辐射线)状、簇状。星状裂纹主要是出现在起弧或收弧处的弧坑裂纹,所以也常就称为弧坑裂纹。裂纹影像的特点,也与射线照相时射线束的方向相关。图5-25是裂纹缺陷的影像。

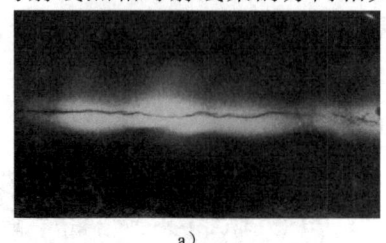 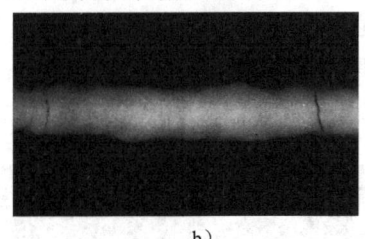

a)   b)

图5-25 熔焊裂纹

a) 纵向裂纹 b) 横向裂纹

6. 成形不良

由于焊接规范不当或焊接操作不良,可以造成焊缝成形不良缺陷。常见的主要成形不良缺陷有:咬边、烧穿、焊瘤。此外还有一些其他成形不良缺陷,如收缩沟(内凹)、塌陷等。

咬边是在母材金属表面上沿焊趾产生的沟槽,产生咬边的原因主要是焊接电流过大、电弧过长、焊条角度不正确等。咬边是一种危险的缺陷,它减少了母材金属的有效截面,造成应力集中,容易引起裂纹。在底片上它的影像类似于夹渣,但它一定出现在焊缝区两侧,因此容易识别。

烧穿是由于熔化深度超出母材金属厚度,熔化金属自坡口背面流出,形成穿孔缺陷。产生这种缺陷的原因主要是焊接电流过大、焊接速度过慢、坡口间隙过大。

在底片上它的影像呈现为低黑度的圆环或椭圆环及中心高黑度的暗斑形貌,中心暗斑是由于滴落金属熔液后形成的孔洞造成的,低黑度的环则是过多的熔化金属造成较大的焊缝背面下沉形成的影像。

焊瘤是熔化的金属流到焊缝外或流到未熔化的母材金属上形成的金属瘤,产生焊瘤的主要原因是操作不熟练。焊瘤在底片上呈现为具有圆滑轮廓的较大的低黑度斑点影像,它可能出现在焊缝区内(焊瘤在焊缝背面),但经常是出现在焊缝两侧区。

*5.4 复合材料构件与非金属材料制件的内部缺陷

复合材料构件与非金属材料制件,一般地说,制作工艺不同于金属材料,其内部缺陷同样与制作工艺密切相关。制作工艺不同,产生的缺陷也存在差异,不能简单地作一般讨论。因此,在讨论缺陷时,需要结合具体材料,甚至需要结合具体产品。这也是复合材料与非金属材料不同于金属材料的特点之一。

常用的纤维增强复合材料,缠绕法、铺层法等是制作构件的常用工艺,构件一般是一次成型,成型后不再进行机械加工。在成型过程中常见的主要缺陷是分层、纤维断裂、纤维分布不均、孔隙、裂纹、贫胶和富胶等。

复合材料制做的蜂窝夹层构件,作为一种具体产品,可能出现的主要缺陷是脱粘、蜂窝格子变形、节点分离、芯格断裂等。

固体燃料推进剂,由于制作工艺不同,产生的缺陷可以不同。例如,采用浇铸、然后固化成型的推进剂药柱,内部常见的主要缺陷类似于金属铸造工艺产生的缺陷,主要是气孔、裂纹、夹杂物、疏松等。当药柱外面存在包覆层时,则还会出现脱粘缺陷。当制作成产品时,例如固体火箭发动机,则至少还会出现药柱与绝热层的粘结质量和绝热层与外壳间的粘结质量问题。

总之,可能出现的缺陷,与材料相关,与工艺过程相关。而在工件服役期间,还可能产生新的缺陷,这将与服役的环境条件、工作载荷的特点等相关。

*5.5 底片上的其他影像

5.5.1 常见的伪缺陷

由于暗室操作不当、射线照相透照操作不当、或胶片本身质量存在的问题,在底片上可能产生一些类似缺陷、但并不是缺陷的影像,常简称为伪缺陷。如果不注意,容易把它们与缺陷影像混淆，造成错误的质量评定结论，因此，应注意对伪缺陷影像的识别。下面列出了一些底片上常见的伪缺陷影像。

1. 划伤

在切装胶片时，使用的器具、工作台面、操作者的指甲等，都可能擦伤或划破胶片的乳剂层，这样，在底片上将产生细而光滑的线状斑纹，影像的黑度也较大。在反射光下观察底片表面，可以看到表面划伤的痕迹。

2. 压痕

在固定暗盒或其他操作过程，胶片局部受到挤压或弯折，在底片上将出现月牙状斑纹。曝光前胶片受到挤压或弯折时，底片上产生的斑纹是黑度远低于背景黑度的斑纹影像；但如果胶片局部受到比较严重的挤压或弯折时，底片上将产生黑度高于背景黑度的月牙状斑纹影像，并且斑纹周围将围绕着黑度低于背景黑度的区域。曝光后胶片受到挤压或弯折时，底片上产生的斑纹是黑度高于背景黑度的斑纹。在反射光下观看底片表面，可以看到挤压或弯折的痕迹。

3. 水迹

底片干燥时，局部水聚集，在底片上可形成模糊的形状不规则的片状影像，影像的黑度较低、均匀变化、一侧有边缘痕迹。在反射光下观看底片表面，可以看到表面存在的污染痕迹。

4. 温显影斑纹

当显影温度过低时，由于显影液的某些药品结晶析出，在底片上会出现大范围、均匀分布的黑度远低于背景黑度的点状影像。

5. 增感屏斑纹

由于增感屏的损坏、污染、或夹带异物，使增感屏局部的增感性能改变，导致胶片局部曝光异常，在底片上可形成与增感屏的损坏、污染、异物相似形状的影像。影像的黑度可能低于背景的黑度，也可能高于背景的黑度，这决定于增感屏的具体情况。增感屏受到划伤时产生的影像黑度将高于背景黑度，增感屏中存在异物或受到污染时，产生的影像的黑度将低于背景的黑度。

6. 显影液斑点

在显影操作开始之前，胶片被溅上显影液，在底片上将产生斑点状影像。这些影像黑度大，并具有成片分布的特点，集中在局部区域。

7. 定影液斑点

在显影操作开始之前，胶片被溅上定影液，在底片上将产生透明的斑点状影像。由于它黑度很低，具有平滑的轮廓和成片分布的特点，因而容易识别，不会与重金属夹杂物混淆。

8. 霉点

胶片保管不善，受潮发霉，会出现一些黑度不大、分布在较大范围的点状影像。

此外，还会出现一些其他类型的伪缺陷影像。

5.5.2 静电斑纹

在干燥天气下切装胶片时，如果胶片与胶片或胶片与某些物体发生摩擦产生了静电，或者化纤衣物造成操作人员对胶片的放电，将造成胶片感光，在底片上形成黑度高于背景黑度的静电斑纹。静电斑纹的基本形态分为三种：点状斑纹、冠状斑纹和树枝状斑纹，实际中可出现各式各样的这三种基本形态的其他形貌的静电斑纹。图5-26是一些静电斑纹影像。

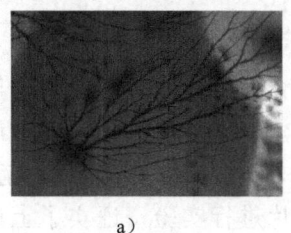
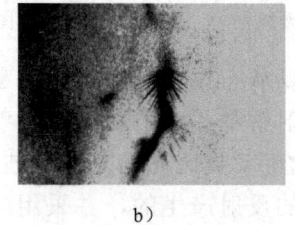
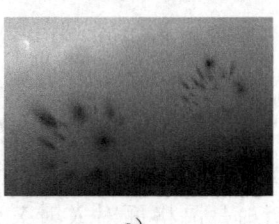

a)　　　　　　　　　　　b)　　　　　　　　　　　c)

图5-26　静电斑纹的基本形态

a) 树枝状斑纹　b) 冠状斑纹　c) 点状斑纹

5.5.3　衍射斑纹

很早就发现在射线照片上有时会出现一些特殊的斑纹影像，这些斑纹影像主要出现在轻合金（如铝合金）和不锈钢的铸件、焊件的射线照片上，特别当工件的厚度较小时更容易出现。研究证明，这些斑纹影像是铸件或焊件金属凝固组织的晶体结构对X射线的衍射形成的，因此称它们为衍射斑纹。20世纪60年代到70年代不断有文献报道射线照片出现的衍射斑纹，20世纪80年代日本学者又进行了射线照片出现的衍射斑纹的研究。

射线底片上常出现的衍射斑纹主要有三类：线状衍射斑纹、羽毛状衍射斑纹、斑点状衍射斑纹。

线状衍射斑纹主要出现在焊缝的射线底片上，其典型形态如图5-27所示。它的基本特征是在焊缝的中心线附近出现一条暗线，其影像类似于根部未焊透，但与根部未焊透的影像相比，这个影像不够清晰，也不够直。此外，其一侧常伴随有白线，或人字形斑纹。线状衍射斑纹也可呈现出其他形态特点如为一条白线、两条暗线等。这种衍射斑纹常出现在不锈钢和轻合金的焊缝射线底片上，应注意避免把它错误地判断为根部未焊透或裂纹。

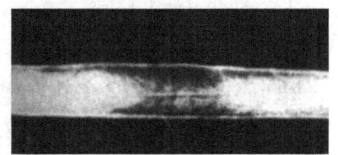

图5-27　线状衍射斑纹图

羽毛状衍射斑纹是不锈钢和轻合金焊缝和铸件的射线底片上常出现的另一种衍射斑纹，这种衍射斑纹也称为"人字形骨架"（或称为"八字形"）斑纹。羽毛状衍射斑纹的基本特征是，斑纹为从焊缝中心附近向焊缝母材方向（两侧或一侧）延伸的暗线条纹，总体形成羽毛状影像。由于它整体形态的特点，很容易与其他缺陷的影像相区别。图5-28是羽毛状衍射斑纹的影像。

斑点状衍射斑纹（图5-29）主要出现在轻合金铸件和不锈钢铸件的射线底片上，斑点的形状不规则，分布也无确定的规律，因此，可能与夹渣、疏松相混淆。但一般看，斑点影像的边缘比较模糊。在焊缝的射线底片上也可以看到斑点状衍射斑纹。

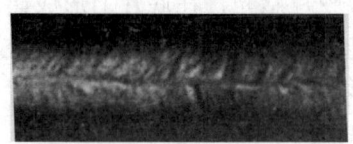
图5-28 羽毛状衍射斑纹

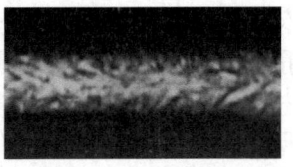
图5-29 斑点状衍射斑纹

衍射斑纹的产生规律理论可以从布拉格方程说明。在研究X射线的本质时，劳厄从晶体点阵原子对入射X射线的散射解释了X射线晶体衍射，建立了衍射方程，即劳厄方程。布拉格父子研究了衍射照片之后，类比光栅对电磁波的作用与晶体对X射线的衍射，提出衍射是晶格面对入射X射线的反射产生的，并采用云母片进行实验，证实了上述设想，从此提出了今天广泛应用的衍射方程，即布拉格方程

$$2d\sin\theta = n\lambda$$

式中　$n = 0，\pm 1，\pm 2，\cdots\cdots$；

　　　d——晶面间距；

　　　θ——入射X射线与晶面的夹角，即布拉格角；

　　　λ——入射X射线的波长。

布拉格方程是劳厄方程的另一种表示式，从布拉格方程可以解释射线照片出现的衍射斑纹。即当金属的凝固组织中，出现规则排列的粗大结晶区时，如果入射射线波长、布拉格角、晶面间距满足了布拉格方程的要求，就将产生衍射斑纹。从布拉格方程，也可以提出判断衍射斑纹的方法。

如果怀疑底片上的影像可能是衍射斑纹，除了仔细分析外，可以采用：

1）改变胶片与工件表面的距离；

2）改变透照方向；

3）改变透照电压。

重新透照，观察底片上影像是否发生变化来进行判断。衍射斑纹的影像在改变透照参数后透照时，由于衍射条件发生改变，影像都将发生明显变化，而缺陷影像一般不会发生明显的形态改变。图 5-30 是采用上述方法对一线状衍射斑纹进行射线照相的结果，从图中可见，改变胶片与工件表面的距离和透照方向时衍射斑纹改变明显，而改变透照电压时不是很明显。

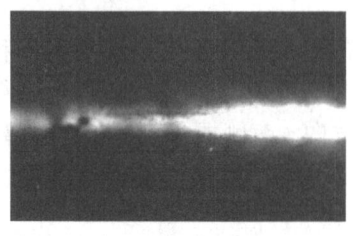

图5-30 衍射斑纹识别

a）原底片（T=4mm，60kV透照）　b）透照电压：90kV

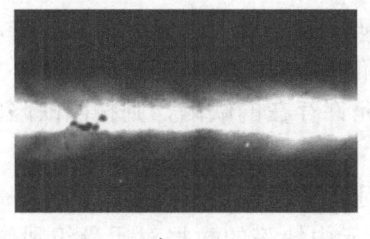 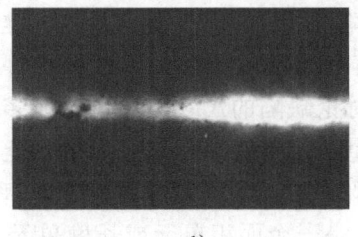

c)   d)

图5-30 衍射斑纹识别（续）

c）透照中心束角度：5°　d）胶片与工件表面的距离：12mm

5.6 质量评定

**5.6.1 验收标准（技术条件）关于内部质量的规定

质量分级评定是按照从底片得到的工件存在的缺陷数据，依据质量验收标准（技术条件），对工件的质量级别作出结论性评定。

质量分级评定的具体工作可分为四步：

1）准备 —— 主要是充分理解和掌握质量验收标准；

2）整理数据 —— 对从底片得到的缺陷数据进行归纳、分析；

3）分级评定 —— 依据质量验收标准的规定对工件的质量级别进行评定；

4）结论 —— 依据质量分级的结果对工件质量作出结论。

深刻地理解质量验收标准的规定，是正确完成质量分级评定的基础。

所使用的大多数铸造和焊接质量验收标准关于内部质量的规定，一般都包括三方面的内容，即缺陷类型、缺陷数据测定和质量分级具体规定。

1. 缺陷类型

质量验收标准对缺陷一般都依据缺陷对工件结构性能的影响，进行一些重新归纳、分类，规定质量分级时采用的缺陷类型，这时的缺陷类型可以不同于缺陷实际的性质。例如，在有的标准中，在质量验收标准中定义了"圆形缺陷"，它包括点状气孔，也包括点状夹渣。有的标准将气孔和夹渣分为"单个气孔和夹渣"及"成组气孔和夹渣"两种缺陷等。

这种缺陷重新分类，是质量验收标准的基本规定之一，它是质量级别评定的基础，在运用质量验收标准时，首先应理解和掌握质量验收标准这方面的规定。

2. 缺陷数据测定方法

质量评定必然涉及缺陷的尺寸、数量等具体数据，质量验收标准关于质量级别评定第二方面的重要规定是，如何按照射线底片上显示的影像测定缺陷的有关数据。如果没有这方面的具体的规定，对同一射线底片上的同一缺陷影像，不同的人员完全可能得到不同的数据。

3. 质量分级具体规定

质量分级具体规定包括质量验收标准对质量级别的设立和各质量级别的具体要求。关于各质量级别的具体要求一般包括下面四方面的规定：

1）缺陷类型：一般将质量验收标准中划分的缺陷类型进一步划分为允许性缺陷和不允许性缺陷。即规定了各质量级别允许存在的缺陷和不允许存在的缺陷。对不允许存在的缺陷不讨论缺陷的尺寸大小、数量多少等；对允许存在的缺陷，则按照缺陷的类型、尺寸、数量、位置等进行进一步的规定。

2）缺陷评定区：是对允许性缺陷评定质量级别时，所规定的评定缺陷允许程度的区域。一般它是一个面积单元或长度单元，以这个单元中缺陷的数据对质量级别作出评定。

对评定区的规定包括：评定区的尺寸大小、评定区选取的原则。一般评定区都是选在缺陷最严重的区域，对不同类型缺陷评定区可能不同。

3）缺陷允许程度：一般都包括允许的缺陷最大尺寸、允许的缺陷数量、允许的缺陷密集程度（常为缺陷间距）。有时还会包括缺陷位置的限定性规定。

4）综合评级（组合缺陷）：规定不同类型缺陷同时出现在评定区时的评级方法。

在进行质量评定前，应对质量验收标准的这些规定进行深入和全面的理解。理解和熟悉了质量验收标准的这些规定，正确地评定工件的质量级别，对不同的人员则仅是熟练程度的差别。

5.6.2 质量分级评定的基本步骤

对工件的射线照相检验结果，进行质量分级评定的基本步骤大体如下：

1）审查缺陷类型，判断是否存在不允许存在的缺陷，以便直接确定质量级别；

2）对允许存在的缺陷，首先审查是否存在尺寸超过质量级别规定的情况；

3）确定可能的评定区（有时，不进行具体计算难以确定缺陷最严重的部位），按缺陷类型在评定区进行质量分级评定；

4）考虑应进行的综合评级；

5）综合得到的结果，判定质量级别。

下面结合一些标准的规定，对以上的讨论作出进一步的理解。

〔例1〕某铝合金铸件技术条件关于质量验收部分有如下规定（对有关内容进行整理成下面的条文）：

1．根据铸件工作条件、用途、损坏造成的危害程度，铸件分为Ⅰ、Ⅱ、Ⅲ类。

2．圆形针孔按 GB11346 分级，长形针孔按 HB5395 分级，海绵状疏松按 HB5396 分级，分散状疏松按 HB5397 分级，各类铸件按表 5-1 的规定验收。

表 5-1 各类铸件的验收要求

缺 陷 名 称	验 收 要 求
圆形针孔	1) Ⅰ类铸件设计指定部位按 2 级验收，非指定部位按 4 级验收 2) Ⅱ类铸件按 4 级验收
长形针孔	1) Ⅰ类铸件设计指定部位按 1 级验收，非指定部位按 2 级验收 2) Ⅱ类铸件按 2 级验收
海绵状疏松	1) Ⅰ类铸件设计指定部位按 1 级验收，非指定部位按 2 级验收 2) Ⅱ类铸件按 2 级验收
分散状疏松	1) Ⅰ类铸件设计指定部位按 1 级验收，非指定部位按 2 级验收 2) Ⅱ类铸件按 2 级验收

第 5 章 评片技术

3. Ⅰ、Ⅱ类铸件内部的单个气孔和夹渣,最大尺寸不大于 3mm,且不超过壁厚的 1/3。当气孔和夹渣位于安装边上时,最大尺寸不大于 1.5mm,且不超过壁厚的 1/4。缺陷的数量和边距应符合表 5-2 的规定。

表 5-2 铸件缺陷数量和边距

铸件表面积 /cm²	单个气孔和夹渣			成组气孔和夹渣	
	在 10cm×10cm 面积内的最多个数	边距最小值 / mm	一个铸件上的最多个数	在 3cm×3cm 面积内的最多个数(此为一组)	一个铸件上允许的组数
<1000	3	30	4	3	2
>1000~3000	3	30	6	3	2
>3000~6000	3	30	10	3	2
>6000~8000	3	30	15	3	2
>8000~30000	3	30	18	3	2
>30000~100000	3	30	20	3	2

注:1. 所有孔洞的边缘距铸件边缘的距离应不小于孔洞最大尺寸的 2 倍。

2. 最大尺寸小于 0.5mm 的单个孔洞不予计算。

4. 铸件内部成组的气孔和夹渣,对Ⅰ、Ⅱ类铸件,最大尺寸不大于 1.5mm,且不超过壁厚的 1/3;对Ⅲ类铸件,最大尺寸不大于 2mm,且不超过壁厚的 1/3。缺陷的数量和边距应符合表 5-2 的规定。

5. 铸件内部不允许有裂纹和冷隔,偏析按专用技术标准验收。

分析归纳技术条件关于内部质量的上述规定,可以得出,技术条件对评定级别主要作了如下的规定。

质量级别:三类,即铸件分为Ⅰ、Ⅱ、Ⅲ类。

缺陷类型:分为八类,即圆形针孔、长形针孔、海绵状疏松、分散状疏松、单个孔洞(单个气孔和夹渣)、成组孔洞(成组气孔和夹渣)、裂纹、偏析。裂纹和冷隔是不允许性缺陷,其他是允许性缺陷。其中单个气孔和夹渣和成组气孔和夹渣,是需要在评定区评定的缺陷。而圆形针孔、长形针孔、海绵状疏松、分散状疏松是按标准图片对照定级的缺陷。偏析缺陷,本技术条件未作明确规定。

评定区:对单个气孔和夹渣,是一个 10cm×10cm 的面积区,对成组气孔和夹渣,是 3cm×3cm 的面积区。

关于缺陷的允许性:技术条件规定的是,缺陷的最大尺寸、边距最小值、评定区内允许的最多数量、铸件上允许的最多数量、缺陷的位置。

技术条件中,未作综合评级方面的规定。

按照上面对该技术条件的理解,可以对铸件质量进行评定。例如,图 5-31 是一铸件存在的气孔缺陷分布,各气孔的尺寸从左至右依次分别为 1.3mm、2.4mm、1.8mm、2.1mm、1.6mm,铸件壁厚为 8mm,表面积为 1800cm²。问此铸件的质量可否评为Ⅱ类铸件,或者说,此铸件的质量是否符合Ⅱ类铸件的要求。

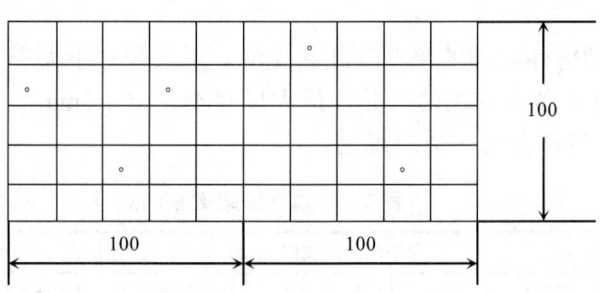

图5-31 铸件气孔分布

从给出的缺陷情况,它应是单个气孔和夹渣类型缺陷。其最大尺寸、边距和整个铸件上缺陷的个数均符合表 5-2 的有关规定,因此,需要考虑的是评定区内缺陷的个数是否符合表 5-2 的规定。

注意到,评定区应是任意的 10cm×10cm 的面积区,因此,在本问题中,所应采用的评定区,并不是图中所画的规则的 10cm×10cm 的面积区,而应是一包含 1.3mm、2.4mm、1.8mm、2.1mm 或包含 2.4mm、1.8mm、2.1mm、1.6mm 四个气孔的 10cm×10cm 的面积区。由于在评定区中含有 4 个气孔,因此,该铸件不能评为 Ⅱ 类铸件,也即,该铸件的质量不符合 Ⅱ 类铸件的要求。

〔例2〕某钢的焊接技术条件,关于对接接头的质量验收部分有如下规定(对有关内容进行整理成下面的条文):

1. 根据焊接接头的受力情况、重要程度、可靠性,焊接接头分为 Ⅰ、Ⅱ、Ⅲ 级。
2. 在 Ⅰ、Ⅱ 级对接接头内不允许存在未焊透,在 Ⅲ 级对接接头内允许存在未焊透,允许的深度和长度由设计文件规定。
3. 接头内不允许存在裂纹、未熔合。
4. Ⅰ、Ⅱ 级接头内允许存在的气孔、夹钨、夹渣、夹杂物应符合表 5-3 的规定。

表 5-3 Ⅰ、Ⅱ 级接头允许存在的缺陷

母材厚度 T/mm	缺陷最大尺寸 /mm	相邻缺陷最小间距/mm		任 100mm 长焊缝内缺陷最多个数		任 100mm 长焊缝内缺陷总面积最大值/mm²	
		Ⅰ	Ⅱ	Ⅰ	Ⅱ	Ⅰ	Ⅱ
0.5~1.0	0.3T	5T	3T	3	4	1.0	1.0
>1.0~1.5	0.5					1.5	1.5
>1.5~2.0	1.0					2.0	3.0
>2.0~6.0	1.5	10	10			5.0	7.0
>6.0	2.0					9.0	15.0

5. Ⅰ、Ⅱ 级接头内允许存在的聚集的气孔、夹钨、夹渣、夹杂物应符合表 5-4 的规定。

表 5-4 Ⅰ、Ⅱ 级接头允许聚集的缺陷

母材厚度 T/mm	缺陷最大尺寸 /mm	在 1cm×1cm 面积内的最多个数	任一聚集处的最大长度/mm	任 100mm 长焊缝内的最多聚集处数
>1.0~1.5	0.3	10	20	1
>1.5	0.5			

6．缺陷尺寸按缺陷的最大尺寸计算。

7．组合缺陷（略）

分析归纳技术条件关于内部质量的上述规定，可以得出，技术条件对评定级别主要作了如下的规定。

质量级别：三级，即接头质量分为Ⅰ、Ⅱ、Ⅲ级。

缺陷类型：分为五类，即裂纹、未熔合、未焊透、单个孔洞（单个气孔和夹渣等）、聚集孔洞（聚集气孔和夹渣等）。裂纹、未熔合、未焊透是不允许性缺陷，单个气孔和夹渣等、聚集气孔和夹渣等是允许性缺陷，需要在评定区评定的缺陷。

评定区：对单个气孔和夹渣或聚集气孔和夹渣，评定区均是长为100mm的焊缝区。

关于缺陷的允许性：技术条件规定的是，缺陷的最大尺寸、间距最小值、评定区内允许的最多数量和最大总面积。

关于总面积的规定，实际是对气孔和夹渣尺寸的一个补充限制。主要的意图是，允许存在的气孔和夹渣不应都是最大尺寸的缺陷。关于这条规定，本例的规定均存在不严密性。

图 5-32 是一焊接试板的气孔缺陷分布图，试板厚度为 2.0mm，气孔缺陷的尺寸从左至右依次为 0.6mm、0.8mm、0.6mm、0.7mm、0.7mm、0.7mm，间距如图。问是否符合Ⅰ级接头要求。

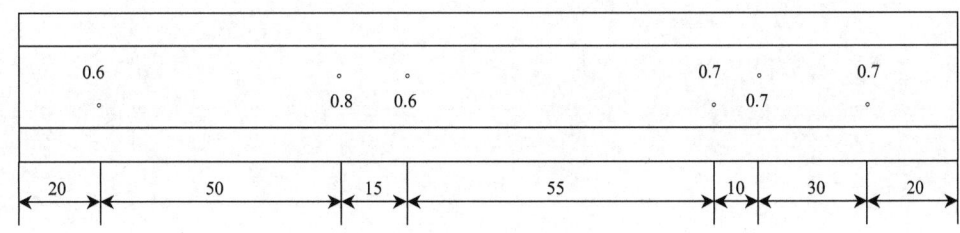

图5-32　焊接试板气孔分布

从给出的缺陷情况，它应是单个气孔和夹渣类型缺陷。其最大尺寸、间距均符合表 5-3 的有关规定，因此，需要考虑的是评定区内缺陷的个数是否符合表 5-3 的规定。

评定区应是任意的 100mm 长度的焊缝区，在本问题中，所应采用的评定区，质量最差的应是一包含 0.8mm、0.6mm、0.7mm、0.7mm 四个气孔的 100mm 长度的焊缝区。由于在评定区中含有 4 个气孔，因此，该焊接试板不能评为为Ⅰ级接头。是否能评为Ⅱ级接头还需要考察技术条件的表 1 中最后一栏的规定。

均以圆面积计算各气孔的投影面积，则评定区内四个气孔的总面积为：

$$\pi(0.4^2 + 0.3^2 + 0.35^2 + 0.35^2) = 1.55 \text{ mm}^2$$

此面积小于技术条件中规定的 3.0mm²，因此，此接头质量可以评定为Ⅱ级。

运用验收标准（技术条件）评定工件的质量级别，最关键的是透彻理解验收标准（技术条件）关于内部质量的规定。具体评定过程所需要的是不断熟练。

复 习 题

1. 为了得到正确的结果，评片条件应满足哪些要求？
2. 射线照相标准中，对底片质量一般作出了哪些方面的规定？
3. 对底片上的缺陷影像，一般应从哪些方面判断它所给出的缺陷性质？
4. 简述熔化焊焊接接头的基本结构。
5. 简述铸件常见的缺陷和它们在底片上影像的主要特点。
6. 简述熔化焊常见的主要缺陷和它们在底片上影像的主要特点。
7. 射线照相质量验收标准对质量分级评定从哪些方面进行了规定？
8. 如何理解射线照相标准中规定黑度范围为 1.7～4.0？
9. 简述衍射斑纹的主要形态和产生原因。
10. 简述静电斑纹的主要形态和产生原因。

第 6 章 射线照相检验质量管理与工艺编制

**6.1 质量保证的基本概念

6.1.1 质量概念

质量在不同领域、不同部门具有不同的含义。在一般的情况下其抽象为:"反映实体满足明确和隐含需要的能力的特性的总和"。这里所说的"实体"被定义为"可单独描述和研究的事物",它可以是活动或过程、产品、组织、体系或人,以及他们的组合。

在实际工作中,常常采用一些具体的质量概念,如产品质量、工作质量、服务质量等描述一个具体实体的质量。

产品质量,简单地说是指产品符合有关法规、标准、合同等对产品规定的质量特性的程度。符合规定要求的判定为合格产品,不符合规定要求的判定为不合格产品。对符合规定功能要求的产品,按照符合的程度,可把产品区分为不同等级的产品。从用户使用要求考虑,产品质量定义为产品的适用性,也即产品在使用过程中成功满足用户要求的程度。

不同的产品具有不同的质量特性,概括起来主要是技术特性、寿命、可靠性、安全性、经济性等。产品质量就是这五个方面质量特性的综合反映。

工作质量是与产品质量有关的工作对于产品质量的保证程度。工作质量体现在一切生产、技术、经营活动之中,并通过工作效率、工作成果,并最终通过产品质量特性值表示出来。工作质量指标,一般以产品的合格率、废品率、返修率等表示。

可见,产品质量和工作质量不是同一概念,但两者具有密切关系。产品质量是工作质量的综合反映,工作质量是产品质量的保证。为了保证产品质量,必须保证工作质量。

对具体工作环节来说,工作质量直接表现为工序质量。工序质量是工序的成果符合设计、工艺要求的程度。"人、机、料、法、环"五大因素对工序质量具有不同程度的影响,在具体工作中,抓工作质量,就是采取有效措施控制这五大因素,保证工序质量。

6.1.2 全面质量管理概念

质量管理,目前认为其经历了三个发展阶段:传统质量管理、统计质量管理、全面质量管理。

传统质量管理又称为检验质量管理,是按照规定的技术要求对产品进行严格的质量检验。统计质量管理,是在传统质量管理的基础上,把数理统计科学运用到质量管理中,对生产过程中影响质量的各种因素实施质量控制。全面质量管理,是以系统的观点对待产品质量,对一切与产品质量有关的因素进行系统的管理,力求建立一个能够有效确保质量和不断提高质量的质量保证体系。

全面质量管理，也就是企业的全体职工和部门共同努力，把专业技术、经营管理、数理统计和思想教育结合起来，建立起产品的研究设计、生产制造、售后服务等各环节的全过程的质量保证体系，从而以最经济的手段生产出用户满意的产品。

全面质量管理的基本核心是，强调提高人的工作质量，保证和提高产品质量，达到全面提高企业和社会经济效益的目的。

全面质量管理的基本特点是从过去的事后检验和把关为主转变为预防和改进为主，从管结果改变为管质量影响因素，发动全员、全部门参加，依靠科学管理理论、程序、方法，使生产的全过程都处于受控状态。

6.1.3 质量保证体系概念

一般认为，质量保证具有两方面的含义。一是企业在产品质量方面对用户所作的一种承诺，这种承诺必须有充分而确凿的质量证据。二是企业为确保产品质量所必需的全部有计划、有组织的活动，即企业为了保证质量从设计、研制、销售、使用的全过程的质量管理活动。

质量保证体系，也就是质量保证系统，是企业以保证和提高产品质量为目标，运用系统的概念与方法，把质量管理的各阶段、各环节的质量管理职能组织起来，形成一个既有明确的任务、职责、权限，又能互相协调、互相促进的有机整体。

为加强全面质量管理工作，就应建立和健全质量保证体系。质量保证体系从组织上、制度上保证企业长期稳定地生产用户满意的产品。质量保证体系可以把全体职工组织起来，明确各部门、各环节的质量管理职能，使质量管理工作制度化、标准化、程序化。质量保证体系可以把各环节的工作质量与产品质量联系起来，使提高产品质量有坚实的基础。质量保证体系可以把企业的质量管理活动与使用过程质量信息沟通起来，不仅可快速发现质量问题，而且可使问题得到综合治理。

按照系统的思想和理论，质量保证体系应包括下列方面的内容：

1）有明确的质量方针、质量目标、质量计划；
2）建立严格的质量责任制；
3）设立专职质量管理机构；
4）实行管理业务标准化和管理流程程序化；
5）建立高效灵敏的质量信息反馈系统；
6）开展群众性的质量管理活动；
7）组织外协厂、外购厂的质量保证活动。

严格地说，"质量管理"、"质量保证"和"质量控制"不是同一概念，按照质量管理和质量保证系列国家标准，它们各自有严格的、确定的含义。"质量保证"定义为"为了提供足够的信任表明实体能够满足质量要求，而在质量体系中实施并根据需要进行证实的全部有计划和有系统的活动"。"质量管理"定义为"确定质量方针、目标和职责，并在质量体系中通过诸如质量策划、质量控制、质量保证和质量改进使其实施的全部管理职能的所有活动"。"质量控制"定义为"为达到质量要求所采取的作业技术和活动"。在日常，作为非质量管理专业人员的我们，并不严格区分这些概念，经常是模糊地混用质量管理和质量控制概念。如果严格地说，大多数情况中，我们使用的质量管理概念都是质量控制的范畴。

6.1.4 射线照相检验的质量概念

射线照相检验是射线照相检验人员利用一定的设施、设备、器材、检验技术得出射线照相检验结论的过程。从产品质量角度考虑，射线照相检验的主要质量特性是：

1）射线照片（底片）质量；
2）评定结论的正确性（可靠性）。

当然，还可以提出或规定射线照相检验的其他质量特性，如完成周期、服务状况、费用等。

射线照片质量，就是所执行的射线照相检验标准规定的射线照片质量要求，一般包括四个方面：黑度、灵敏度、标记、表观质量。评定结论是依据射线照片给出的信息所得出的被检验工件（产品）的质量结论，结论正确与否，直接相关于射线照片本身的质量，也相关于评定人员对射线照片上信息的正确提取能力、对相关技术条件或标准正确理解和运用能力、评定条件的基本状况。

为了保证射线照相检验的质量，必须保证射线照相检验的工作质量，必须对射线照相检验过程进行质量控制。射线照相检验工作质量，在多数情况下是一个工序质量问题，因此，对射线照相检验的质量管理，就是从人员、检验技术、设备与器材和环境条件等方面进行控制，以保证射线照相检验质量。当射线照相检验作为一个独立机构的工作时，应从完整的质量保证体系考虑其质量管理工作。以下的讨论，是从工序质量管理角度进行的简单讨论。

**6.2 射线照相检验人员管理

射线照相检验人员的素质、技术水平、健康状况直接决定射线照相检验工作的质量，必须对射线照相检验人员加强管理。主要的管理内容可分为建立岗位责任制、技术培训与资格、技术档案、健康与考核。

6.2.1 岗位责任制

对射线照相检验检验工作的各个岗位，如透照、暗室处理、评片、责任工程师、项目负责人等，均应建立岗位责任制。明确规定各岗位上岗的资格、应完成的工作任务、应承担的质量责任，并应规定相应的检查与考核办法。从基本制度上保证射线照相检验工作的各个环节能够有序、按规定的质量和要求完成，为保证射线照相检验工作的质量提供制度基础。

6.2.2 技术培训与资格

射线照相检验人员的技术水平是保证射线照相检验工作质量的技术基础，从事射线照相检验工作的人员必须经过技术培训，并取得技术资格。持有不同级别技术资格证书的人员只能从事与资格相应的技术工作，所持有的技术资格证书必须处于有效期内。

按照国内外标准的规定，技术资格分为Ⅰ、Ⅱ、Ⅲ三个级别，Ⅰ级是初级资格，Ⅱ级是中级资格，Ⅲ级是高级资格，不同级别在技术上具有不同的能力。射线照相检验人员只有具有了一定的从事射线照相检验工作的实际经历，积累了一定的实践经验，并且经过一定的系统培训后，才能参加资格考核。由于技术的发展，标准的修订，知识和经验需要更新，取得技术资格的人员应按资格标准的规定定期参加资格更新培训和考核。

企业的有关部门（如教育部门）应负责射线照相检验人员的技术培训、资格考核方面的管理工作。例如，制定射线照相检验人员的培训计划和规划，组织射线照相检验人员参加有资格部门进行的技术培训和资格考核，制定制度鼓励射线照相检验人员不断提高技术水平，在可能时组织企业内部的岗位培训和技术培训。

岗位培训是根据本单位的质量管理体系文件，对从事射线照相检验的人员组织培训，使他们熟悉本岗位的职责、权限、工作要求，并自觉转变为本人的工作任务。技术培训是对其技术知识和技术能力的培训，以提高人员完成规定任务和执行有关标准、法规等的能力。

6.2.3 技术档案

射线照相检验人员所在单位，应建立持证射线照相检验人员的技术档案，记载人员的技术经历和工作业绩，对射线照相检验人员的技术水平进行监督、激励和管理，积累本单位射线照相检验的技术资料，促进本单位射线照相检验技术水平的总结和提高。主要内容是：

1）工作岗位与单位的变更情况；
2）解决的主要技术问题和取得的主要技术成果；
3）出现的责任事故和质量事故；
4）资格证书情况。

6.2.4 健康

从事射线照相检验人员的身体健康状况必须符合国家有关部门标准规定的条件，这是保证射线照相检验工作正常进行的基础条件，也是保证射线照相检验人员自身健康的要求。对已从事射线照相检验的人员，主要的管理方面是单位应建立他们的健康档案，按国家有关条例或法规进行定期的体检，按国家有关的条例或法规组织休假或疗养等。

6.2.5 考核

为确保射线照相检验质量管理实现预定的目标，必须作好人员考核工作。考核的主要方面是：

1）按岗位职责的规定，评价每个人员的工作业绩；
2）考核每个人员的技术业务水平，评价其技术素质和分析、解决问题的能力；
3）考核每个人员在射线照相检验质量管理体系的保持和持续改进中的表现和贡献。

*6.3 射线照相检验设备和器材管理

射线照相检验的设备和器材是保证射线照相检验工作质量的基本条件，所使用的设备和器材必须适于进行的射线照相检验工作的要求，它们的质量必须处于有效、受控状态。对它们管理的主要方面包括合格证明、维护、校验、档案资料。

6.3.1 合格证明

射线照相检验工作所使用的设备和器材，应符合射线照相检验所执行标准的要求，并具有合格证明文件。

购置的设备和仪器入厂时，应由设备或仪器主管部门和射线照相检验部门共同按合同进行验收，验收合格的设备和仪器入厂，建立台帐，需要的应编制操作规程，经有关部门或领导批准后投入使用。

入厂的器材，均应有合格证明文件，需要的（例如胶片）应进行入厂复验。

6.3.2 维护

对大型重要的设备（如加速器、微焦点 X 射线机等）或特殊的设备，应编制专门的设备使用维护制度，规定使用资格要求、使用记录要求、安全操作要求（可包含在操作规程中）、定期维护制度、事故处理制度等。

对一般的设备和仪器，可编制通用的设备或仪器使用维护制度。

6.3.3 校验

对国家标准、行业标准有规定的或性能会快速改变的设备和仪器，应按有关标准的规定或自行编制的规定进行性能的校验。

主要需要校验的是黑度计（黑白密度计）和辐射剂量监测仪器。

黑度计使用开始时，应用标准黑度片校验黑度计的读数，按多数标准的规定，读数的不确定度应不大于 0.05。校准读数的标准黑度片，应定期送计量部门检定或更新。

辐射剂量监测仪器应送卫生防疫部门或计量部门检定。

此外，X 射线机的主要性能是辐射强度、半值层、辐射角和有效焦点尺寸应定期测定。X 射线机上的电流表、电压表应按规定进行定期校验。γ 射线机的屏蔽性能、安全连锁装置、驱动机构等也应按规定进行定期检验，以确保安全使用。

6.3.4 档案资料

重要设备、仪器应建立设备档案，包括合格证、使用说明书、入厂验收记录、操作规程、使用维护制度、故障与修理记录、校验记录等。一般设备和仪器的合格证和使用说明书，应作为设备的档案资料。

这些档案资料一般应由设备或仪器主管部门统一保管，并按制度查阅和使用。

*6.4 射线照相检验工艺质量管理

射线照相检验工艺是决定射线照相检验工作质量的具体过程，显然，必须对其进行严格的控制，才能保证射线照相检验的工作质量，也才能保证射线照相检验结果的可靠性，给出符合要求的射线照相检验结论。对射线照相检验工艺的控制，主要是通过射线照相检验规程、射线照相检验工艺卡、工艺稳定性控制、新技术新工艺控制完成。通过这些方面的控制，使采用的射线照相检验技术，符合有关标准的要求，使射线照相检验技术处于严格受控的状态。

6.4.1　射线照相检验规程

射线照相检验规程是一个单位或一个单位对一类产品关于射线照相检验工作所规定的检验工作的程序、人员、设备与器材、技术、操作、条件和质量控制等要求的文件，即它对射线照相检验的工艺过程作出通用性规定，它用于管理一个单位或一类产品的射线照相检验工作和保证射线照相检验的工作质量。

为了使射线照相检验技术处于稳定的受控状态，从事射线照相检验工作的单位应依据工业部门的有关法规、标准编制射线照相检验规程。射线照相检验工作应按照射线照相检验规程和射线照相检验工艺卡的规定进行。

射线照相检验规程一般应包括下列方面的内容：

1）适用范围；
2）检验执行的法规、标准、技术规范等；
3）检验工作流程与要求；
4）检验人员、设备与器材、技术、环境、档案（技术文件）等的要求；
5）检验操作规程；
6）安全防护要求。

射线照相检验规程应由持有高级技术资格证书的人员编制和审核。检验工作流程至少应包括接受任务、准备、检验、评片、签发报告、资料存档等环节，图6-1是一个一般的射线照相检验工作流程图。在编制射线照相检验规程时，应规定各环节的主要工作项目、质量责任、应执行的规定（制度和规程等）、责任人员。

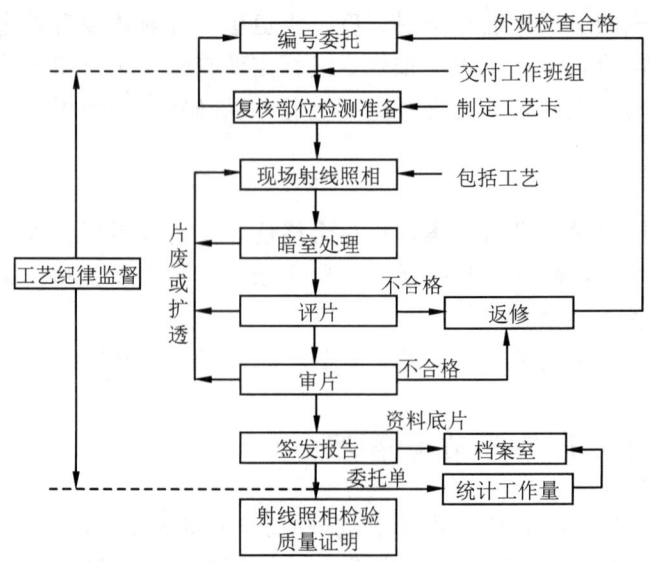

图6-1　射线照相检验流程图

在技术管理要求中，应规定射线照相检验工艺卡的编制要求（编制依据、内容、编制人员、编制管理）和执行工艺卡的要求，并应规定工艺稳定性控制要求和新技术、新工艺控制要求。关于人员、设备与器材等的管理要求与本章前面的讨论相同。档案主要是评片记录、底片、检验报告，应规定评片记录和报告的内容、报告签发的程序、保存的要求和规定等。

检验操作规程一般应有透照操作规程、暗室操作规程、评片操作规程等。这些规程可作为射线照相检验规程的附件列在射线照相检验规程中。

当一个单位开展不同类型的射线照相检验工作时，例如既开展压力容器的射线照相检验工作，又开展军用飞机材料和零件的射线照相检验工作，则应编制不同的射线照相检验规程。军用飞机材料和零件的射线照相检验工作应依据 GJB 1681-1993（军用飞机材料和零件无损检验大纲要求）编制射线照相检验规程，而压力容器的射线照相检验工作，则应依据《压力容器安全技术监察规程》等规程和标准编制射线照相检验规程。要求不同，编制出的规程尽管在基本结构上相同，但具体内容和技术要求方面将存在多方面的不同。

6.4.2 射线照相检验工艺卡

射线照相检验工艺卡是简要规定具体产品射线照相检验的具体技术和要求的图表，用于控制具体产品射线照相检验的技术和指导检验操作。

射线照相检验工艺卡一般应包括下列方面的内容：

1) 编号；
2) 产品的有关资料；
3) 检测设备与器材；
4) 检测技术标准；
5) 检测方法与技术参数；
6) 检测部位示意图；
7) 检测质量主要控制指标；
8) 签署。

其内容应达到，按照工艺卡的规定，不同的具有相同资格的射线照相检验人员，对同一工件可以重复地得到基本相同的检验质量。射线照相检验工艺卡由持有高级或中级技术资格的人员编制，由具有资格的负责射线照相检验的无损检测责任工程师审核。

射线照相检验工艺卡，应按射线照相检验规程的规定编制，其某些方面将引用射线照相检验规程的内容。

6.4.3 工艺稳定性控制

为了保证按照同一射线照相检验工艺可以得到基本相同的检验结果，必须保证射线照相检验工艺过程的稳定，也就是应进行工艺稳定性控制。主要的工艺稳定性控制是曝光曲线的定期修正、溶液（显影液）有效性试验和系统稳定性试验。

曝光曲线定期修正，主要是由于 X 射线机的主要性能，特别是其辐射强度，会随着使用时间的增加而降低，因此，名义上未变的曝光量数据实际上可能已发生了改变。为此，必须进行曝光曲线的定期修正，以保证透照参数的稳定。

溶液（显影液）有效性试验是控制溶液，特别是控制手工处理时显影液有效性的措施，以保证暗室处理质量的稳定。

系统稳定性试验，是核查整个射线照相检验系统，主要是射线机性能、自动胶片处理系统性能的试验。有的标准规定，每班开始工作前应首先进行系统稳定性试验，实际上，一般都是用每班透照的第一张胶片进行系统稳定性试验。

系统稳定性试验是，用按曝光曲线给定的数据透照一张胶片，按曝光曲线规定的条件进行暗室处理，当处理此胶片得到的底片黑度、灵敏度均正常时，则认为系统稳定，如果偏离曝光曲线给定值超出±15%，则认为系统存在一定问题。这时应对系统进行分析，找出原因，排除问题，系统才能投入工作。溶液（显影液）有效性试验的基本规定与此相同。

这些是日常控制射线照相检验工作质量的措施，用于保证射线照相检验得到的底片质量处于比较稳定的质量状态。

6.4.4 新技术、新工艺、新材料、新设备使用的控制

在射线照相检验中采用一般的新技术、新工艺、新材料、新设备时，需经充分试验验证、并经主管部门批准后方可投入使用。

对较重大的技术、工艺、材料改变，除了必须经过充分的试验验证外，还应进行经过批准的必要的试用期，使技术走向成熟，并经专家评审通过，才能逐步转为正式采用。

慎重地采用重大改变的新技术、新工艺、新材料，是保证质量、避免错误的可行态度。

**6.5 射线照相检验实验室管理

射线照相检验必须在一定的设施条件和环境条件下进行，才可能得到符合质量要求的射线照相检验结论。从事射线照相检验的基本单位——射线照相检验实验室必须满足一定的条件，才可能进行达到质量要求的射线照相检验工作。

对射线照相检验试验室最低的控制要求主要是人员资格和数量、环境和设备条件、管理文件和制度、经验和能力等。不具备这些方面最低要求的射线照相检验实验室，很难保证按质量要求完成射线照相检验工作。具体的管理要求见前面各节中的讨论。

关于射线照相检验室的资格，应由委托任务方或其代表审查、确定。严格时，应对射线照相检验实验室的资格进行鉴定，或者委托任务方对射线照相检验室进行必要的考察，并实际地评定该试验室具有的完成委托任务的经验（或类似工作的经验）、能力，以便确定该射线照相检验室承担委托任务的可行性和保证质量的能力。

6.6 射线照相检验工艺卡编制

编制射线照相检验工艺卡的依据是有关工件（产品）的法规、规程、质量标准或技

术文件及射线照相检验规程的有关规定。编制射线照相检验工艺卡的主要工作是分析工件的特点，按照射线照相检验技术标准的规定，利用已有的技术数据、资料确定应采用的透照布置、透照参数和应采取的辅助措施，保证所得到的射线照片质量符合射线照相检验技术标准的规定，给出的检验结果满足工件（产品）的法规、规程、质量标准或技术文件的要求。编制的程序符合射线照相检验规程的规定。

射线照相检验工艺卡编制大体可分为下面五个步骤：

1. 准备

熟悉、理解有关产品的法规、规程、质量标准或技术文件及射线照相检验标准，按有关规定确定产品的检验部位、比例和射线照相检验技术、技术级别。

2. 规定射线照相检验技术

分析工件特点，根据工件特点、射线照相技术数据（如曝光曲线、胶片特性曲线等）或必要的试验数据，确定应选用的透照布置、射线照相设备、器材、透照参数、透照辅助措施等。

3. 验证

对所规定射线照相检验技术，必要时应进行一定的试验验证；

4. 编写射线照相检验工艺卡书面文件

一般即编制出射线照相检验工艺卡；

5. 审批

对编制出的射线照相检验工艺卡完成审核、批准手续，形成正式的射线照相检验工艺卡文件。

具体的射线照相检验工作必须依据相应的射线照相检验工艺卡进行，对形成的射线照相检验工艺卡，不同人员负有其相应的责任。在执行过程中，由于技术的发展、工作条件的改变、发现存在的问题等，射线照相检验工艺卡应及时修改。

射线照相检验工艺卡的样式可根据各工业部门的有关标准、法规等确定，表 6-1 是可参考的射线照相检验工艺卡样式。

表 6-1 射线照相检验工艺卡　　　　　　　　NO.

工件	名　称		图　号	
	材　质		技 术 条 件	
RT 标准			暗室处理规程	
透照部位示意图				

附加说明：

检验部位与检验比例			
部位编号			
RT 技术级别			
射线机（源）/焦点/mm			
胶片型号/尺寸/mm			

(续)

透照方式			
透照角度/(°)			
透照厚度/mm			
一次透照区 mm/透照次数			
增感屏（前/后）/mm			
透照电压/kV			
焦距/cm			
管电流/源活度/（mA/TBq）			
曝光时间/min			
底片黑度范围			
像质计与灵敏度/mm			
备注		编制：	
		审核：	

复 习 题

1．简述质量概念。
2．简述质量保证体系概念。
3．一般应从哪些方面控制射线照相检验工作的质量？
4．对射线照相检验人员应从哪些方面进行管理？
5．对射线照相检验的设备和器材应从哪些方面进行管理？
6．对射线照相检验工艺技术应从哪些方面进行管理？
7．射线照相检验规程主要包括哪些内容？
8．射线照相检验工艺卡主要包括哪些内容？
9．如何进行系统稳定性试验？
10．如何编制射线照相检验工艺卡？

第7章 射线照相检验标准

7.1 射线照相检验标准概述

目前,国内外制订的射线检验方面的标准,按内容可分为射线照相检验技术(或方法)标准、射线照相检验质量控制标准、射线照相检验参考底片标准、射线照相检验的器材和术语方面的标准等。对于一般的射线照相检验人员,需要深入理解和掌握的主要是关于射线照相检验技术标准及射线照相检验质量控制标准。由于射线照相检验技术和射线照相检验质量控制的内容常常是连贯的,因此,在射线照相检验技术标准中总是包括了主要的质量控制内容,也已有一些射线照相检验标准,同时包含了质量控制标准的内容。

我国的射线照相检验技术标准主要可分为国家标准(GB)、国家军用标准(GJB)、行业(部门)标准、企业标准。从目前的情况看,我国的射线检测标准系列正在不断完善过程中,近年,各方面的标准正在修订或制订,以适应射线检测技术的发展。

对我国影响较大的国外射线照相检验技术标准主要是国际标准化组织标准(ISO)、欧洲标准(EN)、德国标准(DIN)、英国标准(BS)、日本工业标准(JIS)、美国材料试验学会标准(ASTM)、美国机械工程师学会标准(ASME),此外还有美国军用标准(MIL)。近几年,更重要的是欧洲标准和美国标准。总的来说,美国材料试验学会标准制定较快,数量多,比较及时地反映了射线检测技术的发展。欧洲标准构成了较完整的系统,更注重比较成熟的技术。国际标准化组织标准,由于国际合作关系而受到重视,近年也在不断修订。

部分标准的目录见附录Ⅲ。

7.2 GJB 1187A—2001(射线检验)的主要规定

7.2.1 标准简介

GJB 1187A—2001 是 GJB 1187—1991 版(第一版)的修订版。该标准规定了金属材料、非金属材料及其零部件 X 射线和γ射线照相检验的要求,也规定了对影响检验结果的主要因素的质量控制要求。适用于军用产品生产和科研中使用的金属、非金属材料及其零部件和构件的 X 射线和γ射线照相检验。

这次修订的主要特点是:在技术内容的主要规定上,参考了近年国外较多重要标准的规定,如 ISO5579:1998《无损检测 金属材料 X 射线和γ射线照相检验通则》、欧洲标准 EN 1435:1997《无损检测 焊接检验—熔焊接头的射线照相检验》等。另一个方面是在规定技术要求的同时也规定了质量控制方面的要求,而在 GJB1187—1991 版时,关于质量控制方面的要求,是引用了国家军标 GJB 593.2—1988《无损检测质量控制规范 X 射线照相检验》的规定。

GJB 1187A—2001 标准,由 5 章和 7 个附录(其中 4 个是补充件)组成,即

1　范围
2　引用文件
3　定义
4　一般要求
5　详细要求
附录 A(补充件)典型透照布置示意图
附录 B(补充件)X 射线源尺寸的计算
附录 C(补充件)对接环形焊缝最少透照次数的确定
附录 D(补充件)显影液有效性检验
附录 E(参考件)国内外主要型号胶片的分类
附录 F(参考件)射线照相等效系数及换算方法
附录 G(参考件)射线照相检验图表

7.2.2　GJB 1187A—2001 标准关于射线照相检验技术方面的主要规定

1. 技术分级

标准将射线照相检验技术分为两个等级:

A 级(普通级):满足一般的影像质量要求;

B 级(高级):满足较高的影像质量要求。

归纳标准中的规定,可以看出,关于射线照相检验技术的分级主要涉及了下列三个方面的内容:

(1)胶片选用　按技术级别、射线源类型或能量选用胶片类别,并按技术级别限定允许的胶片灰雾度。

(2)透照布置与透照参数　按技术级别规定允许使用的焦距最小值、透照厚度比,对 γ 射线和高能 X 射线,按技术级别规定了适宜的透照厚度范围,也即不同透照厚度允许使用的最高能量。

(3)底片质量　对不同技术级别分别规定了底片的黑度范围和应达到的像质要求,即对不同的透照厚度范围应识别的像质计丝径。

2. 胶片分类

GJB 1187A—2001 标准按胶片的感光度、平均斜率、粒度分为四类,表 7-1 是分类的规定。

表 7-1　GJB 1187A—2001 标准的胶片分类

类别	感光度	平均斜率	粒度	类别	感光度	平均斜率	粒度
J0	最低	最高	微粒	J2	中	高	中粒
J1	低	很高	细粒	J3	高	中	粗粒

3. 最高透照电压

对使用管电压 500kV 以下的 X 射线机检验时,标准规定,应尽可能采用较低的管电压,允许的最高管电压如图 7-1 所示。对被检区内厚度变化较大时,可使用适当高于图 7-1 所示的管电压,但最高管电压的许用增量为:对钢,≤50kV;对钛,≤40kV;对铝,≤30kV。

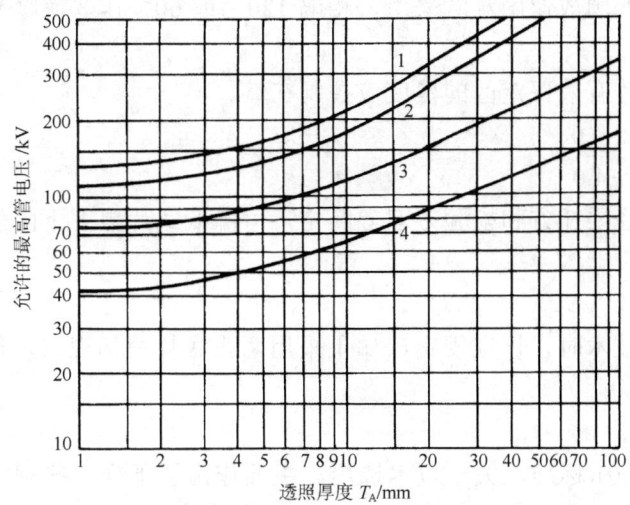

图7-1　GJB 1187A—2001规定的最高管电压

4. 最小焦距

标准规定,射线源至物体源侧表面的最小距离 $f_{\min}$ 应符合:

A 级:$f/d \geq 7.5 \cdot b^{2/3}$;

B 级:$f/d \geq 15 \cdot b^{2/3}$

式中　f ——射线源至物体源侧表面的最小距离(mm);

　　　d ——射线源尺寸(mm);

　　　b ——物体源侧表面至胶片的距离(mm)。

当 $b<1.2T$ 时,可以用 T 代替 b。标准还规定,当采用源在内中心透照方式周向曝光时,只要得到的底片质量符合规定的要求,$f_{\min}$ 值可以减小,但减小最多不应超过规定值的 50%;采用源在内单壁透照方式时,只要得到的底片质量符合规定的要求,$f_{\min}$ 值可以减小,但减小最多不应超过规定值的 20%。

5. 一次透照范围(有效透照区)

标准按透照厚度比限定一次曝光的最大有效区,标准的主要规定如表 7-2 所示。

表 7-2　GJB 1187A—2001 规定的透照厚度比 K

射线照相技术级别	A 级	B 级
平板状工件	$K \leq 1.03$	$K \leq 1.01$
环形工件	$K \leq 1.2$	$K \leq 1.1$[①]

① 对于裂纹敏感材料工件,应采用 $K \leq 1.06$。

6. 小直径管对接环缝透照规定

关于小直径管对接环缝透照技术，标准主要作了下列规定。

椭圆成像适用条件：管外径 $D_e \leq 90\text{mm}$，$T \leq 8\text{mm}$，$W \leq D_e/4$（W：焊缝宽度）。

椭圆成像透照次数：$T/D_e \leq 0.12$，相隔 90° 透照 2 次。

椭圆成像开口宽度：约为一倍焊缝宽度。

垂直法透照：椭圆成像困难时采用，相隔 120° 或 60° 作 3 次曝光。

7. 底片黑度

标准规定，底片有效评定区的黑度应控制在

  A 级：1.7～4.0

  B 级：2.0～4.0

特殊情况下，经委托方和检验方双方商定，可降低底片黑度下限值为

  A 级：1.2

  B 级：1.5

当采用多胶片技术时，标准规定，如果采用两张底片叠加观察，每张底片的黑度应不低于 1.2。

8. 技术选用

GJB 1187A—2001 标准，关于技术选用，主要作出了下列一些规定。

无特殊指明时，一般选用 A 级技术，A 级不能满足像质要求时，应选用 B 级技术。

为了保证裂纹的检出，应采用比 B 级更好的技术。

在能够使用 X 射线照相检验技术时，尽量不使用γ射线源照相检验技术。

在选择透照布置时，只有在单壁透照存在困难或不能实现的情况下，方可采用双壁透照方式。

7.2.3 GJB 1187A—2001 标准关于射线照相检验质量控制方面的主要规定

1. 检验人员

标准对从事射线照相检验的人员，主要规定了两个方面的要求。一是应按相关工业部门制定的无损检测人员资格鉴定与认证标准，接受培训、考核、并取得技术资格证书。二是健康状况应符合国家有关标准的规定，以保证能正常地从事检验工作和检验人员本身的健康。

2. 检验技术方面

从质量管理方面，标准对射线照相检验技术的控制，主要作出了五方面的规定。

一是对批量生产的工件，应编制"射线照相检验图表"，也就是一般所称的工艺卡（技术卡）。并具体规定了射线照相检验图表 9 个方面的主要内容，图表的格式可参考附录或自行设计。图表应由具有Ⅱ级资格（简单工件）或Ⅲ级资格人员编制，经Ⅲ级资格人员或无损检测工程师审核，由主管部门批准。

二是应绘制使用中的 X 射线机和γ射线机的曝光曲线。曝光曲线由Ⅱ级人员绘制，由Ⅲ级人员或专业工程师审核。每年至少应对曝光曲线校验一次。

三是作出了"工艺检验"和"溶液有效性检验"的规定，主要是规定了工艺检验的

方法和显影液有效性检验方法。

四是规定了"背散射"防护情况的检验方法。其规定与一般标准的规定相同。

五是评片暗适应规定,主要是规定了必须经历的暗适应时间

从明亮的阳光下进入评片:暗适应时间至少为10min;

从一般室内光线下进入评片:暗适应时间至少为30s;

在评定两张底片间:暗适应时间至少为30s。

此外,还有其他的一些规定,如胶片处理操作技术要求等。

3. 设备与器材方面

从质量管理方面,标准主要作出了三个方面的规定。

一是检验场所条件。包括机房、暗室、评片室等,规定了场所的面积、温度、湿度、通风、照明等要求,对暗室的特殊要求是安全红灯和计时钟。

二是设备和仪器,主要的要求是性能符合要求、具有合格证明。其中,对黑度计规定,最大可测黑度应不低于4.00,测量的不确定度不宜超过0.05,校验黑度计的标准黑度片每年应送计量部门检定一次。

三是器材,包括胶片、像质计、增感屏等,主要的规定是关于胶片质量的控制要求。对胶片的有关规定主要有贮存条件与要求、胶片质量的入厂验收试验方法、到期胶片质量复验方法与使用规定。

4. 检验文件资料

除前面已涉及的射线照相检验图表外,标准主要还规定了"检验记录"、"检验报告"的一般应包括的内容和检验报告签发的要求。

对主要的资料,即底片,要求编号保存,保存期应按规定执行,最少不应少于5年。

5. 检验工作管理方面

标准作出的规定主要有检验范围、检验数量、检验工序、送检工件的要求、检验后工件的处理等,这些方面的规定,规范了检验工作流程中一些环节的主要工作和责任要求。

*7.3 国外主要射线照相检验技术标准介绍

及时地了解国外标准的动态、变化,对了解射线照相检验技术的发展动态将有所帮助。以下简要地介绍 ISO 5579 标准、EN 444 标准、ASTM E1742 标准的主要规定内容,可作为了解国外标准的参考。

7.3.1 ISO5579:1998 标准规定的主要改变

近年,关于常规射线照相检验技术,国外许多标准的修订版中对一些重要的规定作了修改。国际标准化组织标准 ISO5579:1998《无损检测 金属材料 X 射线和γ射线照相检验通则》版(第2版)与 ISO 5579:1985 版(第1版)比较,作了许多重要的修改,集中体现了国外一些重要射线照相方法标准的重要修改。主要的修改是下列方面。

1. 射线照相检验技术级别的划分

从 20 世纪 60 年代以来,国际标准化组织标准(ISO 标准)一直将常规射线照相检验技术划分为两个等级,即现在国内多数标准中也采用的射线照相技术级别

A 级:一般灵敏度技术;

B 级:高灵敏度技术。

但在这次的修订版中,标准中明确提出存在比 B 级更好的射线照相检验技术。但标准未具体规定这种技术,而仅是指出,在关键的应用中,在检验对裂纹敏感的材料时应采用比 B 级更好的射线照相检验技术。

2. 射线照相检验技术主要规定的修改

关于不同级别的射线照相检验技术的主要规定作了一些重要修改,主要是:

(1) 胶片类型　改用 ISO 11699-1:1998《无损检测　工业射线照相用胶片系的分类》分类。

(2) 最高透照电压　改用 DIN 54111:1-1988 的规定(如图 7-1 所示),图 7-2 是 ISO 5579:1985 版的规定,主要的差别是提高了 10mm 以下厚度的透照电压。表 7-3 比较了 ISO5579 标准两个版本在部分厚度的规定值。

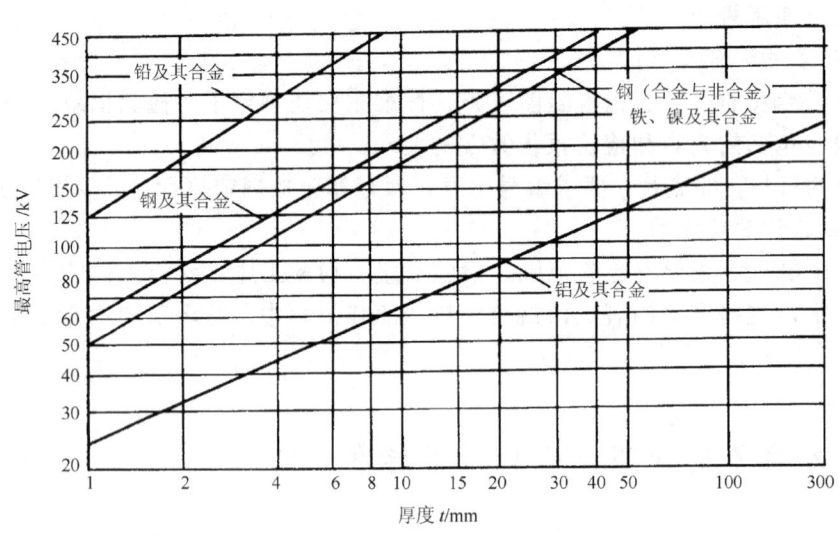

图7-2　ISO 5579:1985规定的最高允许透照电压

表 7-3　ISO5579 标准允许的最高透照电压比较　　(单位:kV)

透照厚度,(钢) / mm	1	5	10	15	30
1985 版规定值	50	125	170	220	330
1998 版规定值	105	130	170	220	330

(3) 一次透照区　A 级要求$\Delta T \leqslant 0.2T$;B 级要求$\Delta T \leqslant 0.1T$。

(4) 底片黑度 A 级要求 $D \geqslant 2.0$；B 级要求 $D \geqslant 2.3$；并规定测量误差不应超过 ± 0.1。如果供需双方同意，A 级黑度可降至 1.5，B 级黑度可降至 2.0。

3．标准中关于技术的一些其它应注意的规定

(1) 焦距方面 在 1985 版中规定，双壁透照仅在不能采用单壁透照时才应采用，1998 版进一步规定，如果射线源可以放在弯曲工件内侧中心，使得可得到更适宜的射线束方向、避免双壁透照，则应优先采用这样的透照布置。并规定，这时源与物体的最小距离可以减小，但不应超过规定值的 50%。

(2) 增感屏选用 1985 版一般地规定低于 100kV 时可以不用前增感屏，对双胶片技术推荐使用中间增感屏。1998 版规定，对钢、铜和镍基合金低于 100kV 时可以不用厚度为 0.03mm 的铅箔前增感屏，对铝、钛则是低于 150kV 时可以不用厚度为 0.03mm 的铅箔前增感屏，并且删去了对双胶片技术推荐使用中间增感屏的条文。

(3) 多胶片技术的底片黑度 对多胶片技术，单片观察评定时底片黑度应符合原规定，双片观察评定时单片黑度应不低于 1.3。

7.3.2 EN444：1994 标准的主要规定

EN 444：1994（无损检测-金属材料 X 射线和 γ 通则）是个射线照相检验的通用标准，整个标准由 7 章构成：

1 范围
2 引用标准
3 定义
4 射线照相检验技术分级
5 一般要求
6 推荐的透照技术
7 检验报告

下面简要介绍标准的主要规定内容。

1．射线照相检验技术分级

标准将射线照相检验技术划分为两个等级

A 级：一般灵敏度技术；

B 级：高灵敏度技术。

同时规定，存在比 B 级更好的射线照相检验技术，但标准未具体规定这种技术。并规定，当 B 级规定的透照条件（例如射源种类或射源—工件表面距离）无法实现时，经合同各方商定，也可选用 A 级规定的条件，此时灵敏度的损失可通过将底片黑度增高至 3.0，或选用较高对比度的胶片系统来补偿，因所得灵敏度优于 A 级，工件可认为是按 B 级技术透照的。

2．透照参数

对低能 X 射线允许的最高透照电压，采用了原西德标准的规定，即图 7-1 所给出的规定。对 γ 射线和高能 X 射线，则按技术分级规定了适用的透照厚度范围，见表 7-4。

按技术级别规定允许使用的射线源至物体源侧表面的最小距离 f_{min}：

表 7-4 适用的透照厚度范围（EN 444：1994）

射线源	适用透照厚度范围 W/mm		射线源	适用透照厚度范围 W/mm	
	A 级	B 级		A 级	B 级
^{170}Tm	$W\leqslant 5$	$W\leqslant 5$	1MeV～4MeV	$30\leqslant W\leqslant 200$	$50\leqslant W\leqslant 180$
^{169}Yb	$1\leqslant W\leqslant 15$	$2\leqslant W\leqslant 12$	4MeV～12MeV	$W\geqslant 50$	$W\geqslant 80$
^{192}Ir	$20\leqslant W\leqslant 100$	$20\leqslant W\leqslant 90$	>12MeV	$W\geqslant 80$	$W\geqslant 100$
^{60}Co	$40\leqslant W\leqslant 200$	$60\leqslant W\leqslant 150$			

A 级：$f/d\geqslant 7.5b^{2/3}$；

B 级：$f/d\geqslant 15b^{2/3}$。

式中　f——射线源至物体源侧表面的最小距离（mm）；

　　　d——射线源尺寸（mm）；

　　　b——物体源侧表面至胶片的距离（mm）。

当 $b<1.2T$ 时，可以用 T 代替 b。

并规定，对 A 级技术．如果要求检验平面型缺陷，则应按 B 级的规定选取射线源至物体源侧表面的最小距离，以减小几何不清晰度。

3．一次透照最大范围

按透照厚度比规定了一次透照的最大范围：

A 级：透照厚度比≤1.2；

B 级：透照厚度比≤1.1。

并规定，透照区内底片的黑度应符合标准的规定。

4．底片黑度

A 级：黑度≥2.0；

B 级：黑度≥2.3。

并规定测量误差可为±0.1，胶片灰雾度应不超过 0.3。对多胶片技术，双片观察时，单片的黑度应不小于 1.3。

5．胶片分类与选用

胶片按 EN 584-1《无损检测—工业射线胶片—工业射线照相用胶片系统分类》的规定按胶片系统分类，表 7-5 是分类的规定。并按技术级别规定了应选用的胶片类别。

6．底片观察条件

标准规定，底片应在暗的房间、适宜的观察屏亮度下观察，观片灯的亮度等应符合标准 EN 25580《无损检测-工业射线照相观片灯最低要求》的规定。其中，对观片灯的亮度 EN25580 标准规定：

对底片黑度 $D\leqslant 2.5$ 时，观片灯的亮度应保证透过底片观察区的亮度不小于 30cd/m^2；

对底片黑度 $D>2.5$ 时，观片灯的亮度应保证透过底片观察区的亮度不小于 10cd/m^2，在可能时，应尽量使透过底片观察区的亮度达到 100cd/m^2 或更大。

表 7-5 EN 584-1：1994 的胶片系统分类规定

胶片系统类别	梯度最小值，G_{min}		颗粒度最大值，$(\sigma_D)_{max}$	（梯度/颗粒度）最小值 $(G/\sigma_D)_{min}$
	$D=2.0$	$D=4.0$	$D=2.0$	$D=2.0$
C1	4.5	7.5	0.018	300
C2	4.3	7.4	0.018	270
C3	4.1	6.8	0.023	180
C4	4.1	6.8	0.039	150
C5	3.8	6.4	0.032	120
C6	3.5	5.0	0.039	100

注：表中的黑度均指灰雾度以上的黑度。

7.3.3 ASTM E1742-00 标准的主要规定

ASTM 标准，是美国材料试验学会制定的标准。关于射线检测的标准，在 2002 年版上共列出了 59 个，其中导则性标准 11 个，试验方法性标准 15 个，操作方法性标准 18 个，参考底片标准 15 个。2001 年重新确认、修订或制订的共 11 个，2002 年重新确认、修订或制订的 6 个。这个标准系列，可能是射线检测标准中数目最多、制定最快、修订及时、体系完整的标准。

ASTM E1742-00（射线照相检验方法）标准，是从美国军用标准 MIL-STD-453 转换来的一个试验方法标准。

1. 标准简介

ASTM E1742-00 由范围、引用文件、术语、意义和使用、一般方法、详细要求、说明等组成。标准给出了射线照相检验方法应用的基本参数和质量控制要求。即它是一个方法和质量控制相结合的标准，此外，在应用该标准时，它还要求结合 ASTM 的一些其他标准，如：ASTM E1030《金属铸件射线照相检验方法》、ASTM E1032《焊接件射线照相检验方法》等。与欧洲标准比较，它关于射线照相检验方法的规定不系统，有的规定，如焦距的规定，是较早采用的方式，已显得不科学。但它也有一些独自采用的规定，如关于底片的黑度范围和对比度要求。其关于质量控制的规定，涉及了较多的方面。应用该标准时，标准的一些规定，由雇主和检验机构通过合同、图样等确定。

2. 射线照相质量级别规定

标准规定，设立五个质量级别，表 7-6 是它各级别的主要要求。并规定，当无特殊要求时，采用 2-$2T$ 级别。

表 7-6 检验质量级别（ASTM E1742-00）

像质计设计	质量级别	等效像质计灵敏度（%）	像质计设计	质量级别	等效像质计灵敏度（%）
00	1-1T	0.7	2	2-2T	2.0
0	1-2T	1.0	3	2-4T	2.8
1	2-1T	1.4			

3. 胶片分类与选用

胶片按胶片系统和 ASTM E1815 的规定分为 8 类，表 7-7 列出了分类情况。标准规定，按射线照相检验时的射线能量、工件厚度和外形、图像质量选用胶片。

表 7-7 ASTM E1815-96 的胶片系统分类

胶片类型	ASTM 系统级别	梯度最小值, G_{min}		颗粒度最大值, $(\sigma_D)_{max}$	（梯度/颗粒度）最小值 $(G/\sigma_D)_{min}$
		$D=2.0$	$D=4.0$	$D=2.0$	$D=2.0$
A	特级	5.4	9.1	0.015	360
B	I	4.5	8.4	0.016	281
C	I	4.4	7.6	0.019	232
D	I	4.4	7.6	0.026	169
E	II	4.4	7.6	0.031	142
F	III	4.0	5.2	0.035	114
G	W-A	4.2	6.5	0.019	225
H	W-B	4.1	5.3	0.025	170

注：表中的黑度均指灰雾度以上的黑度。

4. 焦距

允许使用的最小焦距，按允许的最大几何不清晰度值计算。表 7-8 给出的是允许的最大几何不清晰度值（原为英寸，现为转换出的值）。从一般的理论和实际的经验，这种规定方式都是存在明显缺点的规定，在 20 世纪 60 年代，ISO 标准和欧洲标准曾采用过这种方式。

表 7-8 ASTM E1742-00 规定的最大几何不清晰度

材料厚度/mm	≤50.8	50.8~101.6	>101.6
最大几何不清晰度/mm	0.508	0.762	1.016

5. 底片质量

归纳标准的规定，可认为对底片质量的限定性的规定主要是灵敏度、黑度、对比度，此外还有标记等其他方面的要求。

关于灵敏度的规定，与其他标准不同的是，标准明确规定，一个像质计所能表示的灵敏度是黑度在（D_0是像质计所在处底片的黑度）

$$D = (D_0 - 0.15D_0) \sim (D_0 + 0.30D_0)$$

范围区，超出这个黑度的部分，必须另外放置像质计来证明灵敏度。

在规定中，黑度一般应控制在 1.5~4.0。对双胶片技术，双片观察时应控制在 2.0~4.0，且单片的黑度应不低于 1.0。

对射线照相检验的质量的 1 级和 2 级，底片的对比度，即像质计所在处的黑度与邻近区的黑度差应达到图 7-3 给出的值。

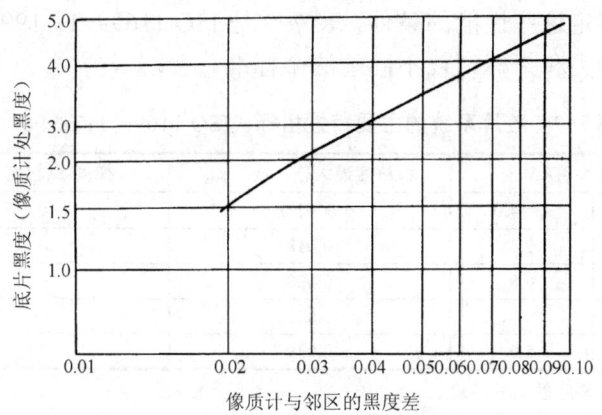

图7-3 底片的最低对比度要求

6. 质量控制方面的规定

标准从多方面对质量控制作出了规定,主要包括人员资格、检验机构资格、器材和设备、工艺控制、验收要求、质量保证要求等。

在器材设备方面,规定了黑度计的性能要求。

在工艺控制方面,要求检验机构应编制检验程序文件,以保证达到检验的要求,并具体规定了文件应包括的内容,基本类似于我们所称的工艺卡的内容。此外,比较特殊的是较详细地规定了像质计的使用方法和要求,并明确规定了有些检验可以不使用像质计。

在质量保证要求方面,规定了从检验责任到具体检验环节的一系列的要求,包括检验机构的责任、检验报告内容、胶片处理控制、观片灯要求、黑度计校验、评片室照明、暗适应过程、底片贮存等。

这部分内容比较具体,可作为制定规定的参考。

7.3.4 国外射线照相检验标准规定的主要改变

近年,国外射线照相检验标准的修订或制订中,值得特别注意的改变有下列方面。

一是在标准的条文中均已明确指出,存在比 B 级更好的技术,但未作出确切的技术规定,而是要求由签约各方确定技术参数。对存在裂纹敏感的情况和关键件,应考虑采用这种技术。并规定,当 B 级规定的透照条件(例如射源种类或射源-工件表面距离)无法实现时,经合同各方商定,也可选用 A 级规定的条件,此时灵敏度的损失可通过将底片黑度增高至 3.0,或选用较高对比度的胶片系统来补偿,因所得灵敏度优于 A 级,工件可认为是按 B 级技术透照的。

二是对底片的黑度规定,提高了各级技术的下限值,多数标准删除了对上限值的限定。

三是关于一次透照区的限定,采用了放松限制的规定,而要求处理时考虑工件或产品的具体情况。

四是提出了"胶片系统"概念和比较复杂的胶片处理质量控制规定(ISO11699-2:1998),胶片系统按梯度最小值、颗粒度最大值、(梯度/颗粒度)最小值三个指标分类,

在标准中也规定了测定这些性能的条件,表 7-9 是 ISO 11699-1:1998 标准的分类指标。在其他的标准中,分类和指标可以不同于这个标准。

表 7-9 胶片系统的主要特性指标（ISO 11699-1:1998）

胶片系统	梯度最小值/in		颗粒度最大值 $(\sigma_D)_{max}$	(梯度/颗粒度)最小值 $(G/\sigma_D)_{min}$
类 别	$D=2.0$	$D=4.0$	$D=2.0$	$D=2.0$
T1	4.3	7.4	0.018	270
T2	4.1	6.8	0.028	150
T3	3.8	6.4	0.032	120
T4	3.5	5.0	0.039	100

注:表中的黑度均指灰雾度以上的黑度。

这些,反映了射线照相检验技术的发展,我国正在制订或修订的射线检测标准,对这些已给以了充分的注意和考虑。

**7.4 射线照相检验标准的选用

前面的讨论指出了,限定了所采用的射线照相检验技术,就限定了能够得到的射线照片的质量,也就限定了射线照相检验的结果。因此,为了满足质量验收标准（技术条件）的要求,必须正确地选取射线照相方法标准和技术级别。

一般的情况下,在工件的技术条件中都会明确地规定应采用的射线照相方法标准和应采用的射线照相检验技术级别。但在一些工件的技术条件中,也会出现未明确规定应采用的射线照相方法标准或应采用的射线照相检验技术级别。这时应分析工件技术条件关于内部质量的规定,并以其必须检出的最小缺陷为依据,细致考虑影响工件质量的关键,确定应采用的射线照相方法标准和应采用的射线照相检验技术级别,保证必须检出的最小缺陷能够有效检出。处理这个问题时,需要应用各种细节的对比度公式。

复 习 题

1. 简述 GJB 1187A—2001 标准关于透照参数的规定。
2. 简述 GJB 1187A—2001 标准关于射线照相检验质量控制方面的主要规定。
3. 简述 ISO 5579:1998 标准与 ISO 5579:1985 标准比较,所作出的主要修改。
4. 简述近年国外射线照相检验技术标准的规定,关于技术规定的主要的改变。

第 8 章　射线实时成像检验技术

*8.1　概述

射线实时成像检验技术，是随着成像物体的变动图像迅速改变的电子学成像方法，即在透照的同时就可观察到所产生的图像的检验方法。

这种方法与射线照相检验技术几乎是同时发展。早期的射线实时成像检验系统是 X 射线荧光检验系统，它采用荧光屏将 X 射线照相的强度分布转换为可见光图像，20 世纪 50 年代左右引入了电视系统，通过电视摄像，在监视器上观察图像。荧光屏图像由于存在图像亮度低、颗粒粗、对比度低的缺点，所以荧光屏图像的细节和灵敏度都低于胶片图像，这限制了这种技术的实际应用。20 世纪 50 年代初研制了图像增强器，早期的图像增强器的亮度增益为 1200~1500，现代的图像增强器的亮度增益高达 10000 以上，并具有较好的分辨力。这样，在它的输出屏上，图像的亮度可达 $0.3\times 10^3 cd/m^2$，它极大地促进了射线实时成像检验技术的工业应用。但图像增强器射线实时成像检验系统的图像，虽然可以达到较高的对比度，但不能达到较高的清晰度，因此，其工业应用受到了限制。

在射线检测技术的研究中，改进射线实时成像检验技术一直是研究的基本方向之一。近年在这方面应该说取得了突破性的进展，主要是研究了数字实时成像检验系统。这种系统使用闪烁晶体或荧光物质与光电倍增器构成检测器拾取信号，直接得到数字化图像。现在推出的主要是，用线阵列或成像板构成的射线实时成像检验系统和扫描 X 射线源实时成像检验系统，它们已开始应用于工业实际检验之中。

射线实时成像检验技术的主要优点是动态快速检验，可进行近似实时的质量评定。存在的主要问题是，多数射线实时成像检验技术的图像质量，特别是分辨力达不到胶片射线照相检验技术的水平。

射线实时成像检验技术的应用可分为三个大的方面，即医疗方面、安全检查方面和工业无损检测方面。医疗方面是射线实时成像检验技术最早应用的方面，现在它仍是重要的医疗诊断手段。射线实时成像检验技术，从一开始就应用包裹的检查，现在它已是车站、机场、海关等的最重要的安全检查和反走私检查手段。在工业无损检测方面也已得到多方面的应用，例如轮胎质量检验、炮弹和子弹装药检验、焊缝质量检验、铸件质量检验、电子元器件质量检验等。微焦点射线实时成像检验技术是电子工业重要的印制电路质量检验技术，这种装置不仅可以得到常规射线实时成像检验的结果，而且也可以得到层析图像。随着射线实时成像检验技术的发展，应用的对象还在不断的扩大。

*8.2 射线实时成像检验系统

8.2.1 射线实时成像检验系统的基本构成

到目前已经应用的射线实时成像检验系统有多种类型,如 X 射线荧光检验系统、图像增强器射线实时成像检验系统、成像板射线实时成像检验系统、线阵列射线实时成像检验系统等。各种射线实时成像检验系统的基本构成部分是:射线源、机械装置、射线转换器(含 A/D)、图像处理部分、图像显示与存储部分、控制部分。

射线源可以采用 X 射线机、γ射线机、加速器等,不同的检验对象须采用不同的射线源,对一般的工业射线检验,主要是采用低能 X 射线机。机械装置是射线实时成像检验系统的重要组成部分,射线实时成像检验技术的扫描检验过程依靠机械装置完成,这部分的性能直接关系射线实时成像检验系统的综合性能和检验技术的实现。

射线转换器按照对射线完成转换的过程可分为两大类:

　　　　射线→荧光;

　　　　射线→电子。

第一类采用荧光物质和闪烁晶体,将射线直接转换为荧光(可见光)。常用的荧光物质是硫化锌镉、硫氧化钆、溴氧化镧和硫化锌等,常用的闪烁晶体是碘化钠、碘化铯、锗酸铋、钨酸钙和钨酸镉等。第二类利用具有足够能量的射线量子与物质相互作用时释放的光电子,改变半导体或半导体结的电阻,形成相应于辐照射线通量分布的电导,采用扫描电子束可以将其转换为视频信号。经常使用的对 X 射线敏感的光电导材料是三硫化二锑、碲化锌镉、硒化镉、氧化铅、硫化镉等。目前,在工业射线实时成像检验系统中应用的射线转换器主要是图像增强器、线阵列探测器、成像板等。

由射线转换器得到的信号,经 A/D 变换(或已直接完成数字化)送图像处理部分,通过图像数据处理改进图像质量。图像显示和存储部分用于显示图像和保存图像数据。控制部分主要由计算机、软件和一些辅助设备(如摄像机、监视器等)组成,实现对整个射线实时成像检验系统的检验过程的控制。

8.2.2 工业射线实时成像检验系统

1. 图像增强器射线实时成像检验系统

目前在工业中应用较多的是用图像增强器构成的射线实时成像检验系统,粗略地它可分为六大部分,即射线源、机械装置、图像增强器、图像采集和处理单元、显示和存储单元、控制单元。图 8-1 是图像增强器实时成像检验系统构成的示意图。

图像增强器是该系统的核心器件,它完成射线的转换过程。图像增强器的基本结构如图 8-2 所示,它由外壳、射线窗口、输入屏、聚焦电极、输出屏构成。射线窗口由钛板构成,既具有一定的强度,又可以减少对射线的吸收。输入屏包括输入转换屏和光电层。输入转换屏不同于简单的荧光屏,现在它主要采用 CsI 晶体制做。聚焦电极加有 25～30kV 的高压。

第 8 章 射线实时成像检验技术

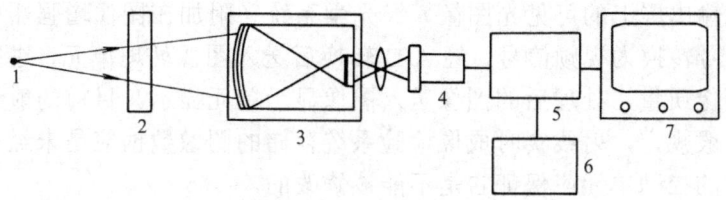

图8-1 图像增强器实时成像检验系统

1—射线源　2—机械装置与工件　3—图像增强器　4—摄像机
5—图像处理单元　6—计算机与软件系统　7—图像显示与存储单元

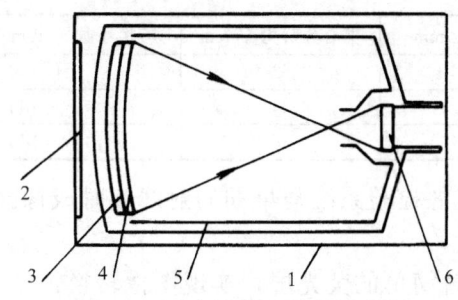

图8-2 图像增强器结构示意图

1—外壳　2—射线窗口　3—输入转换屏　4—光电层　5—聚焦电极　6—输出屏

图像增强器工作的基本过程如下。射线透过工件，穿过图像增强器的窗口入射到输入转换屏上，输入转换屏吸收射线的部分能量，将其能量转换为荧光发射。发射的荧光被光电层接收，并将荧光能量转换为电子发射。发射的电子在聚焦电极的高压作用下被聚焦和加速，高速撞击到输出屏上。输出屏将电子能量转换为荧光发射。在图像增强器中完成的转换过程是：

$$射线 \rightarrow 荧光 \rightarrow 电子 \rightarrow 荧光$$

图 8-3 是在图像增强器射线实时成像检验系统射线光子转换过程的一例。

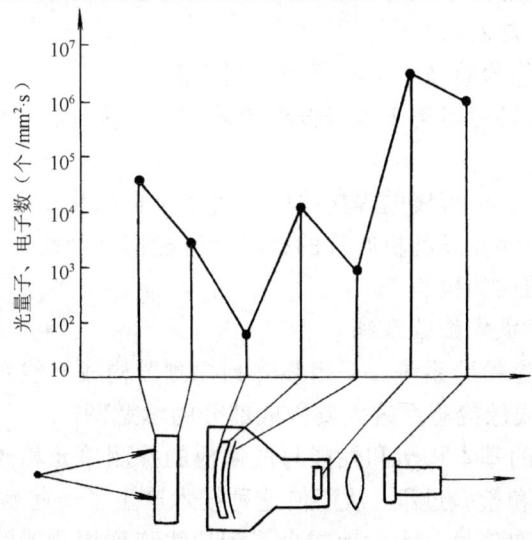

图8-3 图像增强器实时成像检验系统中的光子转换

图像增强器输出屏上的可见光图像，经光学系统（附加在图像增强器中）由摄像机拾取，将图像信号转换为视频信号，经 A/D 转换后送入图像处理单元，进行各种图像增强处理，改善图像质量，处理后的图像送入图像显示单元显示。目前的射线实时成像检验技术标准，一般规定，射线实时成像检验系统存储的图像数据应是未经处理的原始数据，并且，系统的控制单元应保证它是不能被修改的。

图像增强器的性能直接关系到这种系统的综合性能，表 8-1 给出的是某型号图像增强器典型的主要性能。

表 8-1 图像增强器的主要性能

输入屏直径/mm	输出屏直径/mm	中心分辨力 Lp/cm	转换系数（cd/m²）/（mR/s）	对比度比
150	15	52	140	24:1
230	20	44	140	20:1
310	25	36	140	17:1

图像增强器射线实时成像检验系统与早期的射线实时成像技术系统比较，主要的改进是

1）采用图像增强器代替简单的荧光屏，实现图像转换；
2）采用小焦点或微焦点射线源，以投影放大方式进行射线照相；
3）引入数字图像处理技术，改进图像质量。

这种改进使射线实时成像检验技术取得了明显的进展，在中等厚度范围其射线照相灵敏度已可接近胶片射线照相的水平。极大地促进了射线实时成像检验技术的工业应用。

2. 成像板射线实时成像检验系统

近年研制了基于非晶硅的大面积成像板，其射线转换屏采用荧光物质和光电二极管构成，并采用这种成像板构成射线实时成像检验系统。这种实时成像检验系统得到的图像，同时具有很高的分辨力和很大的动态范围。

成像板典型的像素尺寸为 $127\mu m \times 127\mu m$，其动态范围可达到 >2000:1，成像时间（包括数据修正）为 5s 左右。

成像板射线实时成像检验技术可应用于下列方面。

1）采用微焦点射线源时可用于电子器件检验，在放大 12～25 倍时可目视 $25\mu m$ 的细线。
2）可代替胶片用于石油管线的焊接检验，可用于自动化工业的检验。
3）航空航天工业中涡轮发动机叶片的检验，可检出细裂纹，给出工件的内部结构。
4）复合材料及其结构的检验。

3. 线阵列射线实时成像检验系统

线阵列射线实时成像检验系统，采用线阵列探测器构成射线实时成像检验系统。图 8-4 是线阵列射线实时成像检验系统主要构成部分的示意图。

线阵列探测器单元的基本构造和性能与成像板的探测单元相同，但在应用时须采用扫描方式完成信号拾取和检验过程，从而使这种技术产生了一些新的特点。最突出的是，由于采用了扫描方式拾取信号，大大地减少了到达线阵列探测器的散射线，这使得到的

图像质量产生了非常明显地提高。

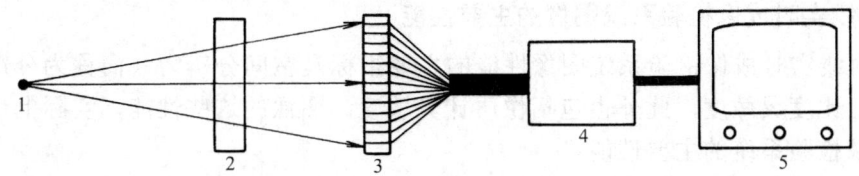

图8-4　线阵列射线实时成像检验系统构成示意图
1—射线源　2—机械装置与工件　3—线阵列探测器　4—图像处理单元　5—图像显示和存储单元

采用线阵列射线实时成像检验系统检验实际工件自然缺陷得到的图像，与采用胶片射线照相检验技术得到的图像对比，直观上可以认为两图像显示的缺陷情况一致。

4. 扫描源射线实时成像检验技术

这种射线实时成像检验系统的 X 射线源，是电视技术与大面积成像管的结合体。它采用了特殊的电视管，在管中，电子束扫描大面积靶，产生一个移动的 X 射线束，从而构成一个扫描 X 射线源。

应用时，采用反向几何透照布置。使射线发生和扫描光栅同步，则可在计算机内存中建立数字化图像。由于检测器可做得很厚，因此几乎可 100%吸收低能射线。得到的图像分辨力依赖于 X 射线扫描点的尺寸。已论证，X 射线扫描点的尺寸可小到 50μm。如果使用两个检测器，可以得到立体图像。

现在，这种系统已制成可携带的系统。1998 年，用扫描源射线实时成像检验系统检验了波音 707 飞机，发现了铆钉间的疲劳裂纹。试验研究证明，检查 1.3mm 厚的铝板时，发现腐蚀深度的灵敏度可达 2%。

**8.3　射线实时成像检验系统的图像和性能

8.3.1　射线实时成像检验技术的图像

在射线实时成像检验系统显示器上观察到的图像，由一系列小图像单元—像素构成，一幅图像按设定的扫描型式可划分为不同数目的像素。例如，图像由 512 个扫描行、每行含有 512 个像素时，则这幅图像由 512×512 个像素构成。每个像素的亮度可数字化为不同的级别，如用 8 位二进制数表示（8bit），由于 $2^8=256$，则亮度可分为 256 个级别。像素的多少、亮度级别的数目，直接相关于图像可能给出的对比度，清晰度和分辨力。

图像增强器射线实时成像检验系统最终所得到的图像，一般都要经历从射线强度分布到可见光图像、从可见光图像到视频信号、视频信号传送、转换、处理、显示的过程，不同过程对最终图像的质量具有不同的影响。例如，转换屏的厚度、荧光晶体的颗粒尺寸和其设计，直接决定了所得到的可见光图像的清晰度、信噪比；电视系统对可见光图像的转换、传送、显示过程中，其光学系统的性能、扫描电子束的聚焦质量、栅扫描行数等，将直接影响所得到像素的尺寸、数目。

量子统计波动对射线强度的影响将明显影响图像的信噪比。所采用的射线实时成像检验技术等，也都会影响射线实时成像检验系统图像的性能。

8.3.2 射线实时成像检验系统图像的主要性能

工业射线实时成像检验系统图像性能的主要指标是空间分辨力（简称为分辨力、分辨率）和对比度灵敏度，此外也包括像质计灵敏度。图像的这些性能，实际上也就是射线实时成像检验系统的主要性能。

分辨力：表示的是图像识别细节的能力，它限定了所能揭示的、处于与射线束垂直平面内的缺陷的最小尺寸。通常用线对值（Lp/mm，Lp/cm）或不清晰度值表示。线对值是在 1mm 宽度内可识别的条空（占空比为 1:1）对数。

对比度灵敏度：可识别的 $\triangle T/T$（T 为透照厚度）的百分比，它限定了所能揭示的、沿射线束方向的缺陷的最小尺寸。通常用 $\triangle T/T$ 的百分比表示。

像质计灵敏度，即采用胶片射线照相检验技术中的像质计测定的灵敏度，它是射线实时成像检验过程中，监控图像的分辨力和对比度灵敏度的性能指标。它采用胶片射线照相检验技术中已标准化的像质计测定。

空间分辨力采用双丝像质计或线对测试卡测定。当用双丝像质计（BS 3971:1980《射线照相用双丝型像质计》ASTM E 2002—1998《射线检测中测定总的不清晰度值的方法》）测定空间分辨力时，用不清晰度 U（mm）表示空间分辨力。不清晰度等于不可识别为一对丝中的最粗丝直径 d 的 2 倍

$$U = 2d \tag{8-1}$$

线对测试卡的典型样式如图 8-5 所示。它由高密度材料（常用铅箔）的栅条和间距形成占空比为 1:1 的线对图样，密封在低密度材料（常用透明塑料薄板）中构成。塑料厚度约 1mm，铅箔厚度等于最窄栅条的宽度。测定时

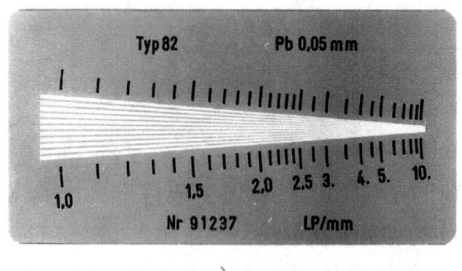
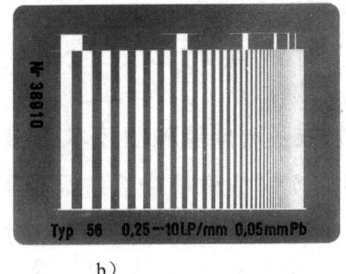

图8-5 线对测试卡的两种样式

刚刚不能区分为条和空（或可区分为条和空中宽度最小的条和空）所对应的线对值即为测得的分辨力值。如果条宽为 d（mm），则对应的线对值 P 为

$$P = \frac{1}{2d} \text{（Lp/mm）} \tag{8-2}$$

图 8-5a 所示的楔形线对测试卡使用方便，可直接读出分辨力值，但测定值不会很精确。图 8-5b 所示的矩形线对测试卡，应按线对上方的方块标记数出刚刚不能区分线对的顺序位置，然后查表 8-2 得到相应的分辨力值，测定值比较精确。

表 8-2　Typ56 线对测试卡的分辨力值　　　　　　（单位：Lp/mm）

标记号[①]	标记线对的分辨力值	后 续 线 对 的 分 辨 力 值
1	0.25	0.275；0.30；0.33；0.36；0.40；0.44
2	0.48	0.52；0.57；0.63；0.69；0.76；0.83；0.91
3	1.0	1.1；1.2；1.3；1.45；1.6；1.75；1.9
4	2.1	2.3；2.5；2.75；3.0；3.3；3.6
5	4.0	4.4；4.8；5.2；5.7；6.3；6.9；7.6；8.3；9.1
6	10.0	9.1；8.3；7.6；6.9；6.3；5.7；5.2

① 标记为线对测试卡中线对上方的方块，标记号按图中从左→右顺序为 1、2……6。

采用线对卡测定的线对值 P 与采用双丝像质计测定的不清晰度值 U（单位：mm）的关系如下

$$P = \frac{1}{U} \text{（Lp/mm）} \tag{8-3}$$

对比度灵敏度采用对比度灵敏度测试块测定。对比度灵敏度测试块为一矩形平板试块，试块上有四个平底方孔，它们的深度分别为对比度灵敏度测试块厚度的 1%、2%、3%、4%，其基本样式如图 8-6。测定时，由能够可靠地、可重复成像的最浅的平底方孔确定对比度灵敏度值。

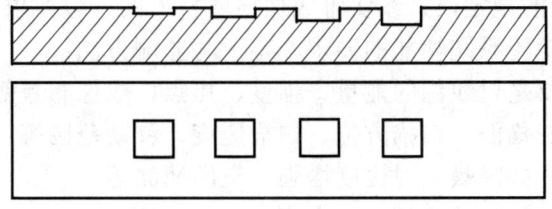

图 8-6　对比度灵敏度测试块

对比度灵敏度测试块的厚度 T，与被检物体厚度之差应在 ±5% 之内，测试块厚度 T 的偏差，应不大于设计厚度的 ±1%。平底方孔深度的偏差，应不大于设计的最浅平底方孔深度的 ±10%。对比度灵敏度测试块的材料原则上应与被检物体材料相同。当没有适宜的材料制做对比度灵敏度测试块时，可以采用代用材料制做。但代用材料应满足一定要求。

8.3.3　射线实时成像检验系统性能的鉴定

空间分辨力和对比度灵敏度，也是射线实时成像检验系统综合性能的主要指标。随着射线实时成像检验系统工作条件、检验对象的不同它们的值将会不同，随着射线实时成像检验系统的使用时间的延续，其性能也会改变。为了保证射线实时成像检验技术的可靠性和检验结果的可靠性，必须对射线实时成像检验系统性能进行鉴定。

射线实时成像检验系统的性能鉴定，包括初始鉴定和使用中的定期核查。即，在射线实时成像检验系统投入使用前应进行系统性能鉴定，在投入使用后也应定期进行系统性能的鉴定。

鉴定射线实时成像检验系统性能的基本要求是，应在尽可能接近实际检验的条件下进行系统性能的测定。即射线能量、图像形成条件、图像处理和显示及观察等，都应接近实际检验的条件。

按照 ASTM 有关标准的规定，鉴定的详细要求主要是：

1）系统性能按空间分辨力和对比度灵敏度进行鉴定。
2）应对所检物体的最小厚度、最大厚度进行鉴定。
3）应对所使用的不同成像模式、射线源尺寸、成像几何条件和图像处理进行鉴定。
4）未经图像处理的空间分辨力鉴定，应在图像转换器上、不附加吸收体、在水平和垂直两个方向用铅箔线对测试卡进行。也应在检验物体位置、不附加吸收体进行。
5）未经图像处理的对比度灵敏度鉴定，应在检验物体位置进行。
6）全部鉴定测量在静态工作模式下进行。

此外，系统性能至少还应使用一种标准化的射线照相像质计进行灵敏度测量。测量应对所检物体的最小厚度、最大厚度和未经处理的图像和经处理的图像进行。

**8.4 射线实时成像检验的基本技术

8.4.1 射线实时成像检验技术的一般要求

按照国外一些标准的规定，射线实时成像检验技术的一般要求主要包括下面内容：

1）射线实时成像检验系统性能的要求、鉴定与监测方法；
2）检验参数，主要是射线源的能量、强度、焦点、成像布置等；
3）动态检验时的扫描面、扫描方位、扫描速度、移动范围等；
4）图像处理参数，如降噪、对比度增强、空间滤波等；
5）图像显示参数，如尺寸、颜色、亮度、对比度等；
6）图像档案要求；
7）检验人员资格。

在射线实时成像检验的主要技术中，有许多方面与常规射线照相检验技术的考虑和要求相同。如正确地选择射线能量（透照电压）、射线方向、严格地控制散射线、使用滤波、像质计和标记的使用等。但在射线实时成像检验技术中也须作出一些特殊的考虑，主要是最佳放大倍数、扫描速度和定位精度、图像处理、系统性能核查等方面。

在射线实时成像检验技术中一般采用放大透照布置，特别是对图像增强器实时成像检验技术，必须采用最佳放大倍数确定的透照布置。

一方面随着放大倍数的增大几何不清晰度将增大，这将导致整个射线照相不清晰度的增大。另一方面，随着放大倍数的增大缺陷图像的尺寸也将放大，从识别缺陷图像所要求的对比度的角度，这将有利于细小缺陷图像的识别。这种情况决定了，对实时射线照相存在最佳放大倍数 M_p。欧洲标准 EN 13068—3：2001《金属材料 X 射线和γ射线实时成像检验的一般原则》中，对总的不清晰度采用下式计算

$$U^2 = U_g^2 + U_i^2$$

相应地给出的最佳放大倍数计算公式为

$$M_P = 1 + \left(\frac{U_i}{d}\right)^2 \qquad (8-4)$$

文献中也经常采用

$$M_P = 1 + \left(\frac{U_S}{d}\right)^{3/2}$$

式中　U_i、U_S——转换屏的不清晰度；
　　　d——射线源焦点尺寸。

从最佳放大倍数的表示式可以看出，最佳放大倍数是由成像平面（荧光屏）的固有不清晰度和射线源的尺寸决定。由于荧光屏的固有不清晰度约为 0.3mm 左右，所以使用常规焦点的射线源时，不可能采用较大的放大倍数。

8.4.2　常用图像处理技术

数字图像处理技术是 20 世纪 50 年代随着太空计划开始研究的技术，它包括一系列内容，主要有对图像进行数字化、编码处理，把图像从连续信号转换为离散数字，进行图像增强、恢复、重建，改善图像质量等。图像处理技术是根据图像质量的一般性质，选择性地加强图像的某些信息、抑制另一些信息，改善图像质量的方法。

在射线实时成像检验技术中，广泛采用了数字图像处理技术。经常采用的数字图像处理方法有，对比度增强、图像平滑（多帧平均法，常称为积分处理或降噪）、图像锐化和伪彩色等。表 8-3 是常用图像处理方法的简要说明。

表 8-3　常用图像处理方法

类　型	方　法	方　法　概　要
对比度增强	灰度变换法	采用变换函数，把输入灰度范围变换为输出灰度范围，增加这个范围的对比度
	直方图调整	采用变换函数，调整灰度级分布，或减少灰度级，或突出所关心的灰度级范围，相当于提高了对比度
	规格化方法	依据图像灰度级局部的均值和方差，对每个像素的灰度级分配一新的局部的均值和方差
图像平滑	低通滤波法	采用低通滤波，去除含在空间高频分量中的图像噪声
	局部平均法	采用一个像素邻域内各点的灰度级的平均值，代替该像素的灰度级，降低噪声
	多帧平均法	多帧平均法常称为积分处理，其假定噪声的均值为 0，采用多幅图像叠加消除噪声，目前多用 256 幅图像叠加，完成处理时间约为 10s
图像锐化	高频滤波法	图像轮廓为灰度突然变化部分，包含大量空间高频分量，采用高频加强滤波方法突出高频分量，使图像轮廓清晰
	微分法	微分运算不改变频率，但增大幅度，从而使图像轮廓增强

8.4.3 射线实时成像检验的技术控制

为了保证射线实时成像检验结果的可靠、稳定，必须对射线实时成像检验技术进行控制。除了一般的对检验人员资格控制、检验技术的文件（规程和工艺卡）控制外，技术控制的主要方面是系统性能核查和检验过程中的像质计灵敏度核查。

系统的性能应进行定期核查，即对空间分辨力和对比度灵敏度进行定期核查。同时，在检验过程中应结合进行像质计灵敏度的核查。最好的方法是采用具有应检出的缺陷、并与被检工件类似的物体、在实际检验的条件下进行检验。

核查的间隔应符合有关标准、规定的要求。采用像质计核查时，像质计的选择、数目、放置等应符合有关工业标准的规定。也可使用校验试块、线对卡、阶梯块等进行核查。

**8.5 射线实时成像检验技术主要标准简介

目前，国外制定的射线实时成像检验技术标准主要是，20 世纪 90 年代以来美国材料试验学会先后制定的一系列标准和近年欧洲制定的三个标准：

ASTM E 1000-92（1996）	射线实时成像检验技术导则
ASTM E 1255-96	射线实时成像检验方法
ASTM E 1411-95	射线实时成像检验系统的鉴定方法
ASTM E 1416-96	焊件射线实时成像检验方法
ASTM E 1647-98	测定射线实时成像检验对比度灵敏度方法
ASTM E 1734-95	铸件射线实时成像检验方法
EN 13608-1：1999	无损检测-射线实时成像检验技术-1：图像特性的定量测定
EN 13608-2：1999	无损检测-射线实时成像检验技术-2：成像器件长期稳定性核查
EN 13608-3：2001	无损检测-射线实时成像检验技术-3：金属材料 X 射线和 γ 射线实时成像检验通则

此外，一些国家还制定了本国的工业标准。我国已制定的射线实时成像检验技术的标准是 GB 17925—1999《气瓶对接焊缝 X 射线实时成像检测》，近年还在制定射线实时成像检验技术一般方法的国家标准和军用标准。

美国材料试验学会制定的标准，主要是对射线实时成像检验技术作出一般性的规定。最主要的规定是关于：

1）射线实时成像检验系统性能方面；
2）射线实时成像检验技术的一般要求方面。

欧洲制定的三个标准，特别是在 EN 13608—3：2001 标准中，对射线实时成像检验技术的工业应用作出了具体规定，对射线实时成像检验技术的应用给出了具体的指导。主要是：

1）射线实时成像检验系统分类；

2）射线实时成像检验技术分级；

3）检验技术的控制要求规定。

在 EN 13068-3：2001 标准中，将射线实时成像检验系统按探测器的固有不清晰度、图像畸变、图像均匀性三个指标分为三类，即 SC1 类系统、SC2 类系统、SC3 类系统，将射线实时成像检验技术分为两个级别：SA 级和 SB 级，并规定了应用时对技术的许多方面的要求，包括像质计灵敏度要求、允许的最高 X 射线电压限制等。其主要的规定，可作为应用射线实时成像检验技术时参考。

复 习 题

1．工业射线实时成像系统，主要分为哪些类型？
2．简要说明工业射线实时成像系统的基本构成。
3．简述图像增强器的基本构造和各部分的作用。
4．简述射线实时成像系统的主要性能和测定方法。
5．简述射线实时成像检验的基本技术。
6．简述如何控制射线实时成像检验技术。

第9章 其他射线检测技术

*9.1 中子射线照相检验技术

9.1.1 概述

中子是基本粒子之一,在本质上它与X射线和γ射线不同。

X射线、γ射线与物质的相互作用,是它们的光子与原子、原子的电子或原子核的相互作用。中子与物质的相互作用最基本、最重要的是它与物质原子核的相互作用,中子与物质相互作用的主要过程是弹性散射、非弹性散射、辐射俘获、核反应等,作用机制也不同于X射线和γ射线与物质的作用。

中子与物质的作用与中子的能量密切相关。通常,按照能量把中子分为:

冷中子　　：<0.01eV；　　　　　　或　<1.6×10^{-21}J；
热中子　　：0.01~0.5eV；　　　　　或　1.6×10^{-21}~8.0×10^{-20}J；
慢中子　　：0.5eV~10keV；　　　　或　8.0×10^{-20}~1.6×10^{-15}J；
快中子　　：10keV~2.0MeV　　　　或　1.6×10^{-15}~3.2×10^{-12}J；
相对论中子：>2.0MeV　　　　　　　或　>3.2×10^{-12}J

热中子与物质的相互作用主要是辐射俘获。由于这些相互作用使中子穿过物质时将发生散射和吸收。

中子具有很强的穿透物质的能力,当它穿过物质时其强度也会衰减,衰减也服从指数衰减规律,即

$$I = I_0 \, e^{-\mu T}$$

但其衰减系数的变化完全不同于X射线和γ射线。它除了相关于中子的能量外,与物质的原子序数不存在简单的相关关系,没有明显的规律性。例如,氢、硼、锂等轻元素和一些稀土元素等对中子的质量吸收系数很大,而一些重元素的质量吸收系数却很小,同一元素的不同同位素的质量吸收系数也不同。图9-1是不同元素的热中子质量吸收系数,表8-1列出了部分元素对热中子的质量吸收系数。从图9-1和表9-1可以清楚看到热中子的质量吸收系数与X射线和γ射线存在的明显差异。正是由于这种特点,产生了中子射线照相不同于X射线和γ射线的一些特点。

表9-1　部分元素对热中子的质量吸收系数μ_m　　（单位：cm²/g）

元　素	氢	硼	铝	铁	镉	钆	铅	铀
吸收系数	48.5	12.1	0.036	0.141	11.2	84	0.034	0.033

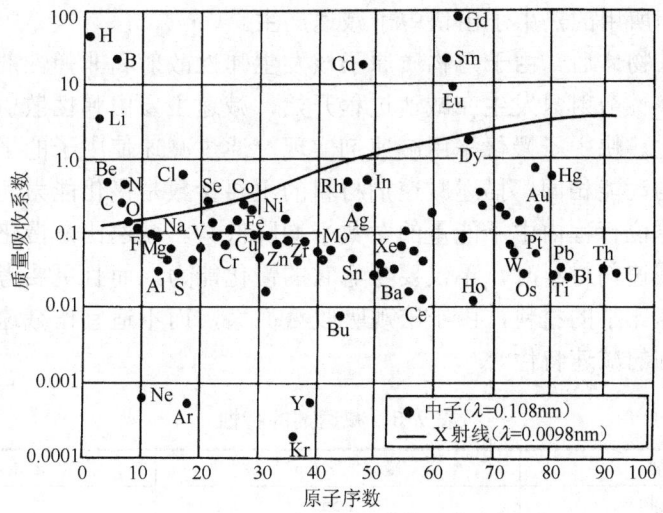

图9-1 不同元素的热中子质量吸收系数

目前,在中子射线照相检验技术中广泛应用的是热中子射线照相检验技术,这主要是因为:

1) 不同元素或同位素的热中子质量吸收系数差异最大;
2) 热中子的检测比较容易;
3) 容易得到足够强度的热中子源。

9.1.2 热中子射线照相检验技术

1. 中子源

用质子、氘核、α粒子、其他电粒子和γ射线轰击原子核,都可以产生中子。核的裂变过程或原子核的衰变过程也可以产生中子。按中子产生的方法,中子源可分为四类:同位素中子源、加速器中子源、反应堆中子源和亚临界装置。同位素中子源利用天然放射性物质放出的粒子或γ射线轰击靶物质,或者放射性物质的自发裂变过程产生中子。加速器中子源,利用加速器加速带电粒子,在带电粒子达到较高能量时轰击靶核,引起发射中子的核反应。反应堆中子源,利用中子引起重核裂变,裂变过程放出更多中子,即通过可控制链式反应产生中子。

描述中子源的主要指标是强度、能谱和角分布。强度是中子源单位时间发射的中子数,常用单位是个/cm²s。能谱是发射中子的能量,常记为E_n。角分布是中子源强度随发射角的分布。表9-2列出了四类中子源的典型特性。

表9-2 中子源特性比较

中子源类型	源强度/(个/cm²s)	能谱	空间分辨力	曝光时间
同位素中子源	$10\sim10^4$	多能,快中子	中	长
加速器中子源	$10^3\sim10^6$	单能,快中子	中	中
反应堆中子源	$10^5\sim10^8$	连续,快中子	高	短
亚临界装置	$10^4\sim10^6$	—	较高	中

中子射线照相所用的热中子由快中子减速产生。

当快中子进入物体后，由于与物质原子核发生弹性散射和非弹性散射，造成能量损失而被减速。非弹性散射只发生在减速过程开始，减速主要由弹性散射过程实现，通过减速使快中子慢化。快中子慢化采用减速剂实现，通过减速使中子的平均能量达到与减速剂原子核的平均动能相同。描述减速剂材料的主要参数是慢化能力和减速比。慢化能力是在减速剂的单位行程内中子能量的对数平均降低量。减速比是慢化能力与宏观吸收截面之比。选择减速剂材料时，不仅要考虑它的慢化能力，而且更要考虑它的减速比。慢化能力大但减速比小的材料，由于宏观吸收截面大，而不适宜作减速剂材料。表 9-3 列出了一些减速剂的减速特性。

表 9-3　减速剂的特性

减速剂	慢化能力/cm^{-1}	减速比
水与其他含氢物质	1.53	60
重水	0.18	6000～20000
铍	0.16	135
石墨	0.063	175

减速以后从中子源引出的热中子必须经过准直，形成分布均匀的中子束，才能作为中子射线照相的中子源，进行中子射线照相。在中子射线照相时，为了得到图像到达检测器的中子束需要达到下述强度：

一般质量图像：约为 10^5 个/cm^2（快速胶片）；

较高质量图像：约为～10^9 个/cm^2（慢速胶片）；

实时图像：10^5～10^7 个/cm^2。

2. 转换屏

中子本身几乎不能使胶片感光，因此在热中子射线照相中必须采用转换屏。转换屏在中子的照射下可以发射 α、β 或 γ 等射线，利用这些射线使胶片感光，记录透射中子分布图像，完成中子射β线照相。

转换屏分为两类：一类是钆、锂、硼、镉等，它们在中子照射下瞬时发射射线；另一类是铟、镝、铑等，它们在受到中子的照射时，可以俘获中子，形成具有一定寿命的放射性核，在以后的放射性衰变中放射出 γ 射线。表 9-4 给出的是部分转换屏的特性。

表 9-4　热中子射线照相常用的转换屏

转换屏	热中子截面/10^{-21}m^2	半衰期	发射粒子	发射粒子的最大能量/MeV
镉	20000	瞬时	γ	9
钆	58000	瞬时	e	0.14
	240000	瞬时	e	0.13
铑	144	43s	γ	2.41
	144	57min	X	0.02
	11	4.4 min	γ	0.5
铟	45	14s	β	3.3
	154	54min	β	0.42

3. 热中子射线照相方法

热中子射线照相的基本布置如图 9-2 所示。按照选用的转换屏可把热中子射线照相分为两种方法：

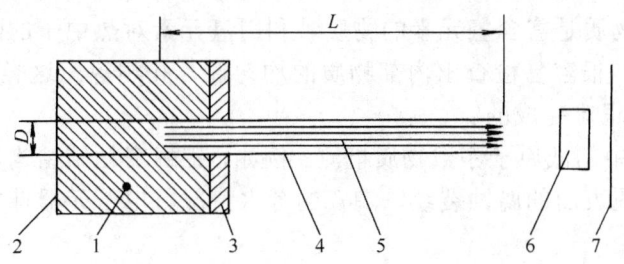

图9-2　中子射线照相的基本透照布置

1—快中子源　2—减速剂　3—中子吸收层　4—准直器　5—中子束　6—工件　7—胶片

直接曝光法，选用第一类转换屏（瞬时屏），如图 9-3a 所示；
间接曝光法，选用第二类转换屏（活化屏），如图 9-3b 所示。

在直接曝光法中，胶片与转换屏同时装入暗盒置于中子束中进行透照，胶片直接记录转换屏在中子照射下所产生的瞬时图像。直接曝光法可以在低通量下进行长时间曝光，完成射线照相。直接曝光法的缺点是胶片将同时受到从工件及周围物体产生的γ射线的照射，导致图像质量降低。直接曝光法应正确选取转换屏，经常使用的转换屏是钆转换屏。

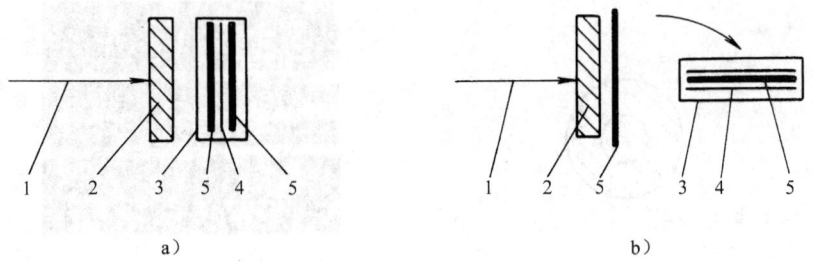

图9-3　热中子射线照相检验方法

a）直接曝光法　b）间接曝光法

1—中子束　2—工件　3—暗盒　4—胶片　5—转换屏

在间接曝光法中，首先是工件与转换屏在中子束下进行透照，在转换屏中形成工件的放射性影像。透照后，将转换屏移至暗盒中，置于胶片之上使胶片感光，形成工件的射线照相影像。由于在转换屏中放射性活度的积累服从指数规律，因此，在长时间中子照射下，转换屏的放射性活度将趋于饱和。所以，间接曝光法应正确选取曝光时间。间接曝光法经常使用的转换屏是铟转换屏和镝转换屏。这种方法的优点是可用于具有放射性的物体的射线照相。

9.1.3　热中子射线照相技术的应用

从 20 世纪 60 年代中期以后，热中子射线照相检验技术以本身具有的特点、作为与常规 X、γ射线照相检验技术互相补充的射线照相检验技术进入了工业应用。

热中子射线照相主要应用于下面几个方面：

1) 检查金属外壳中含氢物质的检测：例如，各种弹药装药情况、火工品、固体火箭推进剂装填情况、空心叶片型芯残留物、焊锡丝中助焊剂情况等。这类结构基本是外部为金属外壳，内部物质是富含氢元素的物质。利用氢元素对热中子的吸收系数远大于一般金属元素的特点，很容易检查出内部物质的均匀性、孔洞等；这类检验，如果采用X射线和γ射线照相是很难完成的。

2) 高密度材料中的低原子序数物质检测：例如，铝蜂窝粘结结构表面蒙皮与蜂窝芯体的粘结情况、金属表面的腐蚀裂纹、陶瓷的含水情况、电子元器件中的非金属多余物等的检验。

3) 放射性材料检测：例如，检验核燃料、测定核燃料结构和尺寸等。由于核燃料具有放射性，常规的X射线和γ射线照相检验技术不能用于检验工作，但采用热中子射线照相的间接曝光法可以实现它的射线照相检测。

中子射线照相检验技术是常规X、γ射线照相检验技术的补充，对一些特殊问题、特殊领域，如兵器、航空、航天、核工业等，中子射线照相检验技术具有特殊的意义。图9-4 是焊锡丝的中子射线照相结果，图中显示，中子很容易穿透铅锡合金部分，而松香却强烈吸收中子，并清晰地显示了松香芯中的气孔和缺少松香部位的情况，采用X射线照相时这是很难发现的缺陷。中子射线照相检验技术的主要缺点是中子源价格昂贵，使用时需特别注意中子的安全与防护问题，这限制了中子射线照相检验技术的应用。

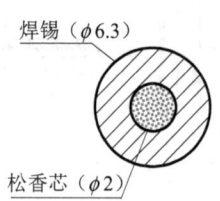
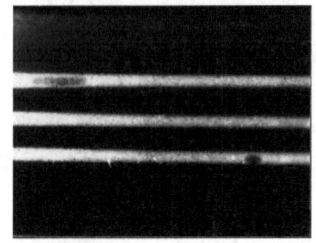

图9-4 焊锡丝的中子射线照相图片

**9.2 射线 CT 检测技术

9.2.1 概述

CT 技术，即计算机辅助层析成像技术，与一般的射线照相检验技术存在根本的不同。一般射线照相检验技术，将物体空间信息压缩为一幅平面图像。而 CT 技术，却可以给出物体不同方向各个层面的图像。所以，CT 技术被称为是一种层析成像技术。这种技术 20 世纪 70 年代首先成功地应用在医疗领域，使医疗技术获得了革命性的发展。现在，这种技术已在无损检测领域得到广泛应用。

在这种技术中，采用一面状射线束透射工件的一个层面，检测器阵列与射线束处于同一平面，通过机械驱动装置对工件形成一定的扫描透射，检测器采集射线束穿过被检工件该平面的大量数据，通过计算、变换，得到被检工件该层平面的相关信息，重建该平面的图像，实现对该层面的检测。

工业 CT 技术目前主要应用在下列方面：

（1）缺陷检测　主要用于检验小型、复杂、精密的铸件和锻件以及大型固体火箭发动机。检验大型固体火箭发动机的 CT 系统，使用电子直线加速器X射线源，能量高达25MeV，可检验直径达 3m 的大型固体火箭发动机。

（2）尺寸测量　如精密铸造的飞机发动机叶片的尺寸测量，尺寸误差应不大于 0.1mm。

（3）结构和密度分布检查　在航空工业 CT 技术用于检验与评价复合材料和复合结构，评价某些复合件的制造过程，也用于一系列情况下样件的评价。这种检测与评价过程，大大简化了取样破坏分析过程；检查工程陶瓷和粉末冶金产品制造过程发生的材料或成分变化，特别是对高强度、形状复杂的产品；组件结构检查等。

（4）反馈工程技术　利用 CT 技术获得的结构、密度信息，完成复杂产品的复制和新产品的设计开发辅助设计。

与常规射线照相检验技术比较，CT 技术的主要特点是：

1）可给出工件任一平面层的图像，可以发现平面内任何方向分布的缺陷；

2）容易准确地确定缺陷的位置和性质。

但 CT 技术完整地检测一个工件比常规射线照相需要长得多的时间，费用也要高很多。

9.2.2　射线 CT 系统

射线 CT 系统粗略地可分为六个部分：射线源、机械扫描系统、数据采集系统、图像显示存储系统、计算机系统。图 9-5 是它们的构成和基本关系框图。

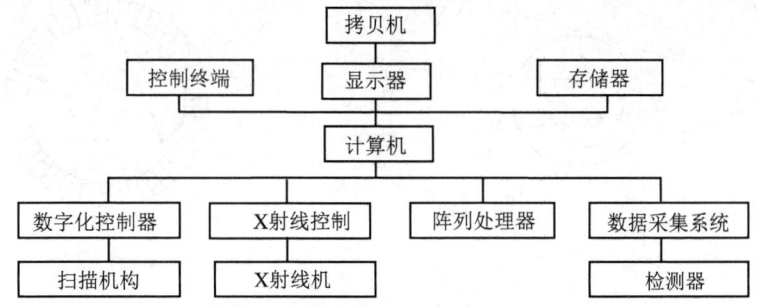

图9-5　工业 CT 系统典型构成

工业射线 CT 系统主要采用三种射线源：低能X射线源、γ射线源和高能X射线源。理想的射线源应具有高强度的射线束、单一的能量、很小的焦点尺寸，射线源的能量应可以调整，以适应不同的检验物体。

X射线源具有一定的透照电压范围，可以产生较高强度的射线束。但X射线源产生的是连续谱射线，在穿过不同的厚度后，射线束将经受不同的硬化。这种情况将引起测量数据的不一致性，由此将导致重建图像的误差。CT 系统对X射线源的关键要求是X射线源的稳定性，特别是电压的稳定性，它的变化将引起X射线能量的变化，产生伪像。

γ射线源的主要优点是可以产生高能光子，并具有特定的能量，有利于图像重建。主要的缺点是只能产生有限强度的射线，为了使探测器采集足够的光子，就需要增加射线强度或增加采集信号时间。增加射线源强度必然需采用较大尺寸的γ射线源，这将影响系统的空间分辨力。此外，其能量决定于所用的γ源放射性同位素，因此射线源的能量不能改变。

机械扫描系统实现扫描时工件的旋转和平移，调整射线源、工件、探测器间的距离和相对位置。其主要的性能要求是：扫描方式、移位特性（移动自由度、移动速度、移动范围等）、控制方法和精度等。图9-6是CT系统主要扫描方式的示意图，目前在工业中应用的主要是单源、小扇角平移加旋转扫描系统和单源、大扇角单旋转扫描系统。机械扫描系统是CT系统的重要组成部分，其性能直接关系到CT系统的基本性能。例如，控制精度（准直器狭缝高度控制、旋转偏离控制、移动距离控制等）不仅直接决定了CT系统分层的最小厚度，而且密切关系到CT系统图像的分辨率特性。

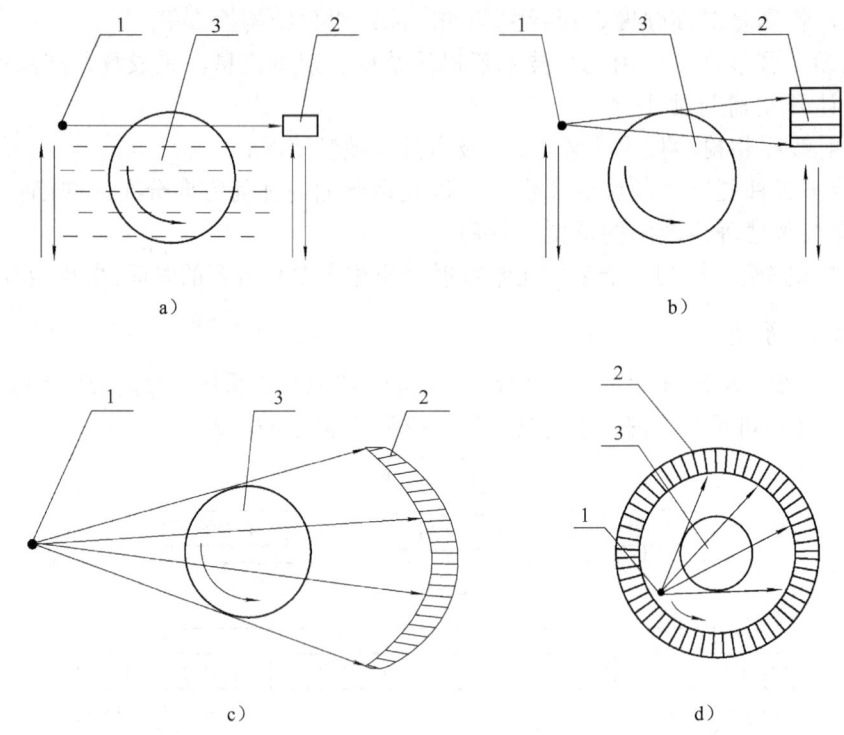

图9-6　CT系统的主要扫描方式示意图
a) 单源、单检测器平移加旋转扫描系统　b) 单源、小扇角平移加旋转扫描系统
c) 单源、大扇角单旋转扫描系统　d) 单源旋转扫描系统
1—射线源　2—探测器　3—扫描机械装置

数据采集系统的核心器件是探测器，它接收射线信号，形成CT系统的原始数据，它的性能直接影响CT系统的图像质量。探测器的主要性能包括单元尺寸、单元数目（通道数）、能量转换效率、响应时间、动态范围、稳定性、一致性等。

探测器尺寸包括其宽度、高度、厚度。宽度直接影响CT系统的空间分辨率，宽度越小，CT系统可以得到越高的空间分辨率。高度决定了CT系统分层的最大厚度尺寸。探测器能量转换效率是指，探测器吸收入射射线光子将光子能量转换为信号的能力，转换效率高的探测器可以缩短扫描时间。响应时间是探测器从接收光子到产生稳定的探测器信号所需的时间。动态范围是探测器产生的信号与入射射线强度成正比的范围。稳定性是探测器保持工作性能一致性的工作时间。工业 CT 系统一般需使用多个探测器（例如，2048 个）构成探测器阵列采集信号，一致性描述的是探测器阵列中各个探测器性能间的差异。

工业 CT 系统采用的探测器主要有三种：闪烁体光电倍增管、闪烁体光电二极管、气体电离探测器。实际应用的 CT 系统多采用固体分立探测器，固体探测器的材料主要有 $CdWO_4$、$CaWO_4$、BGO（锗酸铋）、CsI（Tl）、NaI（Tl）和塑料闪烁体。

计算机系统通过软件完成 CT 系统的参数调整、扫描过程控制、数据处理、图像重建、图像显示和存储等，它主要完成处理和控制功能。

以单源、大扇角单旋转扫描系统的 CT 系统为例，可说明 CT 系统的工作的基本过程。

由射线源辐射的射线经前准直器，形成一薄的扇形射线束，透过工件的一个层面，再经后准直器，到达探测器阵列。探测器阵列采集信号，在数据采集系统形成一组数据，传给计算机系统。在计算机系统控制下，机械扫描系统旋转一角度（常为 1°），进行下一组数据的采集。如此进行下去，完成对该层面不同透照方向、多次数据的采集。运用这些数据，计算机系统完成数据重建处理，给出该层面的重建图像数据。显示系统显示层面图像，存储系统存储图像数据。

通常，所关心的 CT 系统最主要的技术性能指标包括分辨力、扫描时间、重建时间、分层厚度和尺寸测量精度、检测范围。

分辨率指 CT 系统（图像）的空间分辨力和密度分辨力（对比度灵敏度）。空间分辨力表征 CT 系统识别细节的能力，一般以线对/毫米（Lp/mm）表示空间分辨力，目前较好的 CT 系统的空间分辨力为 4Lp/mm 左右。密度分辨力表征 CT 系统对密度变化的识别能力，通常定义为图像上可识别的最小物体对比度，所给出的值是在物体具有一定尺寸下得到的结果。分辨力受到 CT 系统各部分性能的影响，它是 CT 系统综合性能的体现。

在 CT 图像上可能出现伪像，伪像可认为是相关噪声。产生原因可分为两大类：CT 技术的物理原理和数学处理所固有的，如部分体积伪像（部分体积伪像是一个像素包含的体积内含有不同性质的结构）、边缘条纹等；另一类是 CT 系统装置和软件等不足产生的，如机械偏差、探测器间的串扰、采样不足等。射线束硬化伪像则可能是二者的组合。伪像是一个复杂的问题，消除伪像需从多方面作出努力，其中包括检测工艺。

扫描时间是指完成一个层面数据采集所需的时间。它与图像矩阵的大小、探测器阵列所含探测器的多少及射线源的辐射强度等直接相关。重建时间是计算机系统完成一个层面数据处理、给出数字图像所需的时间。它与图像矩阵的大小、重建算法（计算软件）的性能等密切相关。

检测范围主要是 CT 系统可检工件的尺寸、厚度、重量等。

9.2.3 CT 图像重建原理理解

射线 CT 图像是一个数字化的重建图像，图像由像素矩阵构成，重建过程包括两个基本阶段：

1）将测量的射线沿不同路径穿过物体截面的强度转换为投影数据；

2）利用重建算法处理投影数据，建立物体截面的灰度级数字图像。

上述重建的基本原理可如下理解。如图9-7，设一截面由4个单元 X_1、X_2、X_3 和 X_4 构成。按图中所示方向透照，得到4组数据，即 Y_1、Y_2、Y_3 和 Y_4，这样可列出下列方程组

$$X_1 + X_2 = Y_1$$
$$X_1 + X_3 = Y_2$$
$$X_2 + X_3 = Y_3$$
$$X_2 + X_4 = Y_4$$

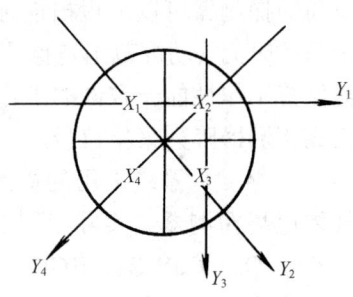

图9-7 CT图像的重建原理

解此方程组，得到

$$X_1 = 1/2[Y_1 + Y_2 - Y_3]$$
$$X_2 = 1/2[Y_1 - Y_2 + Y_3]$$
$$X_3 = 1/2[Y_2 - Y_1 + Y_3]$$
$$X_1 = Y_4 - 1/2[Y_1 - Y_2 + Y_3]$$

从 X_1、X_2、X_3、X_4，即可重建出图像。

显然，对实际的 CT 图像将是一多维的庞大的方程组，因此必须研究解此方程组的方法。CT 成像技术所发展的各种重建算法分为两个基本类型：变换方法和迭代方法。变换方法基于投影数据的反演公式，与迭代方法比较，变换方法是快速方法，并可得到质量良好的图像。变换方法的两个主要类型是滤波-逆投影算法和直接傅里叶算法。在工业 CT 系统中普遍使用的是滤波—逆投影算法。

**9.3 康普顿散射成像检测技术

9.3.1 康普顿散射成像技术检测原理

康普顿散射成像技术是利用康普顿效应中产生的散射线成像的检测技术。

康普顿散射成像检测技术的基本原理是基于康普顿效应。射线照射到工件，射线将与物质发生相互作用。在康普顿效应作用过程中，入射射线光子的能量，一部分转移给反冲电子，一部分保留在散射光子。入射光子发生康普顿散射的概率常称为康普顿散射宏观散射截面，它除了相关于入射光子的能量和物质的原子序数外，还相关于物质的相对原子质量和物质的密度。也就是产生的散射线将相关于物质的原子序数、相对原子质量和物质的密度。因此，从物体中不同点产生的散射线也可以对物体的情况作出判断。

图 9-8 是康普顿散射成像的技术原理示意图。从图中可见，在康普顿效应中将产生散射线，由于在检测器的前面存在准直器，所以从工件中不同深度层产生的散射线只能到达不同的检测器，在某一层中如果不同点存在性质差异，所产生的散射线将不同，该

层检测器测量到的数据也就将不同,从而可以对工件中这一层的情况作出判断。

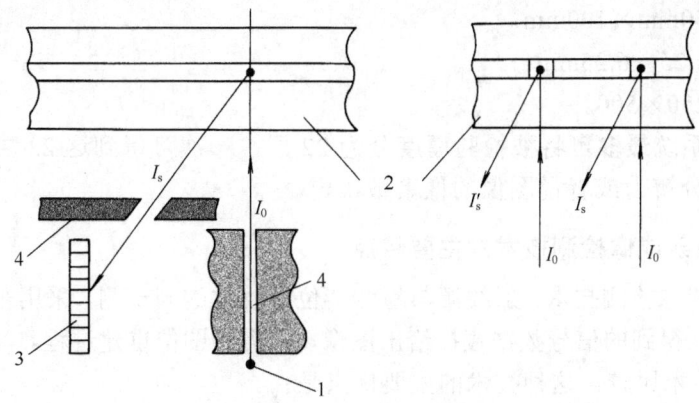

图9-8 康普顿散射成像技术原理

1—射线源　2—工件　3—检测器　4—准直器

上述康普顿散射成像原理决定了,对于康普顿散射成像检验技术,关键的是一次射线应具有适当的能量和强度,以便产生足够的散射线。与常规射线照相技术相比,在康普顿散射成像检验技术中,射线源的能量选择和其焦点尺寸,都不需要像常规射线照相技术那样严格考虑,它们也不会产生那样重要的影响。

9.3.2 康普顿散射成像检测技术系统

康普顿散射成像检测技术系统一般由下列部分组成:

1)射线源;
2)扫描机构;
3)数据采集系统;
4)计算机系统;
5)图像显示和数据存储系统;
6)控制系统。

康普顿散射成像检测技术需要在扫描过程中完成检测,因此扫描机构是实现检测技术的关键部分之一。扫描机构须给出一点状的扫描射线束,利用扫描机构,使该射线束对被检验区完成扫描检验,获得散射数据,得到图像。

一种典型的扫描机构设计为,在射线源上安装一个扫描头,扫描头通过缝形光阑形成一扇形射线束,利用可旋转的具有螺旋形排列小孔的准直器形成一细射线束,在此准直器旋转过程中,得到扫描射线束,通过射线源移动实现一个面积区的扫描。移动射线源(整个扫描机构)完成对工件的扫描检测。

检测器(探测器)的性能也是影响系统性能的关键组成部分,对检测器的性能要求类似于 CT 系统。由于采用散射线成像,希望检测器的能量转换效率要高。对射线源的主要要求是具有足够的穿透能力、更大的辐射强度和稳定的输出。

目前在市场见到的康普顿散射成像检测技术系统的主要性能如下:

检测器:22个;

分辨力：面积 0.4mm×0.4mm、深度 0.4mm；
扫描面积：50mm×100mm；
扫描时间：1.25~6.25min；
图像像素：250×500。

显然，这种系统最多可将被检验厚度分为 22 层，一次可得到这 22 层的图像。扫描时间由所要求的分辨力或者说图像的像素数决定。

9.3.3 康普顿散射成像检测技术的主要特点

康普顿散射成像检测技术，射线源与检测器位于物体的同一侧，采用平面扫描的方式完成检验过程，从得到的信号数据直接给出图像，不需要图像重建过程。与常规射线照相检验技术和 CT 技术比较，这种技术的主要优点是：

1）单侧几何布置，即射线源与检测器位于物体的同一侧。
2）图像的对比度在理论上可达到 100%。
3）具有层析功能，并且一次可以得到多个截面的图像。

与任何无损检测技术一样，康普顿散射成像检验技术也存在局限性。主要是：

1）由于康普顿散射成像技术采用散射线成像，因此它主要适于低原子序数物质、近表面区较小厚度范围内缺陷的检验。通常它适宜检验的物体表层厚度区是，钢约为 3~5mm，铝约为 25mm，塑料和复合材料约为 50mm。

2）在应用时必须考虑基体材料和缺陷对射线的散射差别，也必须考虑所要求的分辨力和成像时间。

图 9-9 是在一般的胶片射线照相试验室中，采用普通 X 射线机和胶片，用狭缝成像方法得到的铝板、铁板、印制电路板三层结构的康普顿散射成像层析图像。

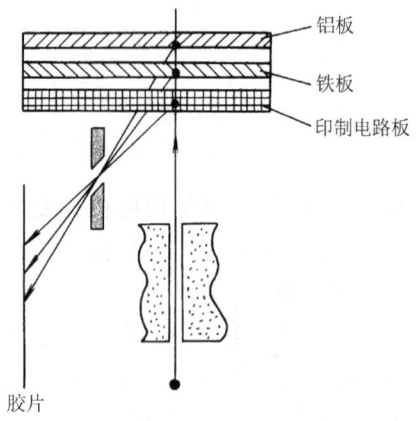
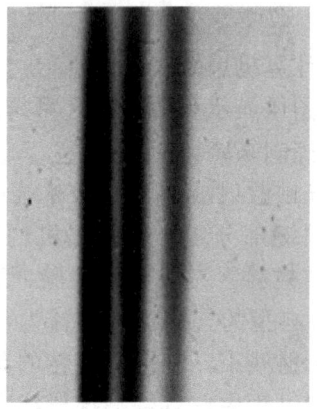

图9-9 铝板、钢板、印制电路板三层结构的康普顿散射成像层析图像

康普顿散射成像检验技术已应用于一些问题的检验和研究，例如飞机蒙皮的粘结和腐蚀检验。在固体火箭发动机结构的分层检验中，已可检出 0.15mm 的分层间隙。应用于粉末冶金产品的在线密度测量，测量密度为 6.7g/cm³ 左右时，测量的不确定度可达 1%，实验证明并可用于密度为 1.7g/cm³ 左右的复合材料密度测量。用 ϕ 0.5mm 的小孔以康普顿散射成像技术得到了铸件截面的缺陷图像。

**9.4 电子射线照相检验技术

大多数物质在 X 射线照射下将发射电子，电子射线照相检验技术就是采用这些电子进行的射线照相检验技术。由于这些电子的穿透能力很低，因此，电子射线照相检验技术主要用于很薄材料的射线照相检验，如纸张上的水迹、纸张的纤维分布、印章痕迹及邮票等的分析，也可对厚物体的表面层进行电子射线照相检验。

电子通过物质时，可以与物质的原子、原子的电子及原子核发生复杂的相互作用，相互作用的过程决定于电子的能量及电子与作用粒子的最近距离。在电子与物质的相互作用中，电子的能量不断损失，能量损失情况决定了电子的穿透能力。也就是电子的初始能量和吸收物质的性质，决定了电子在物质中的穿透能力。这也是电子射线照相检验技术的基本原理。

电子射线照相检验技术利用光电效应中产生的光电子进行。物体受到X射线照射时，由于光电效应将释放出电子，即光电子。当入射光量子的能量较低时，光电子主要分布在与光量子方向相垂直的方向。随着入射光量子能量的增高，光电子逐渐集中在光量子入射方向。按电子产生的方法，电子射线照相检验技术分为透射电子射线照相检验技术和发射电子射线照相检验技术。

透射电子射线照相检验技术的基本透照布置如图 9-10 所示。

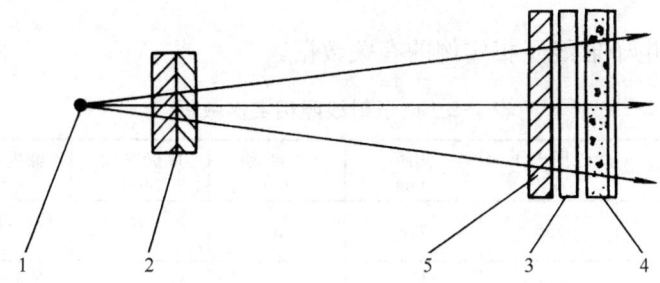

图9-10　射电子射线照相示意图
1—射线源　2—滤波板　3—样品　4—胶片　5—铅箔

如图中所示，X射线通过较厚的滤波板后照射到放在样品前面的铅板上，在射线与铅板相互作用中产生的电子穿过样品，在胶片上形成影像。在这个过程中一次射线也穿过样品，并入射到胶片，也会使胶片感光。由于电子的穿透能力低，所以透射电子射线照相技术只适宜于密度低、厚度很小对象的射线照相，如邮票、纸张等。

从上述过程可见，电子射线照相技术必须解决的一个问题是，减少一次射线对胶片的感光作用，否则将不可能得到电子射线照相的影像。为此，在电子射线照相检验技术中采取的主要技术措施是：

1）采用能量较高的X射线，并应严格进行滤波。通常X射线的透照电压在 300kV 以上，并经较厚的铜滤波后，一次射线产生的感光作用可以忽略；

2）采用单面乳剂、低感光度的射线胶片。这样的射线胶片对一次射线的吸收将大大降低；

3）胶片应与样品紧密靠近，胶片的乳剂面应面向样品，样品与胶片之间应直接接触，以尽量减少电子散射产生的影响，一般采用真空暗盒；

4）覆盖在样品上的铅箔应平整、均匀，表面光洁，并与样品紧密贴合。

发射电子射线照相检验技术的基本透照布置如图 9-11 所示。如图中所示，经严格滤波的X射线首先穿过胶片，然后照射到样品，在射线与样品的相互作用过程中产生电子。如果样品的不同点的物质不同，则产生的电子的数量和能量也将不同，其中与一次射线方向相反方向的那部分电子将入射到胶片，使胶片感光，形成影像。

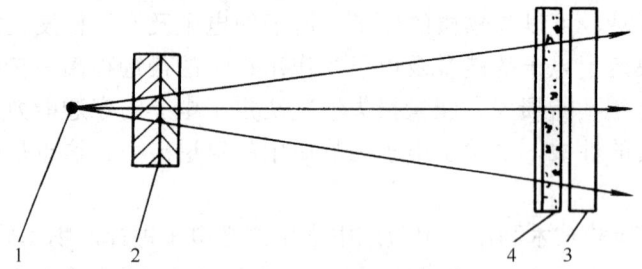

图9-11　电子射线照相示意图

1—射线源　2—滤波板　3—样品　4—胶片

发射电子射线照相技术，可用于很薄样品的射线照相，也可用于厚样品表面层的射线照相。在发射电子射线照相技术中，也必须采取透射电子射线照相检验技术的主要技术措施。

表 9-5 是三个电子射线照相实例的有关数据。

表 9-5　电子射线照相实例数据

物　品	照相方法	透照电压 /kV	焦距 /mm	管电流 /mA	曝光时间 /min	滤板厚度 /mm	铅箔厚度 /μm
树叶	透射	250	700	5	1	Cu 1.0 / Al 5	25
纸币	透射	250	700	5	1	Cu 1.0 / Al 5	25
邮票	透射/发射	250	700	5	2	Cu 1.0 / Al 5	25

**9.5　非常规射线照相检验技术

9.5.1　高能X射线照相检验技术

高能X射线照相检验技术，在基本方面与采用常规低能X射线机的射线照相检验技术相同，但也存在一些本身的特点。

1. 高能X射线的特点

在工业射线照相检验中产生更高能量射线一般采用加速器，利用加速器加速带电粒子，通过轫致辐射产生高能X射线。在加速器中，电子的速度接近光速，所产生的高能X射线具有了不同于一般X射线机产生的X射线的特点。

由于在加速器中电子的能量很高,并且能量集中,因此转换成X射线的效率高,通常可以达到50%~60%。

在高能范围,射线量子与物质的作用主要是康普顿散射和电子对效应。在0.2~10MeV能量范围,对钢、铝等金属材料,康普顿散射是主要的相互作用过程。此外,由于相互作用过程所产生的次级粒子具有很高的能量,它们将进一步引起散射。但散射线主要集中在一次射线方向,散射比随着射线能量的提高而不断降低。

对低能X射线,一般可以简单地说,随着射线能量增高,吸收系数将减小。但对高能X射线,在大约1~10MeV范围,物质的射线吸收系数,随能量增高比较慢地减小,而对10~100MeV范围,物质的射线吸收系数,随能量增高是比较慢地增大。显然这不同于我们接触较多的低能X射线的特点。

由于高能X射线吸收系数的上述特点,其射线照相检验的厚度宽容度远大于低能X射线时的情况。对高能射线照相检验,厚度相差一倍的两个厚度可以同时得到清晰的图像,对低能X射线照相检验,在大多数厚度的情况,很难达到这样的厚度宽容度。

2. 高能X射线照相检验技术的主要考虑方面

在加速器中产生的X射线主要在电子速度方向辐射。这样,在辐射场的横断面上,辐射强度很不均匀。线束中心的强度比偏离中心处的强度高出很多,图9-12是典型的辐射强度分布。这种情况随射线能量的提高而更加显著,它限制了高能射线可使用的辐照场。为了使射线束具有较大的比较均匀的辐照场,在高能X射线照相检验技术中经常采用补偿器。

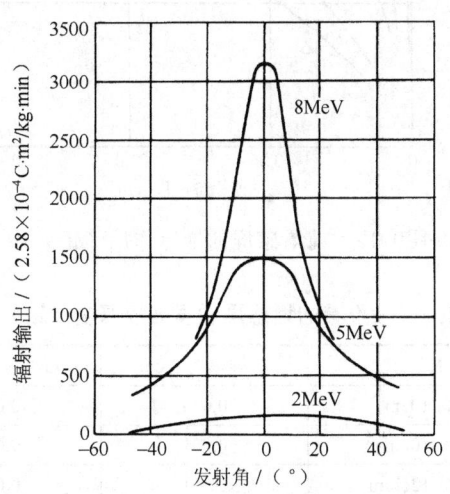

图9-12 高能X射线辐照场强度的分布

补偿器一般用铝制做,在射线束中心区其厚度大,随着角度加大厚度逐渐减小,以不同厚度对射线的吸收不同,得到具有较大均匀区的辐照场。

对高能X射线照相检验,由于射线的能量高,射线束辐照的任何物体,都可以产生很强的散射线。因此,应注意控制散射线。控制散射线主要是使用准直器、增感屏和屏蔽板。

准直器用铅、钨等制做,限制射出的射线束范围,使其只照射需要照射的部位。铅、钨等材料的宽束半值层厚度值见表9-6。

表 9-6 部分材料高能宽束半厚度　　　　　　　　（单位：cm）

0	1MeV	2MeV	4MeV	6MeV	8MeV	10MeV	16MeV
钨	0.55	0.90	1.15	1.20	1.20	1.20	1.15
铅	0.75	1.25	1.60	1.70	1.70	1.70	1.65
钢	1.60	2.00	2.50	2.80	3.00	3.00	3.30
铝	3.90	5.40	7.50	8.90	9.60	10.00	11.00
固体推进剂	6.10	8.40	11.60	13.80	14.90	16.50	20.40
混凝土	4.50	6.20	8.60	10.20	11.00	11.50	12.70

铅箔增感屏一方面具有增感作用，另一方面具有吸收散射线的作用。前铅屏增感作用与其厚度的关系见图 9-13，推荐使用的铅增感屏厚度见表 9-7。屏蔽板放置在透照物体与胶片暗盒之间，吸收来自物体的散射线。推荐使用的铅屏蔽板厚度见表 9-7。

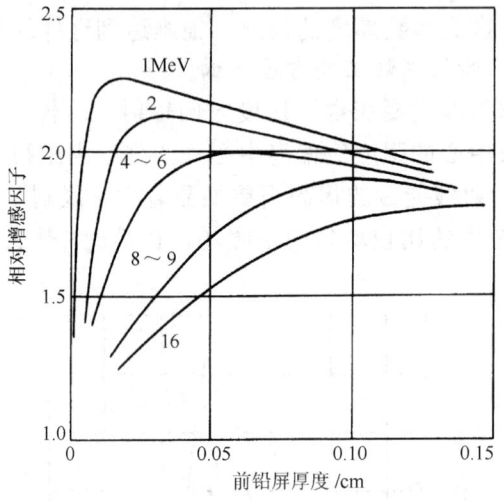

图 9-13　前增感屏的增感作用（铅）

表 9-7　推荐的增感屏和屏蔽板厚度（铅）

能量 / MeV	透照情况	前屏厚度 / cm	后屏厚度 / cm	屏蔽板厚度 / cm
1～4	低散射，$T < 10$cm	0.025	0.025	—
	高散射，$T > 10$cm	0.051	0.025	0.076
6～10	低散射，$T < 12.7$cm	0.051	0.025	—
	高散射，$T > 12.7$cm	0.076	0.025	0.076
12～25	低散射，$T < 15.25$cm	0.076	0.025	—
	高散射，$T > 15.25$cm	0.127	0.025	0.076

高能 X 射线照相检验时，为了得到适当的照射场，通常采用较大的焦距。因此，几何不清晰度较小，而胶片固有不清晰度由于射线能量高而增大。与低能 X 射线照相检验时相反，这时候胶片固有不清晰度将成为重要的不清晰度因素，表 9-8 给出的是高能 X 射线照相检验时胶片的固有不清晰度值。

表 9-8 射线能量与胶片的固有不清晰度

能量/MeV	1	2	4	8	10	16
U_i/mm	0.15	0.3	0.4	0.6	0.8	1.0

在高能射线照相检验中，必须进一步考虑的另外一个问题是辐射防护。由于高能射线的能量高，穿透力强，必须对辐射防护问题作出严格而细致的考虑，必须认真进行辐射防护设计。

高能X射线照相的曝光曲线一般如图 9-14 所示，可达到的射线照相灵敏度如图 9-15 所示。

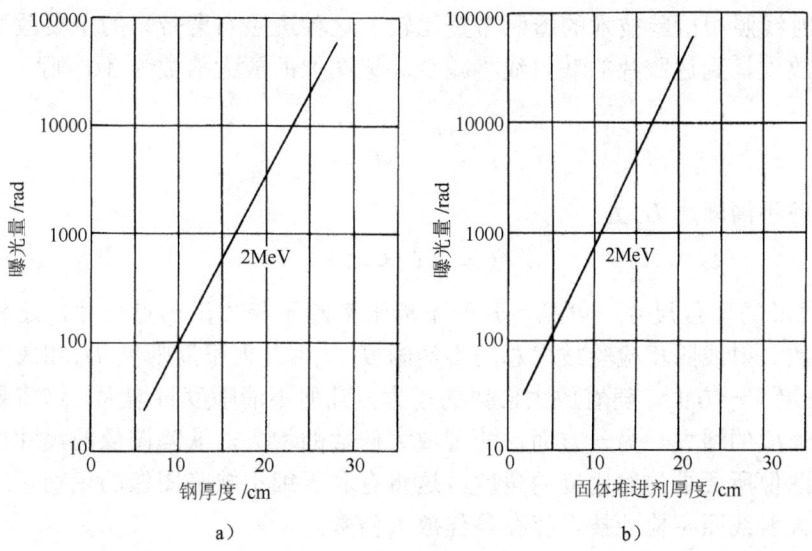

图9-14 典型的高能射线曝光曲线

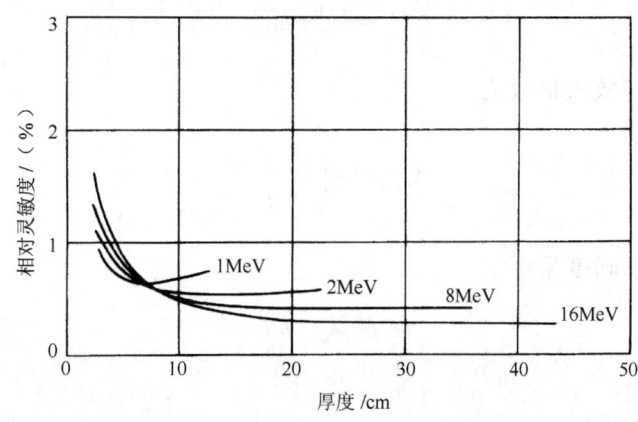

图9-15 钢的高能射线照相灵敏度

9.5.2 放大射线照相检验技术

放大射线照相检验技术的基本透照布置如图 9-16 所示，显然这种透照布置不同于常规射线照相检验技术的透照布置。

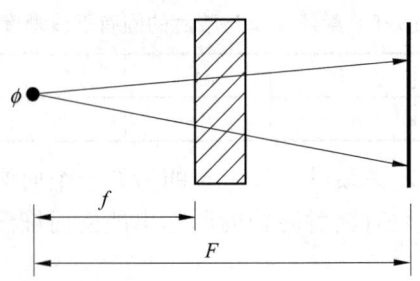

图9-16　放大射线照相检验技术的透照布置

与常规射线照相检验技术的透照布置比较，这种透照布置带来的主要改变是，得到的图像将被放大，到达胶片的散射线将减少。记图像的放大倍数为 M，则

$$M = \frac{F}{f} \tag{9-1}$$

容易求得几何不清晰度 U_g 为

$$U_g = \varphi(M-1) \tag{9-2}$$

式中 φ 为射线源的焦点尺寸。可见，几何不清晰度除了相关于焦点尺寸，还相关于所选用的放大倍数。射线照相检验技术总的不清晰度 U 由几何不清晰度 U_g 和胶片的固有不清晰度 U_i 决定。一方面，随着放大倍数的增大，几何不清晰度将增大，这将导致整个射线照相不清晰度的增大。另一方面，随着放大倍数的增大，缺陷图像的尺寸也将放大，从识别缺陷图像所要求的对比度的角度，这将有利于细小缺陷图像的识别。这种情况决定了，对放大射线照相检验技术存在最佳放大倍数。

若射线照相总的不清晰度采用

$$U^3 = U_g^3 + U_i^3$$

计算，则可得到最佳放大倍数为

$$M_0 = 1 + \left(\frac{U_i}{\varphi}\right)^{3/2} \tag{9-3}$$

若射线照相总的不清晰度采用

$$U^2 = U_g^2 + U_i^2$$

则最佳放大倍数为

$$M_0 = 1 + \left(\frac{U_i}{\varphi}\right)^2$$

对于低能X射线照相检验技术，由于胶片固有不清晰度值较小，为了能够采用一定的放大倍数，显然要求射线源的焦点尺寸应较小。表9-9是一些计算值，清楚显示了这一点。

可见，放大射线照相检验技术若应用，一般都应采用微焦点X射线设备。从这个表的值，也可以看出，在常规胶片射线照相检验技术中，胶片应靠近工件放置的一方面原因。

表 9-9　可采用的最佳放大倍数

	焦点尺寸/mm	2	0.4	0.05	0.015	0.010	0.005
M_0	$U_i = 0.05$mm	1.00	1.04	2	7.08	12.18	32.62
	$U_i = 0.09$mm	1.01	1.10	3.41	15.69	28	77.36
	$U_i = 0.12$mm	1.01	1.16	4.71	23.62	42.57	118.57
	$U_i = 0.15$mm	1.02	1.23	6.19	32.62	59.09	165.31

9.5.3　扫描射线照相检验技术

扫描射线照相是在射线源与被透照的物体处于相对移动的过程中，工件的不同部分顺序通过扫描窗口，受到射线照射，完成射线照相的技术。这种方法也称为移动射线照相或动态射线照相。

扫描射线照相的基本透照布置如图 9-17 所示，图中

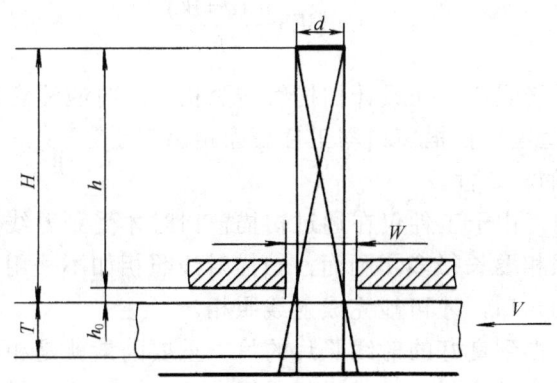

图9-17　扫描射线照相的透照布置

d —— 射线源在扫描方向的焦点尺寸；
W —— 扫描窗口在扫描方向的宽度；
h —— 扫描窗口与射线源的距离；
h_0 —— 扫描窗口与工件表面的距离；
H —— 射线源与工件表面的距离；
T —— 工件的厚度；
V —— 射线源与工件的相对移动速度。

在这种透照布置中，采用适当的驱动机构，使射线源与工件沿扫描方向以恒定的速度进行稳定的相对运动，在运动过程中完成射线照相。

与常规射线照相相比，扫描射线照相必须考虑的是，由于射线源与工件的相对运动所引入的不清晰度，即运动不清晰度，常记为 U_m。就其实质来说，它反映的是射线源焦点尺寸因相对运动产生的变化对影像不清晰度的影响，因此它可以归入几何不清晰度的范围之内。

对图 9-17 所示的平移运动，运动不清晰度与焦点尺寸、窗口宽度、射线源与工件的距离等因素的关系为

$$U_\mathrm{m} = \frac{T}{H}\left[\frac{h_0(d+W)}{h}+W\right]$$

若记

$$L = W+\frac{h_0(d+W)}{h}$$

则运动不清晰度也可写为

$$U_\mathrm{m}=LT/H$$

若记这时候的几何不清晰度为 U_G，则有

$$U_\mathrm{G}=T(d+L)/H$$

与常规射线照相相比，可见，由于相对运动，相当于焦点尺寸从原来的 d 增大为 d'

$$d' = d+W+\frac{h_0(d+W)}{h}$$

为了得到良好的射线照片，在设计扫描射线照相技术时应注意以下两点：

1）扫描窗口宽度适当，扫描窗口与工件表面距离应小；
2）保证相对运动的稳定性。

在扫描射线照相中，由于工件仅在通过扫描窗口时才受到射线照射，因此所需要的曝光时间比常规射线照相要长得多，因而，扫描射线照相如不采用特殊的射线源，则均需使工件多次通过扫描窗口，才可能完成射线照相。

扫描射线照相能否得到良好的射线照片的另一重要因素就是相对运动的稳定性。扫描窗口越小，运动的稳定性应越好，如果相对运动不稳定，则将导致工件不同部分通过扫描窗口的时间长短不同，也就是曝光量不同，射线照片将产生有规律的条纹背景，影响影像的质量。

除了平移扫描射线照相方法外，常见的还有旋转扫描射线照相方法，它主要用于圆筒形工件，工件以适当速度围绕中心轴旋转，在旋转过程中进行射线照相。对平移扫描射线照相所述的特点对旋转扫描射线照相同样存在。

在扫描射线照相中工件整体都将在同样的透照条件下进行射线照相，这对于常规射线照相是不可能的。如果采用进一步的扫描窗口设计，可以实现用常规X射线机以基本平行的射线束连续照射被检工件，从而形成没有放大和畸变的影像。由于扫描射线照相的这些重要特点，使得它在下述两方面的检验中具有特殊的意义：

1）大面积的准直性检验；
2）不可见的内部结构与尺寸测定。

扫描射线照相技术的主要意义也正是在这些特殊的方面。图 9-18 是采用自制的简易扫描装置完成的笼型转子的射线照片和常规射线照相技术得到的底片的比较。它清楚地显示出扫描射线照相可以在大面积范围内减小影像变形的特点。

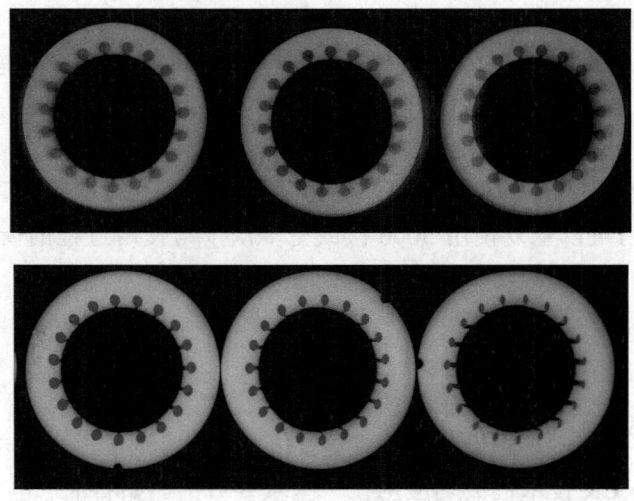

图9-18 扫描底片与常规射线照相底片比较

（工件高度为14mm，扫描透照焦距为80cm，常规透照焦距为110cm；上图为扫描底片，下图为常规射线照相底片，最左一个工件位于透照区中心部位）

**9.6 CR 技术

CR 技术，即计算机化的射线照相检验技术，是数字射线照相技术中一种新的非胶片射线照相技术。目前，它采用储存荧光成像板代替胶片完成射线照相检验。

储存荧光成像板是基于某些荧光发射物质具有保留潜在图像信息的能力。这些荧光物质在较高能带俘获的电子形成光激发射荧光中心，在激光激发下，光激发射荧光中心的电子将返回它们的初始能级，并以发射可见光的形式输出能量。这种光发射与原来接收的射线剂量成比例。这样，当激光束扫描储存荧光成像板时，就可得到射线照相图像。

CR 技术系统一般应包括射线源、成像板、成像板读出器（扫描器）、电子图像处理系统、图像显示器和数据记录系统。其中，关键的是成像板和成像板读出器。目前 CR 技术的成像板已可用于 10kV～32MeV 的能量。

CR 技术检验的主要过程如下（如图 9-19）：透照→成像板读出→评定。

透照过程及关于技术的考虑与常规的胶片射线照相检验技术相同，不同的仅是用成像板代替胶片作为检测器接收辐射照射。成像板是 CR 技术的关键器件，正是它使 CR 技术不同于其他射线检测技术。

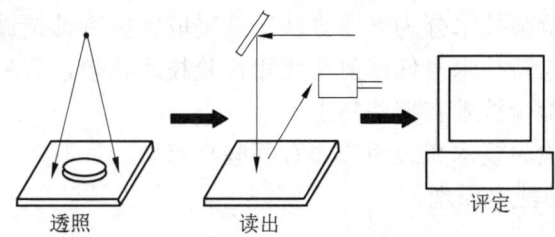

图9-19 CR 技术检验过程示意图

在透照以后，需将储存荧光成像板插入 CR 系统的成像板读出器（扫描器）中，采用激光扫描成像板上的图像，产生的发射荧光经光导收集送入光电倍增器，转换成模拟电信号，经 A/D 转换形成数字信号，储存在计算机内存中，成为初始图像。对 35cm×43cm 的成像板，读出过程时间不超过 1min。

读出成像板上的图像后，可以将成像板的图像抹掉，这样成像板可以再次使用。有的成像板已给出，它可以重复使用 5000 次或更多次（与使用过程的情况有关）。

CR 技术具有的主要特点可归纳为：

1) 与胶片射线照相相比，动态范围宽，曝光量可减少 10%~60% 或更多（视成像板特点）。

2) 一些试验和应用证明，其图像质量不低于胶片射线照相的图像质量。

3) 潜在的特点是可实现图像的自动评定。

已有文献记载，CR 技术已成功应用在一些重要方面。如石油、电力、化工、核工业和航空工业等。在航空工业已应用于飞机结构、叶片、管路、发动机等的检验。对管路腐蚀壁厚的测定，其精度可达到 0.2~0.3mm。此外，还应用到了桥梁结构的检查。图 9-20 是同一工件的胶片射线照相图像和 CR 技术的图像比较。

图9-20　CR 技术图像和胶片图像的比较（左侧图为胶片 X 射线照相图像）

复 习 题

1．热中子射线照相检验技术分为哪些方法，主要应用在哪些方面？
2．热中子射线照相检验技术的转换屏分为几类？各有什么特点？
3．试述康普顿背散射成像检验技术的优点。
4．简述 CT 检测技术的成像过程。
5．电子射线照相检验技术分为哪些方法？须采取哪些特殊措施？
6．高能射线照相检验技术与低能射线照相检验技术比较，有哪些新的特点？
7．放大射线照相检验技术有哪些特点？
8．扫描射线照相检验技术在应用方面有哪些特点？
9．简述 CR 技术的基本原理。

第10章 辐射防护

辐射,即通常所称的射线,从它与物质相互作用引起的电离情况可分为两类:(致)电离辐射和非(致)电离辐射。任何与物质作用,直接作用或间接作用可引起物质电离的辐射称为电离辐射,不能引起物质电离的辐射称为非电离辐射。直接致电离粒子如电子、β射线、质子、α粒子等带电粒子,X射线和γ射线是间接致电离辐射。人们很早就认识到电离辐射对人体的危害作用,并注意到安全防护问题,辐射防护就是研究这方面的一个学科。

对于工业射线检测技术,在辐射防护方面面对的主要问题是外照射防护。本章将针对工业射线检测技术,介绍辐射防护的基本概念和相关的主要内容。

10.1 辐射量

为了描述辐射与物质的相互作用,必须建立一些描述辐射本身性质的物理量及其测量单位。现在广泛使用的描述辐射的物理量主要是照射量、吸收剂量、剂量当量。

10.1.1 照射量

当X射线或γ射线穿过空气时可以产生二次电子,二次电子和空气分子作用,使空气电离,形成带有正电荷的正离子和带有负电荷的负离子,照射量就是描述X射线或γ射线使空气产生电离能力的物理量。

照射量定义为:X射线或γ射线在某一体积元的空气中产生的全部电荷被完全阻留在空气中时,产生的任一种符号的电荷的绝对值与这个小体积空气质量之比

$$X = \frac{\mathrm{d}Q}{\mathrm{d}m}$$

式中 X ——照射量;

$\mathrm{d}m$ ——体积元中空气的质量;

$\mathrm{d}Q$ ——在体积元空气中产生的一种符号电荷的电量。

即,照射量表示X射线或γ射线在单位质量的空气中所能产生的电荷数量。照射量常用符号:"X"表示,其法定计量单位是:库仑/千克,符号为"C/kg"。照射量的专用单位是:伦琴,符号为"R"。两个单位的关系是

$$1R = 2.58 \times 10^{-4} \mathrm{C/kg}$$

照射量是X射线或γ射线对空气定义的,它不适于其他辐射,也不适于其他物质。

单位时间的照射量称为照射量率,一般用符号"$\dot{X}$"表示,即

$$\dot{X} = \frac{\mathrm{d}X}{\mathrm{d}t}$$

式中　dt —— 一小的时间间隔；
　　　dX —— 在此小的时间间隔中产生的照射量（其中的"d"均为微分符号）。其单位常用 C/kg·h^{-1} 等表示。

10.1.2　吸收剂量

当射线辐照物体时，可以将它能量的一部分或全部传递给被辐照的物体，也即被辐照的物体可以吸收电离辐射的一部分或全部能量。但是，在同样的条件下，不同的物质吸收射线能量的情况并不相同。照射量仅仅表示了空气完全吸收 X 射线或γ射线能量的情况，而吸收剂量表示的是各种物质吸收电离辐射能量的情况。

吸收剂量定义为：电离辐射授予某一体积元中物质的平均能量与该体积元中物质质量之比

$$D = \frac{d\bar{\varepsilon}}{dm}$$

式中　D —— 吸收剂量；
　　　d$\bar{\varepsilon}$ —— 授予体积元的平均能量；
　　　dm —— 体积元的物质质量。

即吸收剂量表示电离辐射传递给单位质量的被辐照物质的能量。吸收剂量常用符号："D"表示，其单位是：戈[瑞]，符号为"Gy"。

$$1Gy = 1J/kg$$

吸收剂量的专用单位是：拉德，符号为"rad"，两者的关系是

$$1Gy = 100rad$$

在实际使用中常用较小的单位，如毫戈[瑞]（mGy）等。

吸收剂量适用于任何类型的电离辐射，也适用于任何物质。但必须注意的是，吸收剂量的大小不仅相关于电离辐射本身的类型和能量，而且也相关于被辐照的物质。同样的电离辐射辐照不同的物质时，产生的吸收剂量可以不同。

类似于照射量率相应地可以引入吸收剂量率

$$\dot{D} = \frac{dD}{dt}$$

它表示单位时间的吸收剂量，常用单位是：戈[瑞]/小时（Gy/h）。

10.1.3　剂量当量

不同类型的电离辐射和不同的照射条件，对于生物体产生的辐射损伤即使在相同的吸收剂量之下也可以不同。为了统一评价不同类型的电离辐射对生物体产生的辐射损伤，在研究辐射防护时必须考虑不同辐射的辐射损伤差别。为此，引入辐射品质因数，常记为 Q，表示吸收能量微观分布对辐射生物效应的影响；引入修正因子，常记为 N，表示吸收剂量空间、时间等分布不均匀性对辐射生物效应的影响。

剂量当量则定义为：吸收剂量与辐射品质因数及修正因子之积，常用符号"H"表示，即

$$H = DQN$$

剂量当量的单位是：希[沃特]，符号为：Sv。

$$1\text{Sv} = 1\text{J/kg}$$

剂量当量的专用单位是：雷姆，符号为"rem"，两者的关系是

$$1\text{Sv} = 100\text{rem}$$

当辐射具有一定能谱时，可以给出平均品质因数，常简单地记为 Q。一些射线的平均品质因数列于表 10-1 中。修正因子一般都取为 1。

同样，可以定义剂量当量率

$$\dot{H} = \frac{dH}{dt}$$

表 10-1 射线的平均品质因数

照射类型	射线种类	Q
外照射	X 射线，γ 射线，电子	1
	热中子	3
	中能中子（0.02~0.1Mev）	5~8
	快中子（0.5~10Mev）	10
内照射	X 射线，γ 射线，电子	1
	α 粒子	10

表示单位时间的剂量当量，常用单位是：希沃特/小时（Sv/h）。

*10.1.4 吸收剂量与照射量的关系

从前面的介绍可以看到，吸收剂量和照射量不是同一概念，照射量是以空气的电离程度对辐射场的一种量度，吸收剂量给出的是被照射物质吸收辐射能量的状况，但两者存在一定的关系。直接测量吸收剂量是比较困难的，但可以通过仪器测量照射量来计算被辐照物体的吸收剂量。

在标准状态下 1cm^3 的空气的质量为 0.0013g，当它受到 1R 的照射量照射时，产生的电离能为 0.113erg，所以，空气在 1R 的照射量照射下吸收的能量为

$$8.69 \times 10^{-3} \text{ J/kg}$$

一般地，如果记照射场中某点的照射量为 X（单位为伦琴，R），该点空气的吸收剂量为 D_a，则可给出空气的吸收剂量与照射量的关系为

$$D_a = 8.69 \times 10^{-3} X \text{ (Gy)} \tag{10-1′}$$

当照射量的单位为库仑/千克（C/kg）时，它们的关系为

$$D_a = 33.7 X \text{ (Gy)} \tag{10-1}$$

这样，只要知道了辐照场中某点的照射量，就可以计算该点空气的吸收剂量。

对于其他的物质，可以通过空气的吸收剂量求出吸收剂量。在一定的条件（"电子平衡"）下，不同物质的吸收剂量之间存在下述系

$$\frac{D_1}{D_2} = \frac{(\mu_{en}/\rho)_1}{(\mu_{en}/\rho)_2}$$

式中，μ_{en}/ρ 为物质的质能吸收系数，足标表示不同的物质。因此，对某种物质，其吸收剂量可按下式计算

$$D_m = \frac{(\mu_{en}/\rho)_m}{(\mu_{en}/\rho)_a} D_a$$

$$D_m = \frac{(\mu_{en}/\rho)_m}{(\mu_{en}/\rho)_a} \times (8.69 \times 10^{-3}) X \qquad (10\text{-}2')$$

式中　D_m —— 物体的吸收剂量（Gy）；

　　　X —— 物体所在处的照射量（R）；

当照射量的单位为 C/kg 时，则为

$$D_m = \frac{(\mu_{en}/\rho)_m}{(\mu_{en}/\rho)_a} \times 33.7 X \qquad (10\text{-}2)$$

在实际应用中常引入换算因子 f，将上面的关系写成简单的吸收剂量与照射量的关系：

$$D_m = fX \qquad (10\text{-}3)$$

换算因子的值相关于射线的能量，也相关于被辐照的物体的性质。从有关手册可查到人体的换算因子值，按照人体的肌肉、骨骼等的组成，通常对人体可取（X 的单位为 R）：

$$f = 9.5 \times 10^{-3}$$

用此因子，可从照射量得出全身受到均匀外照射时的近似吸收剂量。图 10-1、图 10-2、图 10-3 给出的是 X 射线机和 γ 射线源的照射量率曲线，这类关系曲线是计算辐射防护问题必须的数据。

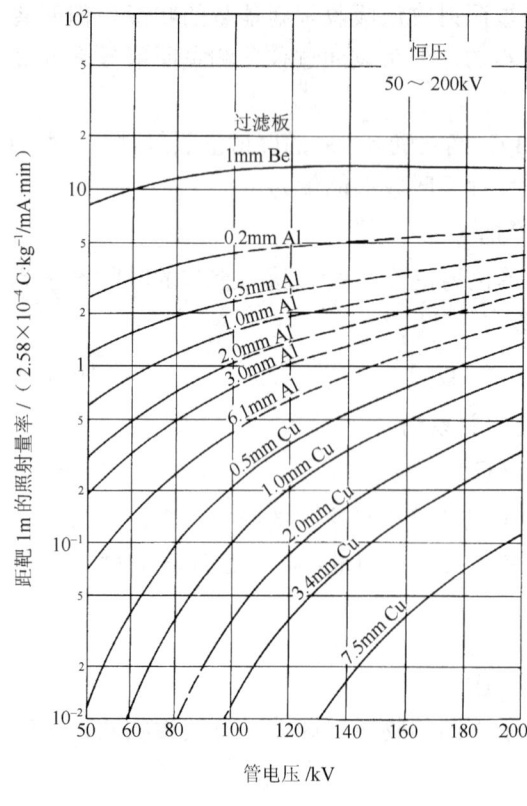

图10-1　恒压 X 射线机的照射量率曲线

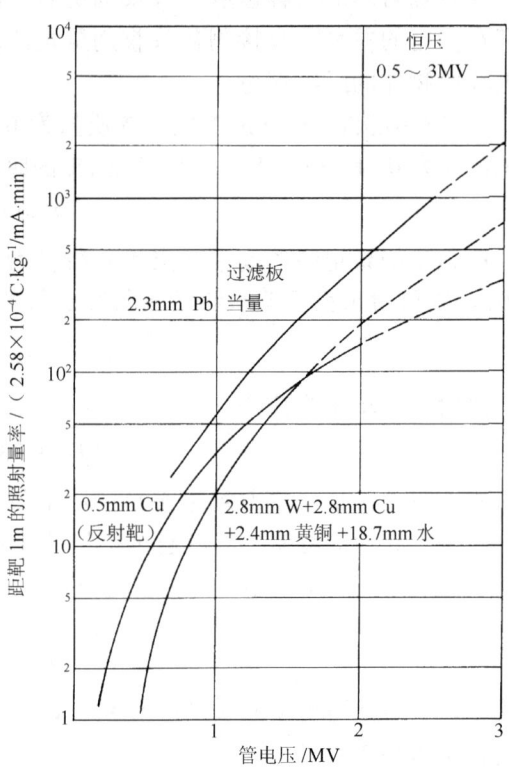

图10-2　高能 X 射线（恒压）的照射量率曲线

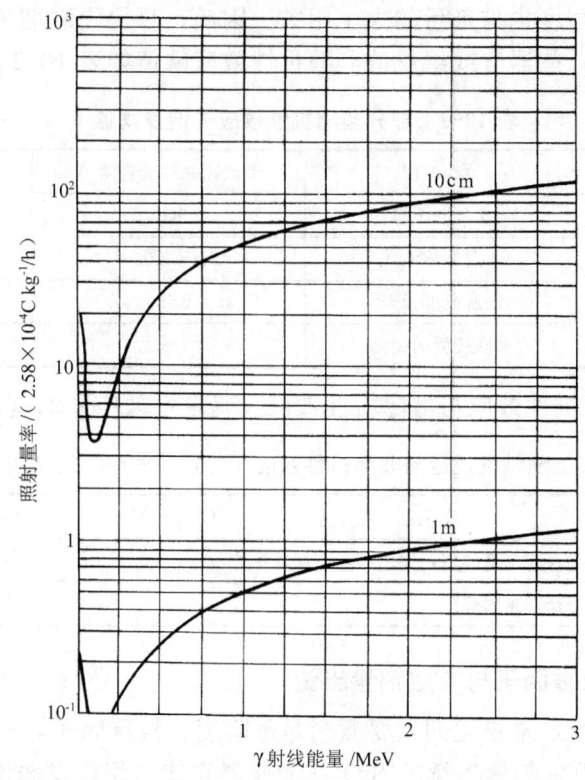

图10-3　γ射线源的照射量率（源活度为0.037TBq，每次衰变发射一个γ射线光子）

10.2　辐射生物效应

10.2.1　辐射生物效应分类

辐射作用于生物体时由于电离作用，将造成生物体的细胞、组织、器官等的损伤，引起病理反应，这称为辐射生物效应。辐射对生物体的作用是一个极其复杂的过程，生物体从吸收辐射能量开始到产生生物效应，要经历许多不同性质的变化，一般认为将经历四个阶段的变化，即物理变化阶段、物理—化学变化阶段、化学变化阶段、生物变化阶段。

辐射生物效应可以表现在受照者本身，也可以出现在受照者的后代。表现在受照者本身的称为躯体效应，出现在受照者后代时称为遗传效应。躯体效应按照显现的时间早晚又分为近期效应和远期效应。

从辐射防护的观点，全部辐射生物效应可以分为两类：随机性效应、非随机性效应（在 ICRP 第60报告中改称为"确定性效应"）。

随机性效应是效应的发生率（而不是严重程度）与剂量的大小有关的辐射生物效应。对于正常的低剂量照射情况，从辐射防护的目的出发，常假定随机性效应的发生率与剂量之间存在线性关系，即剂量越大随机性效应的发生率越大，并且不存在剂量阈值。

非随机性效应是指存在阈值的效应，这种生物效应只有当剂量超过一定的值之后才能发生，效应的严重程度也与剂量的大小相关。因此，只要限制剂量当量就可以避免非随机性效应的发生。一些器官或组织的非随机性效应阈值如表10-2所示。

表10-2　部分非随机性效应的剂量阈值

器官、组织	效　应	单次照射的剂量阈值	多次照射累积剂量阈值
生殖腺	永久性不育	3Gy	—
眼晶体	晶体混浊	0.5~2.0Sv	>15Gy
红骨髓	造血机能损伤	1.5Sv	>20Gy
皮　肤	难以接受的变化	—	>20Gy

表10-3比较了随机性效应与非随机性效应（确定性效应）的基本特点。

表10-3　随机性效应与非随机性效应（确定性效应）的基本特点

效应类型	效　应　发　生	效应严重程度
随机性效应	不存在剂量阈值，发生概率与剂量相关	与剂量无关
非随机性效应	存在剂量阈值	与剂量相关

*10.2.2　危险度、权重因子与有效剂量当量

对随机性效应进行定量描述的重要概念是危险度、权重因子。

危险度定义为：单位剂量当量（1Sv）在受照器官或组织诱发恶性疾患的死亡率，或出现严重遗传疾病的发生率。不同的器官和组织的危险度不同，为表征不同器官和组织在相同剂量当量下，对人体导致辐射生物效应有害程度的差异，引入表示相对危险度的权重因子概念。权重因子定义为：各器官或组织的危险度与全身受到均匀照射的危险度之比，记为W_T。表10-4列出了人体各器官和组织的危险度和权重因子。

表10-4　器官和组织的危险度和权重因子

器官、组织	效　应	危险度（1/Sv）	W_T（权重因子）
生殖腺	二代重大遗传疾病	4×10^{-3}	0.25
乳　腺	乳腺癌	2.5×10^{-3}	0.15
红骨髓	白血病	2×10^{-3}	0.12
肺	肺　癌	2×10^{-3}	0.12
骨	骨　癌	5×10^{-4}	0.03
甲状腺	甲状腺癌	5×10^{-4}	0.03
其他组织	癌	5×10^{-3}	0.30①
全　身	诱发癌症	1×10^{-2}	
	一代遗传疾病	4×10^{-3}	

① 选取其他五个接受剂量当量最大的器官或组织，每个器官或组织的权重因子取为0.06，其他器官或组织不计。胃、小肠、大肠上段、大肠下段可作为四个独立器官。

身体受到照射时，可能是多个部位或全身，不同的部位受到的照射也可能不同，为了评价这时产生的辐射生物效应，对随机效应引入了有效剂量当量。有效剂量当量定义为：器官或组织接受的剂量当量与该器官或组织的相对危险度权重因子之积，有效剂量当量一般记为 H_E，它等于

$$H_E = W_T H_T$$

H_T 为器官或组织接受的剂量当量，对整个人体在非均匀照射时，有效剂量当量为

$$H_E = \sum W_T H_T$$

10.2.3 辐射损伤

辐射损伤就是电离辐射产生的各种生物效应对人体造成的危害和损伤。它可以来自人体之外的辐射照射，也可以产生于吸入体内的放射性物质的照射。造成辐射损伤的机理主要是，辐射能使生物体中的分子发生电离和激发，或者直接破坏生物体的大分子，或者通过破坏水分子，使生物体的大分子受到破坏。

辐射损伤可分为两种：急性损伤、慢性损伤。

急性损伤是短时间内全身受到大剂量，例如数戈[瑞]剂量的照射产生的辐射损伤。典型的急性损伤常表现为三个阶段：

1) 前驱期：受照者出现恶心、呕吐、等症状，约持续 1~2 天；
2) 潜伏期：一切症状消失，可持续数日或数周；
3) 发症期：表现出辐射损伤的各种症状，如呕吐、腹泻、出血、嗜眠、毛发脱落等，严重者导致死亡。

急性损伤主要是中枢神经系统损伤、造血系统损伤、消化系统损伤，也可以造成性腺损伤、皮肤损伤等。由于急性损伤将造成严重后果，所以必须防止短时间大剂量的照射情况发生。急性损伤的主要效应特点如表 10-5 所示。

表 10-5 急性损伤的主要效应

剂量/Gy	可能产生的效应
0~0.25	无可检出效应，可能无迟发效应
0.5	血象轻度暂时变化，可能有迟发效应
1	恶心、疲劳
2	受照后 24h 内出现恶心、呕吐、，一周潜伏期后出现毛发脱落、厌食、虚弱等（如，腹泻、喉炎）
4（半致死剂量）	受照后几小时出现恶心、呕吐，二周内可见毛发脱落、厌食、虚弱、体温增高，第三周出现紫斑、口腔和咽部感染，第四周出现苍白、腹泻、迅速消瘦，50%个体可能死亡
≥6（致死剂量）	受照后 1~2h 出现恶心、腹泻，一周出现呕吐等，体温升高，迅速消瘦，第二周出现死亡，死亡率可达 80%~100%

慢性损伤是长时间受到超过容许水平的低剂量的照射时，在受照后数年甚至数十年

后出现的辐射生物效应。对慢性损伤目前尚难以判定辐射与损伤之间的因果关系。目前认为慢性损伤主要有白血病、癌症（皮肤癌、甲状腺癌、乳腺癌、肺癌、骨癌等）、再生不良性贫血、白内障、寿命缩短等。关于寿命缩短，在国际放射防护委员会的第26号出版物中指出："寿命缩短效应，除了由于诱发肿瘤所造成的以外，缺乏确凿的证据，不能用于定量估计"。

除了上述两种情况外，实际中存在的另一种情况是慢性小剂量照射，即长时期受到低于最大容许剂量的照射。对于这种照射的辐射生物效应，过去是从高剂量、高剂量率的效应外推进行评估的，近年来的资料表明，低剂量、低剂量率引起的辐射生物效应低于从高剂量、高剂量率外推得出的结果。慢性小剂量照射产生的辐射损伤可能是诱发癌症。一种观点认为，由于机体对辐射损伤具有修复功能，因此当辐射损伤较轻时，机体的修复作用将使辐射损伤的症状表现不出来。慢性小剂量照射情况关于人体的直接经验很少，尚需要进一步研究。

辐射损伤与许多因素相关，主要是辐射性质、剂量、剂量率、照射方式、照射部位和范围等。

（1）辐射性质　不同类型、不同能量的辐射传给受照机体的能量不同，使机体产生的电离不同，因而产生的生物效应也不同。品质因数定量地说明了这点。

（2）剂量　从随机性效应和非随机性效应的发生可以看到，剂量与生物效应之间存在复杂的关系，但一般可以认为，吸收剂量越大辐射生物效应发生的可能越大，辐射生物效应也越严重。

（3）剂量率　在总剂量相等的情况下，可以认为，剂量率越高产生的辐射生物效应越严重。由于机体对辐射损伤具有修复功能，所以小剂量率的照射可能不能产生辐射损伤。

（4）照射方式　照射方式包括外照射、内照射，一次照射、多次照射，也包括多次照射的时间间隔等。外照射是来自机体之外的辐射照射，内照射是进入机体的放射性物质产生的辐射照射。照射方式不同，机体的吸收不同，产生的辐射生物效应也不同。

对于射线检测人员主要是外照射产生的辐射生物效应。

（5）照射部位与范围　机体的不同部位对辐射的敏感程度不同，因此在同样的辐射照射下产生的辐射生物效应可以不同。不同部位的敏感性从高向低的次序是：腹部、盆腔、头部、胸部、四肢。在相同的剂量下，受照的范围越大引起的辐射生物效应越强。

10.3　辐射防护原则、剂量限制体系和防护技术

10.3.1　辐射防护原则

辐射防护的目的是防止发生有害的非随机性效应、限制随机性效应的发生率在被认为是可以接受的水平范围之内，从而尽量降低辐射可能造成的危害。为了实现上述的防

护目的，在辐射防护中应遵循三项原则：正当化原则、最优化原则、限值化原则。

正当化原则要求，在任何包含电离辐射照射的实践，应保证这种实践对人群和环境产生的危害小于这种实践给人群和环境带来的利益，即获得的利益必须超过付出的代价，否则这种含有电离辐射的实践是不正当的，不应进行这种实践。

最优化原则要求，应当避免一切不必要的照射，任何伴随电离辐射照射的实践，在符合正当化原则的前提下，在考虑了经济和社会因素之后，源的设计和利用及与此有关的实践，应保证将辐射照射保持在可以合理达到的尽量低的水平。考虑时应包括剂量大小、受照人数、以及不一定受到但可能受到的照射等各个方面。

限值化原则要求，在符合正当化原则和最优化原则下所进行的实践中，应保证个人所接受的照射剂量当量不超过规定的相应限值。

辐射防护中所谓的"可以接受的水平"，是把放射性工作的危险度与其他被认为安全标准比较高的职业的危险度相比较提出的。不同的职业都具有一定的危险度，国际上公认的比较安全行业的危险度是 10^{-4}。放射性工作全身均匀照射时，按照目前辐射防护标准中常规定的年剂量当量限值是 50mSv，从此可以得到放射性工作的职业危险度（发生癌症的几率）为 5×10^{-4}。这个危险度与许多行业（石油：5×10^{-4}、化工：3×10^{-4}、冶金：3×10^{-4} 等）的危险度是相近的。实际上接近剂量当量限值的人数是很少的，多数人接受的年剂量当量不超过 5mSv，若按照这个值计算，则危险度为 5×10^{-5}，这应是比较低的危险度。

10.3.2 剂量限制体系

按照辐射防护的目的和上述原则，辐射防护标准关于剂量当量的限值规定主要包括：

1. 对非随机性效应

规定了不同器官或组织的最大容许剂量当量限值。

2. 对随机性效应

依据可以接受的水平，以危险度为基础规定全身均匀照射的年剂量当量限值和非均匀照射时各器官和组织容许的有效剂量当量限值。

显然，上述对随机性效应的规定值仅是一个"可以接受的水平"的限值，并不是保证不发生辐射损伤的限值。因此，在实践中应遵循最优化原则尽量降低受到的辐射照射。剂量当量和有效剂量当量常简称为剂量当量或剂量。

放射性工作人员的年剂量当量是指，一年工作期间所受到照射的剂量当量（与摄入的放射性核素所产生的待积剂量当量二者之和），但不包括天然本底照射和医疗照射。表 10-6 列出了 GB 18871—2002 关于个人剂量当量限值的主要规定。

关于剂量当量限值，在 GB 18871—2002 标准中还有如下一些主要规定。

a）对放射性工作人员在特殊情况下，允许经审管部门审批，可以例外地把剂量平均期延长到 10 年。在此期间，年平均剂量当量限值为 20mSv/a，并且任何一年的有效年剂量当量限值不能超过 50mSv/a。

表 10-6　GB 18871—2002 关于个人剂量当量限值的规定

效　应	照射对象与要求	年剂量当量限值/（mSv·a^{-1}）	
		职业人员	公众人员
非随机性效应	眼晶体	150	15
	四肢或皮肤	500	50
随机性效应	全身，连续 5 年平均	20	—
	全身，任何一年	50	1[①]

① 特殊情况下，如果 5 个连续年的年平均剂量不超过 1mSv，则某一单一年份的有效剂量当量可提高到 5mSV。

b）对年龄为 16 岁－18 岁的就业培训的徒工和学生所受的职业性照射应控制为，年有效剂量当量限值为 6mSv/a，眼晶体的年剂量当量限值为 50mSv/a，四肢和皮肤的年剂量当量限值为 150mSv/a。

10.3.3　外照射防护方法

对外照射主要从照射时间、照射距离、屏蔽三方面控制人员所受到的照射剂量。

（1）时间　显然，减少受到照射的时间可以减少接受的照射剂量。在照射率一定时，由于

$$剂量 = 剂量率 \times 时间$$

因此，针对照射率的大小可以确定容许的受到照射的时间。

（2）距离　将辐射源视为点源，则辐射场中某点的照射剂量与该点和源的距离的平方成反比，即

$$\frac{D_1}{D_2} = \frac{F_2^2}{F_1^2}$$

其中，F_1——源与辐照场中点 1 的距离；

F_2——源与辐照场中点 2 的距离；

D_1——辐照场中点 1 的照射剂量；

D_2——辐照场中点 2 的照射剂量。

明显的，距离增大将迅速降低受到的照射剂量。

（3）屏蔽　按照射线的衰减规律，如果在工作人员与源之间设立适当的屏蔽物体，则射线穿过屏蔽物体后其强度将大大降低，也必然减少产生的照射剂量。

对 X 射线和 γ 射线常用的屏蔽材料是铅和混凝土。采用半值层厚度概念常可以近似估计所需要的屏蔽材料厚度。表 10-7 和表 10-8 是 X 射线和 γ 射线的半值层厚度值。图 10-4 和图 10-5 分别是宽束 X 射线在铅和混凝土中的减弱曲线，图 10-6、图 10-7、图 10-8 分别是宽束 γ 射线 ^{60}Co 源、^{192}Ir 源、^{170}Tm 源在铅、铁等材料中的减弱曲线，它们给出了透射因子（即透射强度与入射强度之比）与屏蔽厚度的关系。

表 10-7 宽束 X 射线的近似半厚度　　　　　　　　　　（单位：mm）

管电压/kV	铅	混凝土	管电压/kV	铅	混凝土
50	0.06	4.3	250	0.88	28.0
75	0.17	8.4	300	1.47	31.0
100	0.27	16.0	400	2.5	33.0
150	0.30	22.4	1MV	7.9	44.0
200	0.52	25.0	2MV	12.5	64.0

表 10-8 常用 γ 射线源的半值层厚度（GB 18465—2001）　　（单位：mm）

屏蔽材料	^{60}Co	^{192}Ir	^{169}Yb	^{170}Tm
铝	70	50	27	20
混凝土	70	50	27	—
钢	24	14	9	5
铅	13	3	0.8	0.6
钨	10	2.5	—	0.09
铀	6	2.3	—	0.035

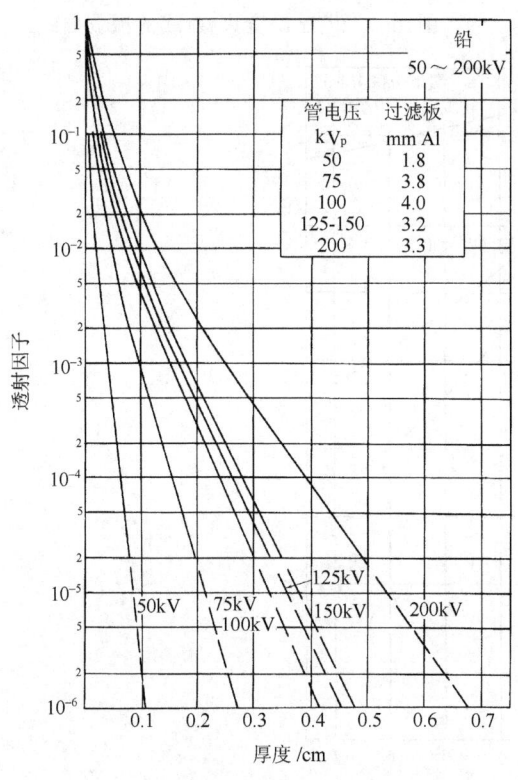

图 10-4 宽束 X 射线在铅中的减弱曲线

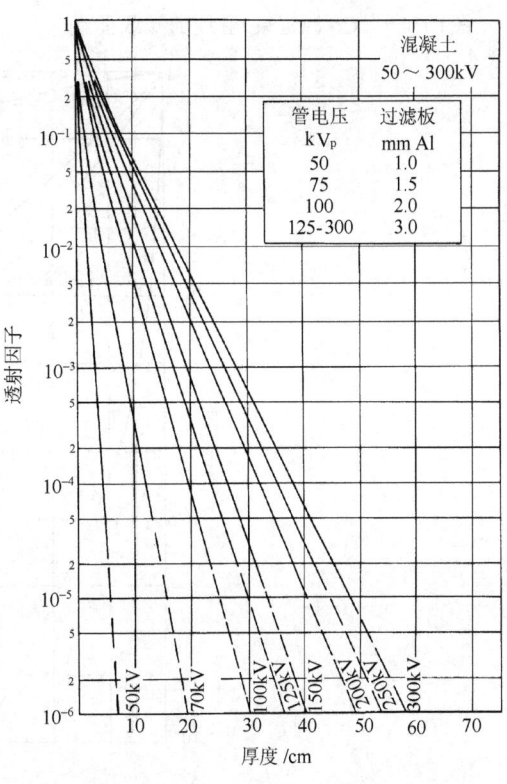

图 10-5 宽束 X 射线在混凝土中的减弱曲线

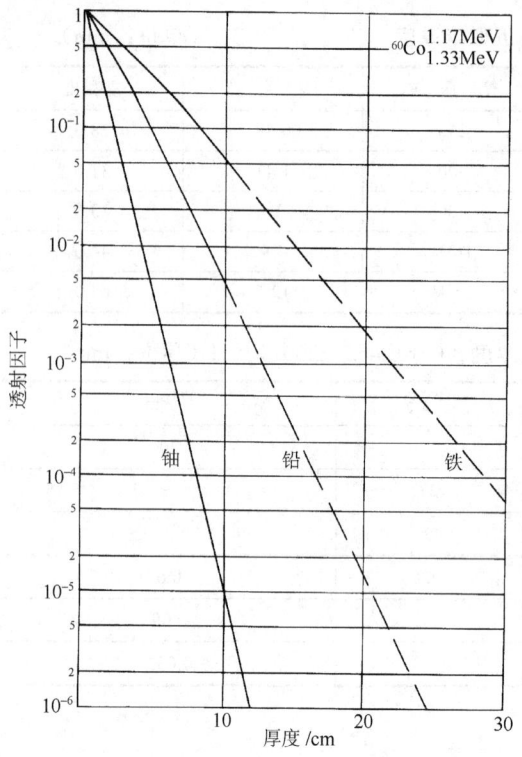

图10-6 ^{60}Co 源宽束γ射线的减弱曲线

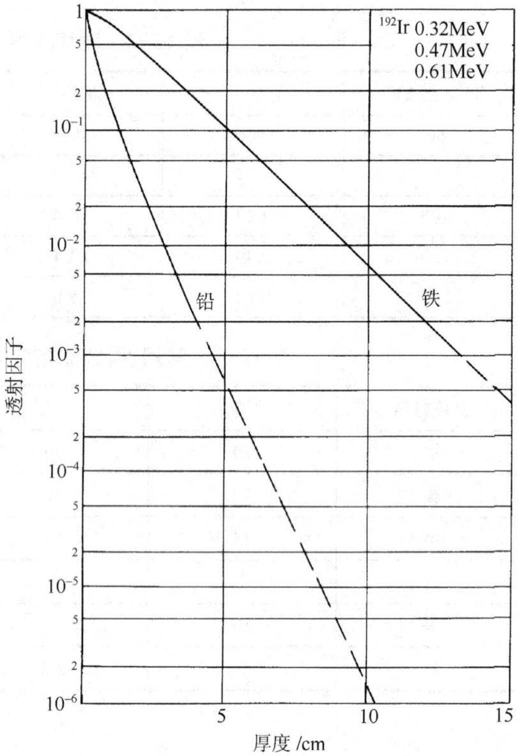

图10-7 ^{192}Ir 源宽束γ射线的减弱曲线

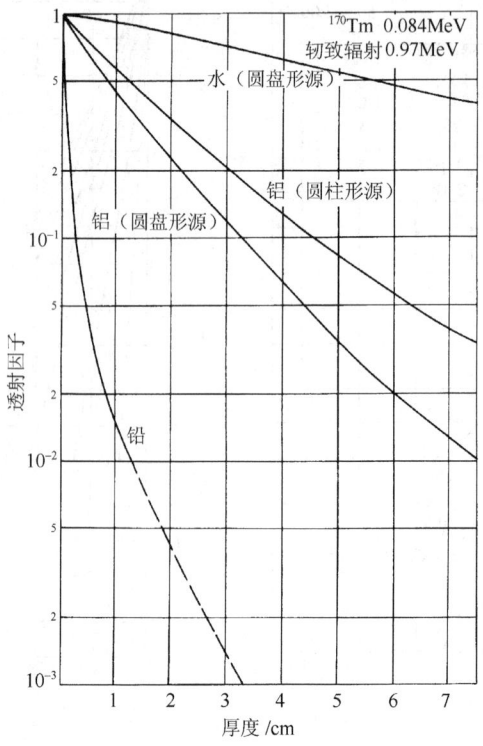

图10-8 ^{170}Tm 源宽束γ射线的减弱曲线

**10.3.4 外照射防护计算

辐射防护计算是一个比较复杂的问题，简单的外照射辐射防护计算一般包括下述内容：

1) 确定辐照场的照射量数据（确定辐射源的输出数据）。
2) 确定所应采用的剂量当量限值。
3) 按等式关系、衰减规律等计算。

关于确定辐照场的照射剂量数据（确定辐射源的输出数据），要求概念清晰，掌握较多的手册数据。在计算时需要的一个重要数据是射线源的照射量，对X射线机可利用如图10-1～图10-2照射量率曲线给出的（输出额）数据确定，对γ射线源可利用图10-3的照射量曲线或γ射线源的照射量率常数确定。下面是一些简单的防护计算例题。

〔例1〕采用200kVX射线机进行射线照相检验，管电流为5mA，每周开机时间为12h。按照GB 18871—2002标准的规定，为限制随机性效应，在无屏蔽防护下工作人员的安全工作距离至少应为多少米？

解：按GB 18871—2002规定，为了限制随机性效应的发生率，年剂量当量限值为50mSv，每年按照50周考虑，则每周的剂量当量限值应是1mSv。以此限值进行计算。

记 H_W——周剂量当量限值，$H_W = 1$ mSv

$t = 12h = 720min$ $i = 5mA$ $W = it$

并记，F 为最小安全工作距离，X 为X射线机一周工作的照射量，H 为工作人员一周工作在距靶1m处受到的照射剂量

从图10-1查得，该X射线机在200kV电压下、在距靶1m处的照射量为 $1.35 \times 2.58 \times 10^{-4}$ C/kg·mA·min（1.35R/mA·min），工作人员一周在此处受到的吸收剂量，也就是剂量当量则应为

$$H = D = fX = 9.5 \times 10^{-3} \times 1.35 \times W$$

则

$$H_W = \frac{H}{F^2}$$

$$F = \sqrt{\frac{H}{H_W}}$$

$$F = \sqrt{\frac{9.5 \times 10^{-3} \times 1.35 \times 3600}{1 \times 10^{-3}}} = 215 \text{（m）}$$

〔例2〕采用活度为 $50 \times 3.7 \times 10^{10}$Bq（50Ci）的 ^{192}Ir 源进行射线照相检验，求无屏蔽防护时控制区边界的距离。

解：按GB 18465—2001的规定，控制区边界的空气比释动能率为40μGy/h

记 $\dot{K}_0 = 40$μGy/h

A 为 ^{192}Ir 源的活度，$\dot{X}$ 为源在 1m 处的照射量率（R/h）
F 为控制区边界距离（m）

则

$$\dot{X} = AK_r$$

$$K_r = 0.48（R \cdot m^2/Ci \cdot h）$$

所以

$$\dot{K}_0 = \frac{\dot{X}f}{F^2} = \frac{AK_r f}{F^2}$$

对空气

$$f = 8.69 \times 10^{-3}（Gy/R）$$

这样

$$F = \sqrt{\frac{AK_r f}{\dot{K}_0}}$$

$$F = \sqrt{\frac{50 \times 0.48 \times 8.69 \times 10^{-3}}{40 \times 10^{-6}}} = 72.2（m）$$

〔例 3〕一台最高管电压为 250kV 的 X 射线机在 1m 处 1mA·min 产生的剂量是 0.02Sv，探伤人员使用该机每周工作 5 天，每天开机工作时间是 4h，使用的管电流是 5mA，工作点距 X 射线机为 4m，按照 GB 18871—2002 标准的规定，求防护一次射线的混凝土墙所需的厚度。

解：记　　H_W——从 GB 18871—2002 得到的周剂量当量限值，$H_W = 1mSv$

　　　　W——探伤人员每周的工作负荷，$W = 5 \times 4 \times 60 \times 5 = 6000$（mA·min）

　　　　T_0——混凝土对 250kV X 射线的半值层厚度，$T_0 = 28mm$

$X_0 = 0.02Sv$

$F = 4m$

设　　H——无屏蔽墙时，在 4m 处探伤人员每周接受的剂量当量

　　　T——所需的混凝土防护墙厚度

　　　n——T 为 T_0 的倍数

由于

$$H = \frac{X_0 W}{F^2}$$

$$H = 0.02 \times 6000 \div (4 \times 4) = 7.5（Sv）$$

$$T = nT_0$$

所以

$$H_W = \frac{H}{2^n}$$

$$n = \frac{\lg(H/H_{\mathrm{W}})}{\lg 2}$$

$n = \lg(7.5 \div 0.001) \div \lg 2 = 12.87$

这样得到

$T = 12.87 \times T_0 = 12.87 \times 28 = 360.4$（mm）

若考虑二倍的安全系数，则应再加一个半值层厚度，即

$T = 360.4 + T_0 = 360.4 + 28 = 388.4$（mm）

屏蔽计算也可以按照屏蔽材料的透射因子进行计算，这时需要有相应的如图10-4～10-8所示的曲线。

实际辐射防护设计是比较复杂的问题，它需要多方面的数据，例如图10-9的散射率曲线是其中需要的数据之一。

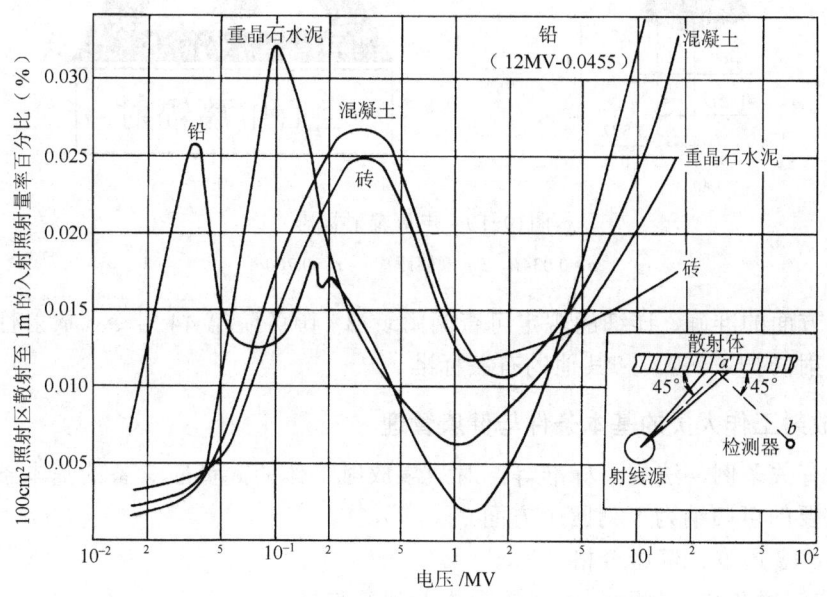

图10-9 散射与散射体和射线能量的关系

10.4 辐射防护管理

*10.4.1 辐射防护管理的一般规定

我国的有关条例和标准，对辐射防护管理作出的一般规定可归纳为下列七个方面。

1）国家对放射工作实行许可登记制度，许可登记证由卫生、公安部门办理。

2）伴有辐射照射的实践及设施的新建、扩建、改建、退役必须事先向主管部门和环保部门提交辐射防护报告，经审查批准方可实施。

3）在设施的选址、设计、运行、退役阶段均应进行辐射防护评价，运行阶段应定期进行。辐射防护评价包括辐射防护管理、技术措施和人员受照情况。辐射防护评价的基

本要求是评价是否符合辐射防护的最优化原则。

4）从事辐射工作的单位应设置独立于生产运行部门的辐射防护和环境保护机构。

5）辐射工作单位必须建立辐射防护和环境保护岗位责任制。

6）从事辐射工作的人员应经过辐射防护的培训和考核，取得合格证方可工作。辐射工作人员应享受劳动保护和相应待遇。

7）辐射工作场所应设有电离辐射标志（样式见图 10-10）。

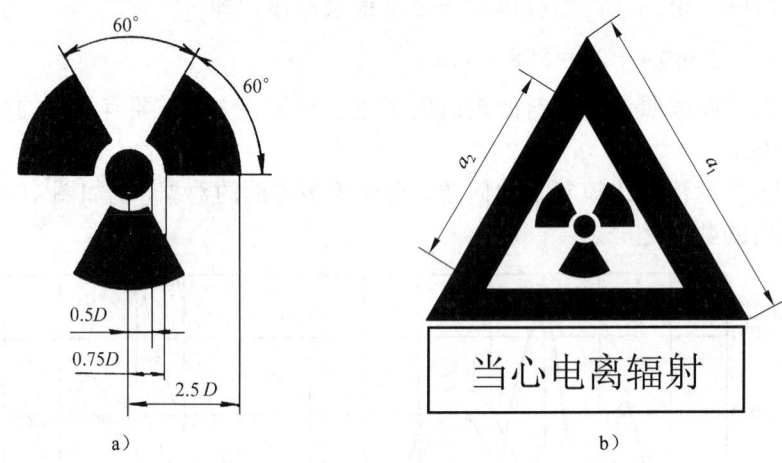

图10-10　电离辐射标志

$a_1=0.034L$（L—观察距离）　$a_2=0.700a_1$

关于这方面的准确、详细的规定可查阅附录B（国务院第44号令《放射性同位素与射线装置放射防护条例》）和其他的有关标准。

*10.4.2　放射工作人员的基本条件与健康管理

我国的有关条例、法规、标准等，对从事放射工作的人员应具备的基本条件作出了规定，最主要的可归纳为下列四个方面。

1）年满18周岁，健康合格。

2）遵守辐射防护法规和制度，接受个人剂量监督。

3）掌握辐射防护知识和有关法规，经培训考核合格。

4）具有高中以上文化水平和相应的专业技术知识和能力。

关于放射工作人员的健康管理，国家有关标准和国家卫生部第52号部令《放射工作人员健康管理规定》（1997年6月5日）均作出了具体的规定，规定的主要内容包括下列五个方面。

1. 总的要求

从事放射工作人员必须进行就业前或操作前的医学检查和就业后的工作过程中的定期医学检查。放射工作人员的健康状况，必须保证其具备在正常、异常和紧急情况下，都能够准确无误地、安全地履行其职责的能力。

2. 健康状况的主要要求

放射工作人员的健康应满足的主要要求包括正常的呼吸、循环、消化、内分泌、免疫系统和物质代谢功能；正常的造血功能，红系、粒系、巨核细胞系等均在正常范围；正常的神经系统功能、精神状态和稳定的情绪；正常的视觉、听觉、嗅觉、触觉等；外周血淋巴细胞染色体畸变率和微核率正常等。

3. 特殊要求

对核电厂、放射性厂矿和内照射的放射工作人员的健康条件进一步规定了一些特殊的要求。

4. 就业后的健康管理

主要规定是按放射工作人员的工作场所条件，规定健康状况的定期检查频度和项目；应记录从事放射工作的工种、工龄、剂量、受照情况、适应放射工作情况等。

5. 不应或不宜从事放射工作的规定

具体规定了不应或不宜从事放射工作的健康或其他的情况，也规定了不应或不宜从事某些放射工作或不应接触射线的情况。

**10.4.3 放射性工作场所分类

GB 18871—2002 将放射性工作场所分为控制区和监督区。

需要和可能需要专门防护手段或安全措施的区域应定为控制区。确定控制区边界时应考虑预计的正常照射水平、潜在照射的可能性和大小、所需要的防护手段及安全措施的性质和范围。在控制区的进出口及其他适当位置应设立规定的警告标志（见图 10-10）。

通常不需要专门防护手段或安全措施、但需要经常对职业照射条件进行监督和评价的区域应定为监督区。应采用适当手段划出监督区边界，定期审查该区的条件。

关于监测，GB 18871—2002 标准作出了如下的主要规定。

对于任何在控制区工作的工作人员、有时进入控制区工作并可能受到显著职业照射的工作人员、职业照射剂量当量可能大于 5mSv/a 的工作人员，均应进行个人监测。

对在监督区或只偶尔进入控制区工作的工作人员，如果预计其职业照射剂量当量在 1～5mSv/a 范围内，则应尽可能进行个人监测。

如果可能，对所有职业照射的人员均应进行个人监测。但对受照剂量当量始终不可能大于 1mSv/a 的工作人员，一般可不进行个人监测。

工作场所监测的内容和频度，应根据工作场所内辐射水平、变化和潜在照射的可能性与大小确定。工作场所监测大纲应规定：拟测量的量；测量的时间、地点、频度；测量方法和程序；参考水平和超过参考水平时应采取的行动。

注册者、许可证持有者、用人单位必须为每一位工作人员都保存职业照射记录。在工作人员年满 75 岁之前，应为他们保存职业照射记录。在工作人员停止辐射工作后，其照射记录至少要保存 30 年。

**10.4.4 辐射（放射）事故管理

关于辐射事故管理问题，卫生部、公安部的文件《放射事故管理规定》（卫监发[1995]第 48 号，1995）作出了规定，下面是部分主要规定内容。

1. 辐射事故分类

辐射事故按性质分为三类：责任事故、技术事故、其他事故。

辐射事故按类别也分为三类：一类事故、二类事故、三类事故。一类事故是人员受超剂量照射事故，二类事故是放射性物质污染事故，三类事故是丢失放射性物质事故。

辐射事故按后果的严重程度分为四级：放射事件（零级事故）、一级事故、二级事故、三级事故。一类事故的分级规定如表 10-9 所示，三类事故的分级如表 10-10 所示。

表 10-9　人员受超剂量照射事故分级

受照人员	受照部位	剂量当量/Sv			
		放射事件	一级事故	二级事故	三级事故
放射工作人员	全身或局部	H_E＞年限值/2	H_E＞0.05	H_E＞0.25	H_E＞1.0
	眼晶体	H_E＞年限值/2	H_E＞0.15	H_E＞0.75	H_E＞3.0
	单个器官或组织	H_E＞年限值/2	H_E＞0.5	H_E＞3.0	H_E＞6.0
公众人员	全身或局部	H_E＞年限值	H_E＞0.01	H_E＞0.05	H_E＞0.1
	单个器官或组织	H_E＞年限值	H_E＞0.1	H_E＞0.5	H_E＞1.0

表 10-10　丢失放射性物质事故分级

物质类别	放射性活度/Bq			
	放射事件	一级事故	二级事故	三级事故
密封型	＞豁免水平	＞4×10^6	＞4×10^8	＞4×10^{10}
非密封型	＞豁免水平	＞4×10^5	＞4×10^7	＞4×10^9

注：表中值应乘以毒性组修正因子，极毒组修正因子为 0.1；高毒组修正因子为 1.0；低毒组修正因子为 10。

2. 辐射事故处理原则

辐射事故处理原则可粗略地归纳为下列一些方面。

1）发生事故的单位必须及时采取妥善措施，控制事故，防止事故的扩大和蔓延，减少和控制事故的危害和影响，按规定上报，接受监督部门的处理。

2）处理事故时，应首先考虑工作人员和公众人员的生命安全。

3）发生事故的单位应及时收集与事故有关的物品和资料，作好调查研究工作，认真分析事故原因，采取妥善措施，保护国家财产和公众的安全。

4）发生丢失放射性物质事故的单位，应密切配合卫生行政部门和公安部门，迅速查找、侦破，尽快追回丢失的放射性物质。

5）对事故中的受照人员，应通过模拟实验和各种检测迅速估算受照剂量，作出必要的医学处理。

3. 辐射事故监督管理

关于辐射事故的监督管理，主要有下列方面的规定。

1）国务院卫生行政部门和公安部门对全国辐射事故实施统一监督管理。省级卫生行政部门和公安部门对本辖区辐射事故实施统一监督管理，组织处理二级以下（含二级）事故。

2）地方各级卫生行政部门和公安部门在接到辐射事故报告后，应迅速核实事故情况，判定事故级别，逐级上报。对初步确认为三级的事故，必须在 24h 内报告国务院卫生行政部门和公安部门。

3）发生射线装置事故（不含放射源）的单位，应依照规定将事故情况及时报告上级主管部门和卫生行政部门，由卫生行政部门会同有关部门调查处理。

4）发生放射性同位素事故的单位，应依照规定将事故情况及时报告上级主管部门、卫生行政部门、公安部门，由卫生行政部门、公安部门会同有关部门调查处理。

5）辐射事故应在发现事故之日起 30 日内结案。一、二、三级事故以"放射事故报告表"形式结案。逾期不能结案的，必须每隔 3 个月作出"放射事故报告表"。放射事件以"放射事件登记表"形式登记。

6）负责处理辐射事故的卫生行政部门、公安部门必须建立辐射事故档案数据库。

此外，还有其他和进一步的规定。

*10.4.5　放射性物质管理

关于放射性物质的管理，国务院第 44 号令作出的规定的主要点如下：

1）放射性同位素不得与易燃、易爆、腐蚀性物品一同存放。存放场所必须有防火、防盗、防泄漏措施，专人负责保管。

2）贮存、领取、使用、归还放射性同位素必须进行登记、检查，账物相符。

3）从事放射性同位素的订购、销售、转让、调拨和借用的单位或个人，必须有许可登记证，并只限于在许可登记证的范围内活动，并向同级卫生和公安部门备案。

4）放射性废水、废气和固体废物排放，必须事先向所在省、自治区、直辖市的环保部门递交环境影响报告，经批准后到所在县以上卫生行政部门申请办理许可证，并向公安部门登记。

5）托运、承运和自行运输放射性同位素或装过放射性同位素的空容器，必须按国家有关运输规定进行包装和剂量检测，经县以上运输和卫生行政部门检查后方可运输。

6）生产的装有放射性同位素的设备、射线装置和放射防护器材，必须符合放射防护规定。

**10.5　辐射防护监测

10.5.1　辐射防护监测概述

辐射防护监测是估算和控制公众及放射性工作人员所受辐射剂量的测量工作，它包括测量纲要制定、测量实施和结果解释。

辐射防护监测包括个人监测、场所监测、环境监测、流出物监测和事故监测。

个人监测主要是测量被辐射照射的个人所接受的剂量，通过这种测量积累工作人员接受剂量的数据，避免工作人员受到超过剂量的照射，同时也有助于分析超剂量的原因，为治疗和研究辐射损伤提供数据。场所监测和环境监测主要是测定工作场所和周围环境的辐射水平，从而可以预测工作人员和公众人员可能受到的辐射程度，也可以为各种辐射防护设计提供准确的数据，并以此采取正确的防护措施，确保工作人员和公众人员的安全。流出物监测是对具有放射性的工作单位的排放物进行监测，测量其排出物中可能含有的放射性核素的活度与总量，避免其对环境造成污染，对公众和社会造成危害。事故监测是迅速确定有关数据，以便采取措施。

对工业射线检测工作来说，主要是进行个人剂量监测和场所辐射水平监测。

个人剂量监测常用的剂量计是胶片个人剂量计、光致荧光个人剂量计、热释光个人剂量计。

场所剂量监测常用的剂量计是携带式照射量率计和巡测仪。巡测仪主要有电离室、闪烁计数器、G-M 计数管和正比计数器剂量仪。在选用剂量仪器时主要考虑的因素是：仪器的灵敏度、量程、能量响应、响应时间、抗干扰能力等。

10.5.2 比释动能概念

间接电离辐射与物质作用时，能量传给物质的过程分为两步。第一步是能量转移给带电粒子，第二步是带电粒子通过电离、激发把能量传给物质。比释动能概念描述的是第一步过程，即描述间接电离辐射把多少能量传给直接电离粒子，而吸收剂量则是描述的第二步过程。因此，量度间接电离辐射传给物质的能量需要测定它给予直接电离粒子的能量。

比释动能一般记为 K，它定义为：间接电离辐射在单位质量的物质中产生的带电粒子的初始动能总和，即

$$K = \frac{dE_{tr}}{dm}$$

式中，dE_{tr} 是间接电离辐射在物质体积元内释放的所有带电粒子的初始动能总和（包括这些带电粒子在轫致辐射过程放出的能量、次级过程产生的任何带电粒子的能量及俄歇电子的能量），单位为焦耳（J），dm 为物质体积元的质量，单位为千克（kg）。如果忽略轫致辐射损失的能量，则比释动能与吸收剂量相等，也就是，在多数情况下，可以认为吸收剂量等于比释动能。

比释动能的常用单位为戈瑞（Gy）。

单位时间的比释动能称为比释动能率，常记为 $\dot{K}$，它等于

$$\dot{K} = \frac{dK}{dt}$$

比释动能率的常用单位是戈瑞/小时（Gy/h）。

10.5.3 辐射防护监测的主要规定

对工业射线检测，归纳 GB 18871、GB 5294、GB 16357、GB/T 17150、GB 18465 等标准的规定，与日常工作相关的辐射防护监测的主要规定可归纳为：一般规定、个人剂量监测规定、设备监测规定、场所监测规定。

1. 一般规定

主要的规定是对甲种工作条件要有个人剂量监测，对场所要有经常性监测，建立个人受照剂量和场所监测档案；对乙种工作条件要有个人剂量监测，对场所要定期监测，建立个人受照剂量档案；对丙种工作条件可根据需要进行监测，并作记录。

2. 个人剂量监测规定

主要的规定包括下列方面：

1）对任何在控制区工作的人员或照射剂量可能超过 5mSv/a 的人员应进行个人剂量监测，对在监督区工作或预计照射剂量在 1~5mSv/a 的人员应尽可能进行个人剂量监测。

2）年受照剂量小于 5mSv 时，只需记录个人监测的剂量；年受照剂量不小于 5mSv 时，除需记录个人监测的剂量外，还应进一步调查原因；年受照剂量大于 20mSv 时，应记录个人监测的剂量、进行安全评价、调查原因、改进防护措施。

3）个人监测全身的剂量当量值，任何一年应不大于 50mSv，连续 5 年的平均值应不大于 20mSv。

3. 设备监测规定

对使用中的 500kV 以下的 X 射线机，应监测其漏泄空气比释动能率，便携式 X 射线机每年监测一次，固定式 X 射线机每 2~3 年监测一次。

对γ射线机应监测其漏泄空气比释动能率和安全装置的性能，每年由放射防护主管部门进行一次监测。

4. 场所监测规定

对 X 射线现场检测时，作业场所应划分为控制区和管理区，控制区是空气比释动能率在 40μGy/h 以上区域，管理区是控制区边界外空气比释动能率在 4μGy/h 以上区域。

对 X 射线探伤室，应定点监测：探伤室门外 5cm 距地面 1m 高处门的左、中、右三点，探伤室墙外 5cm 距地面 1m 高处、每个墙面至少 2 点，人员经常活动处等；对正常使用的探伤室每年至少应监测一次；监测点的空气比释动能率：非工作人员居留处应小于 2.5μGy/h，工作人员居留处应小于 25μGy/h。

对γ射线现场检测时，作业场所应划分为控制区和监督区，控制区是空气比释动能率在 40μGy/h 以上区域，监督是控制区边界外空气比释动能率在 2.5μGy/h 以上区域。

对γ射线探伤室，应监测探伤室门外 5cm 点和探伤室墙外 5cm 点；对正常使用的探伤室每年应监测一次；监测点的空气比释动能率应小于 2.5μGy/h。

复 习 题

1. 简述照射量、吸收剂量、剂量当量概念和它们的单位。
2. 说明如何从照射量确定吸收剂量。
3. 简述危险度和权重因子概念。
4. 从辐射防护的观点，辐射生物效应如何分类，它们的特点如何？
5. 辐射损伤可分为哪些类型？它们的特点是什么？
6. 辐射防护的基本原则是哪些？如何理解这些基本原则？
7. 我国辐射防护标准，对剂量当量限值作了哪些主要规定？
8. 我国辐射防护标准和有关法规，对放射工作人员条件作了哪些主要规定？
9. 对放射性物质管理，我国的有关条例和法规作了哪些主要规定？
10. 对放射工作场所，我国有关防护标准和法规如何分类？作了哪些主要规定？
11. 对辐射事故管理，我国有关防护标准和法规作了哪些主要规定？
12. 对辐射防护监测，我国有关防护标准作了哪些主要规定？

附　　录

附录 A　关于缺陷影像的 ΔD，ΔD_{min} 与黑度 D 关系的讨论

为了识别射线照片上一个缺陷的影像，按照有关的理论，这个缺陷影像的对比度 ΔD 必须满足的条件之一是

$$|\Delta D| \geqslant \Delta D_{min}$$

ΔD_{min} 是识别该缺陷影像所需的最小黑度差。这个条件是从眼睛的视觉特性提出的。

识别一个缺陷影像所需的最小黑度差 ΔD_{min}，决定于眼睛的视觉特性，相关于缺陷影像的形状、尺寸。例如，在适当的照明条件下，识别一些细节影像所需的最小黑度差为

细长丝状影像：$\Delta D_{min} = 0.006$；

细小点状影像：$\Delta D_{min} = 0.008$；

较大点状影像：$\Delta D_{min} = 0.006$。

ΔD_{min} 是识别细节影像所需的最小黑度差，按照光学的一般理论，它应决定于眼睛的视觉特性。

光学的一般理论给出，眼睛的感光灵敏度阈值，当亮度 B 处于 40～2000 阿熙提（$1/\pi$（cd/m^2））时近似为一常数值 0.0175。表 A-1 中 B 和 $\Delta B/B$ 是光学手册中给出的一些具体值。从 $\Delta B/B$ 的这个值可以给出其对应的 ΔD_{min} 值，也列于表 A-1 中。它从一般的理论指出了，眼睛的视觉特性决定了识别一个细节影像所需的最小黑度差 ΔD_{min}，从表中所列之值可见，在适当的照明条件下，对于一个给定的细节，这个值近似为一常数值。

表 A-1　眼睛的感光灵敏度阈值 $\Delta B/B$ 与亮度 B 的关系

B / 阿熙提	$\Delta B/B$	ΔD_{min}	B / 阿熙提	$\Delta B/B$	ΔD_{min}	B / 阿熙提	$\Delta B/B$	ΔD_{min}
20000	0.0266	0.011	80	0.0178	0.007	0.8	0.0380	0.016
4000	0.0191	0.008	40	0.0175	0.007	0.4	0.0455	0.019
2000	0.0170	0.007	20	0.0188	0.008	0.2	0.0560	0.024
800	0.0172	0.007	8.0	0.0217	0.009	0.08	0.0860	0.036
400	0.0173	0.007	4.0	0.0290	0.012	0.04	0.110	0.045
200	0.0176	0.007	2.0	0.0314	0.013	0.02	0.159	0.061

很早人们就研究过这个问题，在射线照相技术领域同样也注意了这个问题。R.Halmshaw 等在 1966 年出版的专著中，曾概括了这方面的研究情况。他在 1971 年出版的《Industrial Radiology Techniques》专著中，用图给出了早年由 Konig 给出的较早研究结果，表 A-1 给出的结果几乎与其完全相同。研究的基本结论可以概括为，识别一个细节影像所需的最小黑度差 ΔD_{min}，决定于眼睛的视觉特性，相关于细节影像的形状、尺寸，也相关于所采用的照明条件。

在日本无损检测学会编著的射线探伤培训教材中，对ΔD_{min}给出了图 A-1 所示的结果。图 A-1 给出了某个丝径的丝的影像的ΔD 和ΔD_{min}与底片黑度的关系，也给出了ΔD_{min}与观片灯亮度的关系。在所作的一些讨论中，引出了"最佳黑度"讨论。即在某个黑度值时，缺陷影像的ΔD 与ΔD_{min}的差将会最大。

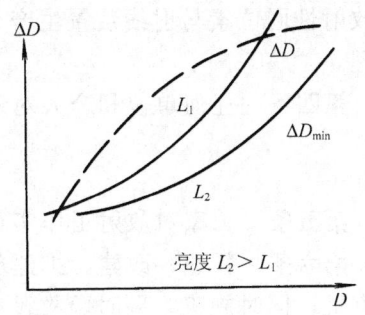

图 A-1　ΔD、ΔD_{min}与 D 的关系

图 A-1 的结果，在我国的有些培训教材中经常引用，并常常作为一般性的结果来理解。

但必须注意的是，图 A-1 的上述所有结果的条件之一是，采用的是日本生产的 KS—3 型观片灯。而图 A-1 中所给出的ΔD_{min}随着底片黑度变化的情况，实际上应是由于观片灯所能给出的亮度受到了限制，使得透过底片后的亮度降低得到的结果，图 A-1 中关于ΔD_{min}与观片灯亮度的关系的结果清楚地说明了这一点。因此，图 A-1 中所给出的ΔD_{min}随着底片黑度变化的情况，不能作为一般性的结论，而仅是一个特定（观片灯）条件下的结果。从此，也就不存在一般性的"最佳黑度"。如果这样来理解，图 A-1 中的ΔD_{min}随着底片黑度变化的情况，将与光学理论的一般结论一致。也就是，如果能保证透过底片的光亮度为 30～100cd/m² 左右，则ΔD、ΔD_{min}与 D 的关系将如图 A-2 所示。

正是由于这个原因，国内外的射线照相标准常都明确规定，透过底片的亮度应不小于 30cd/m²，尽量达到 100cd/m²。由于目前观片灯的亮度已达到了新的水平，近年制定的 ISO 和欧洲射线照相标准则规定底片的黑度应为：

A 级：≥2.0

B 级：≥2.3

从上面的说明可以看出，这将保证得到更好的射线照相灵敏度。

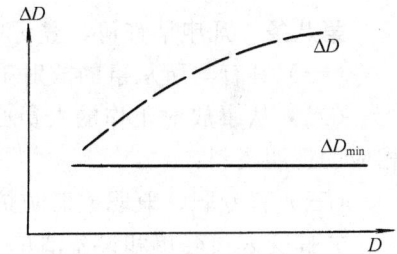

图 A-2　ΔD、ΔD_{min}与 D 的关系

附录 B　放射性同位素与射线装置放射防护条例

（中华人民共和国国务院第 44 号令，1989）

第一章　总则

第一条　为加强对放射性同位素与射线装置放射防护的监督管理，保障从事放射工作的人员和公众的健康与安全，保护环境，促进放射性同位素和射线技术的应用与发展，制定本条例。

第二条　本条例适用于中华人民共和国境内从事生产、使用、销售放射性同位素与射线装置的单位和个人。

第三条　国务院卫生、环境保护和公安部门按照各自的职能和本条例的有关规定，对放射性同位素与射线装置生产、使用、销售中的放射防护（简称放射工作）实施监督管理。

第四条 任何单位和个人对违反本条例的行为有权检举和控告。

第二章 许可证登记

第五条 国家对放射工作实行许可登记制度，许可登记证由卫生、公安部门办理。

第六条 新建、改建、扩建放射工作场所的放射防护设施，必须与主体工程同时设计审批，同时施工，同时验收投产。放射防护设施的设计，必须经所在省、自治区、直辖市的卫生行政部门会同公安等部门审查同意，竣工后须经卫生、公安、环境保护等有关部门验收同意，获得许可登记证后方可启用。涉及放射性废水、废气、固体废物治理的工程项目，必须在申请审查的同时，提交环境保护部门批准的环境影响评价文件，竣工后必须经卫生、公安、环境保护等部门验收同意。

第七条 任何单位在从事生产、使用、销售射线装置前，必须向省、自治区、直辖市的卫生行政部门申请许可；在从事生产、使用、销售放射性同位素和含放射性同位素的射线装置前，必须向省、自治区、直辖市的卫生行政部门申请许可，并向同级公安部门登记。涉及到放射性废水、废气、固体废物排放的，还必须先向省、自治区、直辖市的环境保护部门递交环境影响报告表（书），经批准后方可从事许可登记范围内的放射工作。

第八条 凡申请许可、登记的放射工作单位，必须具备下列基本条件：

（一）具有与所从事的放射工作相适应的场所、设施和装备，并提供相应的资料；

（二）从事放射工作的人员必须具备相适应的专业及防护知识和健康条件，并提供相应的证明资料；

（三）有专职、兼职放射防护管理机构或者人员以及必要的防护用品和监测仪器。并提交人员名单和设备清单；

（四）提交严格的有关安全防护管理规章制度的文件。

第九条 放射工作许可登记证每一至二年进行一次核查，核查情况由原审批部门记录在许可登记证上。

从事放射工作的单位在需要改变许可登记的内容时，需持许可登记证件到原审批部门办理变更手续。终止放射工作时必须向原审批部门办理注销许可登记手续。

第三章 放射防护管理

第十条 从事放射工作的单位的上级行政管理部门，负责管理本系统的放射工作，并应定期对本系统执行国家放射防护法规和标准进行检查。

从事放射工作的单位的负责人，应当采取有效措施使本单位的放射防护工作符合国家有关规定和标准。

第十一条 放射性同位素的生产、使用、贮存场所和射线装置的生产、使用场所必须设置防护设施。其入口处必须设置放射性标志和必要的防护安全联锁、报警装置或者工作信号。

在室外、野外从事放射工作时，必须划出安全防护区域，并设置危险标志，必要时设专人警戒。

在地面水和地下水中进行放射性同位素试验时，必须事先经所在省级环境保护、卫生行政部门批准。

第十二条 放射性同位素不得与易燃、易爆、腐蚀性物品放在一起，其贮存场所必须采取有效的防火、防盗、防泄漏的安全措施，并指定专人负责保管。贮存、领取、使用、归还放射性同位素必须进行登记、检查，做到帐物相符。

第十三条 从事放射性同位素订购、销售、转让、调拨和借用的单位和个人，必须持有许可登记证，并只限于在许可登记的范围内从事上述活动，并向同级卫生、公安部门备案。严禁非经许可或者在许可登记范围之外从事上述活动。

第十四条 进口装备有放射性同位素的仪表的单位或者个人，必须向当地卫生、公安、环境保护部门登记备案；进口含有超过放射性豁免水平的矿品、成品、消费品的单位或者个人，应当向口岸所在地的省级卫生行政部门申请放射性监测检查。

凡从事含有放射性的来料加工工作的单位和个人，涉及到放射性废水、废气、固体废物排放的，必须事先向所在省、自治区、直辖市的环境保护部门递交环境影响报告表（书），经批准后，到所在县以上卫生行政部门申请办理许可证，并向公安部门登记。

第十五条 托运、承运和自行运输放射性同位素或者装过放射性同位素的空容器，必须按国家有关运输规定进行包装和剂量检测，经县以上运输和卫生行政部门核查后方可运输。

第十六条 生产装有放射性同位素的设备、射线装置、放射防护器材，必须符合放射防护要求，不合格的产品不得出厂。

第十七条 生产含有放射性的物质的消费品、物料和伴有产生 X 射线的电器产品，必须符合放射防护要求，不合格的产品不得销售。

第十八条 用放射性同位素和射线装置辐照食品、药品、化妆品、医疗器材和其他应用于人体的制品，必须符合国家卫生法规和标准的规定。

第十九条 对受检者和患者使用放射性同位素或者射线进行诊断、治疗、检查时，必须严格控制受照剂量，避免一切不必要的照射。

第二十条 放射工作单位必须严格执行国家对放射工作人员个人剂量监测和健康管理的规定。

第二十一条 对已从事和准备从事放射工作的人员，必须接受体格检查，并接受放射防护知识培训和法规教育，合格者方可从事放射工作。

第四章 放射事故管理

第二十二条 国家对放射性同位素与射线事故（简称放射事故），实行分级管理和报告、立案制度。

第二十三条 发生放射事故的单位，必须立即采取防护措施，控制事故影响，保护事故现场，并向县以上卫生、公安部门报告。对可能造成环境污染事故的，必须同时向所在地环境保护部门报告。

第二十四条 发生放射事故的单位或者个人,应当赔偿受害者的经济损失及医疗检查治疗费用,并支付处理放射事故的各种费用。但如果能够证明该损害是由受害人故意造成的,不承担赔偿责任。

第五章 放射防护监督

第二十五条 县以上卫生行政部门负责本辖区内放射性同位素与射线装置的放射防护监督,其主要职责是:

(一)负责对放射工作监督检查;
(二)组织实施放射防护法规;
(三)会同有关部门调查处理放射事故;
(四)组织放射防护知识的宣传、培训和法规教育;
(五)处理放射防护监督中的纠纷。

第二十六条 各省、自治区、直辖市的环境保护部门对放射性同位素和含有放射源的射线装置在应用中排放放射性废水、废气、固体废物实施监督,其主要职责是:

(一)审批环境影响报告表(书);
(二)对废水、废气、固体废物处理进行审查和验收;
(三)对废水、废气、固体废物排放实施监督监测;
(四)会同有关部门处理放射性环境污染事故。

第二十七条 县以上公安部门对放射性同位素应用中的安全保卫实施监督管理,主要职责是:

(一)登记放射性同位素和放射源;
(二)检查放射性同位素和放射源保存、保管和安全性;
(三)参与放射事故处理。

第二十八条 县以上卫生行政部门设放射防护监督员。放射防护监督员由从事放射防护工作、并具有一定资格的专业人员担任,由省级卫生行政部门任命。

第二十九条 放射防护监督员有权按照规定对本辖区内放射工作进行监督和检查,并可以按照规定采样和索取有关资料,有关单位不得拒绝和隐瞒,对涉及保密的资料应当按照国家保密规定执行,并负有保密责任。

第三十条 放射防护监督员必须严守法纪、秉公执法,不得玩忽职守、徇私舞弊。

第六章 处罚

第三十一条 对违反本条例的单位或者个人,县以上卫生行政部门,可以视其情节轻重,给予警告并限期改正、停工或者停业整顿,或者处以罚款和没收违法所得,直至会同公安部门吊销其许可登记证的行政处罚。

在废水、废气、固体废物排放中造成环境污染事故的单位和个人,由省、自治区、直辖市的环境保护部门,按照国家环境保护法规的有关规定执行处罚。

第三十二条 当事人对卫生、环境保护部门给予的行政处罚不服的,在接到通知书之日起十五日内,可以向决定处罚的行政部门的上一级行政部门申请复议,但对放射防护控制措施的决定,应当立即执行。对复议结果不服的,在收到复议书之日起十五日内,可以向人民法院起诉;对行政处罚不履行又逾期不起诉的,由决定处罚的行政部门申请人民法院强制执行。

第三十三条 由于违反本条例而发生放射事故尚未造成严重后果的,可以由公安机关按照《治安管理处罚条例》予以处罚;对造成严重后果的,构成犯罪的,由司法机关依法追究刑事责任。

利用放射性同位素或者射线装置进行破坏活动或者有意伤害他人,构成犯罪的,由司法机关依法追究刑事责任。

第七章 附则

第三十四条 本条例中下列用语的含义:

放射性同位素:指不包括核燃料、核原料、核材料的其他放射性物质。

射线装置:指 X 射线机、加速器及中子发生器。

伴有 X 射线的电器产品:指不以产生 X 射线为目的,但在生产或使用过程中产生 X 射线的电器产品。

第三十五条 国务院卫生行政部门会同环境保护、公安部门根据本条例制定实施细则。

第三十六条 本条例由国务院卫生行政部门会同环境保护、公安部门负责解释。

第三十七条 本条例自发布之日起施行。一九七九年二月二十四日卫生部、公安部、国家科委发布的《放射性同位素工作防护管理办法》同时废止。

附录C 国内外射线照相检验的部分标准目录

表 C-1 国内部分射线照相检验标准和辐射防护标准目录

标 准 编 号	标 准 名 称
GB 3323—1987	钢熔化焊对接接头射线照相和质量分级
GB 5677—1985	铸钢件射线照相及底片等级分类方法
GB 9582—1998	工业射线胶片 ISO 感光度和平均斜率的测定(用X和γ射线曝光)
GB/T 12605—1990	钢管环缝熔化焊对接接头射线透照工艺和质量分级
GB 16357—1996	工业 X 射线探伤放射卫生防护标准
GB 16387—1996	放射工作人员的健康标准
GB 18465—2001	工业γ射线探伤放射卫生防护要求
GB 18871—2002	电离辐射防护与辐射源安全基本标准
GJB 1187A—2001	射线检验
GJB 1486—1992	铝及铝合金熔焊对接接头 X 射线照相检验方法
JB 4730—1994	压力容器无损检测
JB/T 7902—1999	线型像质计
JB/T 7903—1999	工业射线照相底片观片灯
HB/Z60—1996	X 射线照相检验
QJ 3073—1998	X 射线照相检验质量控制要求
CSB 02—1333—2002	金属线型像质计

射 线 检 测

表 C-2　部分国际标准化组织标准，欧洲标准射线照相检验标准目录

标 准 编 号	标 准 名 称
ISO 5579：1998	无损检测 — 金属材料的 X 射线和γ射线检验 — 基本规则
ISO 5580：1985（E）	无损检测 — 工业射线照相检验观片灯 — 最低要求
ISO 11699-1：1998	无损检测 — 工业射线照相胶片 — 第 1 部分：工业射线照相胶片系统分类
ISO 11699-2：1998	无损检测 — 工业射线照相胶片 — 第 2 部分：用基准值检验底片
EN 444：1994	无损检测 — 金属材料的 X 射线和γ射线检验 基本规则
EN 462-1：1994	无损检测 — 射线照相检验的图像质量—第 1 部分：图像质量指示器（丝型）— 图像质量值确定
EN 462-2：1994	无损检测 — 射线照相检验的图像质量 — 第 2 部分：图像质量指示器（阶梯孔型）— 图像质量值确定
EN 462-3：1997	无损检测 —射线照相检验的图像质量 — 第 3 部分：用于黑色金属的图像质量分级
EN 462-4：1995	无损检测 — 射线照相检验的图像质量 — 第 4 部分：图像质量值的试验评定和图像质量表
EN 462-5：1996	无损检测 — 射线照相检验的图像质量 — 第 5 部分：图像质量指示器（双丝型），图像不清晰度值确定
EN 584-1：1995	无损检测 — 工业射线照相胶片 — 第 1 部分：工业射线照相胶片系统分类
EN 584-2：1997	无损检测 — 工业射线照相胶片 — 第 2 部分：用参考值控制胶片暗室处理
EN 1435：1997	无损检测　焊接检验 — 熔焊接头的射线照相检验
EN 25580：1992	无损检测 — 工业射线照相检验观片灯 — 最低要求

表 C-3　ASTM 射线照相检验标准目录（2002 年版）

标 准 编 号	标 准 名 称
E 94—00	射线照相检验导则
E 155—00	铝铸件和镁铸件射线照相检验的参考射线照片
E 186—98	厚壁（51～114mm）钢铸件的参考射线照片
E 192—95（1999）	航空用熔模钢铸件的参考射线照片
E 242—01	参数改变时射线照相影像变化的参考射线照片
E 272—99	高强度铜基和镍铜合金铸件的参考射线照片
E 280—98	厚壁（114～305mm）钢铸件的参考射线照片
E 310—99	锡青铜铸件的参考射线照片
E 390—01	钢熔化焊焊缝的参考射线照片
E 431—96（2002）	半导体和相关器件射线照片判定导则
E 446—98	厚度不大于 51mm 钢铸件的参考射线照片
E 505—01	铝镁压铸件射线照相检验的参考射线照片
E 545—99	热中子射线照相检验直接曝光中确定影像质量的方法
E 592—99	X 射线照相检验厚 6～51mm 钢板和钴-60 射线照相检验厚 25～152mm 钢板得到 ASTM 等价透度计灵敏度导则
E 689—95（1999）	可锻铁铸件的参考射线照片
E 746—93（1998）	测定工业射线胶片相对影像质量响应的试验方法
E 747—97	射线检测使用的丝型像质计的设计、制做和材料分组
E 748—95	材料的热中子射线照相方法
E 801—01	控制电子器件射线检验质量的方法
E 802—95（1999）	厚度不大于 114mm 灰铸铁件的参考射线照片
E 803—91（2002）	确定中子射线照相射线束 L/D 比的方法

附 录

（续）

标准编号	标准名称
E 999—99	控制工业射线胶片处理质量的导则
E 1000—98	射线实时成像检测技术导则
E 1025—98	射线检测使用的孔型像质计的设计、制做和材料分组
E 1030—00	金属铸件射线照相检验方法
E 1032—01	焊接件射线照相检验方法
E 1079—00	校验透射密度计的方法
E 1114—92（1997）	测定 ^{192}Ir 工业射线源焦点尺寸的方法
E 1161—95	半导体和电子组件的射线照相检验方法
E 1165—92（2002）	针孔成像法测定工业 X 射线管焦点尺寸的方法
E 1254—98	未曝光的工业射线胶片和射线照片的储存导则
E 1255—96（2002）	X 射线荧光实时成像检验方法
E 1320—00	钛铸件参考射线照片
E 1390—90（2000）	工业射线照片观察器导则
E 1411—01	X 射线荧光检验系统的鉴定
E 1416—96	焊件的射线实时成像检验方法
E 1441—00	计算机层析（CT）成像导则
E 1453—93（1996）	含有模拟或数字实时成像数据介质的储存导则
E 1475—97	数字射线检验数据计算机传递数据场的导则
E 1496—97	中子射线照相尺寸测量方法
E 1570—00	计算机层析（CT）检验方法
E 1647—98	射线实时成像检验测定对比度灵敏度方法
E 1648—95（2001）	铝熔化焊件的参考射线照片
E 1672—95（2001）	计算机层析（CT）系统选择导则
E 1695—95（2001）	计算机层析（CT）系统性能的测试方法
E 1734—98	铸件射线实时成像检验方法
E 1735—95（2000）	确定工业射线胶片对 4～25MeV X 射线曝光的相对图像质量方法
E 1742—00	射线照相检验方法
E 1814—96（2002）	铸件的计算机层析（CT）检验方法
E 1815—96（2001）	工业射线胶片系统分类方法
E 1817—96	使用典型质量指示器（RQIs）控制射线检验质量的方法
E 1931—97	X 射线康普顿散射层析成像技术
E 1935—97	校准和测定 CT 密度的方法
E 1936—97	评定数字化射线照相系统性能的参考射线照片
E 1955—98	用 ASTM E390 分级射线照片检验钢中焊缝完善性的参考射线照片
E 2002—98	射线检测中测定总的不清晰度的方法
E 2003—98	中子射线束纯度指示器的制做方法
E 2007—00	计算机化的射线检测技术（光激发射荧光（PSL）方法）导则
E 2023—99	中子射线照相灵敏度指示器的制做方法
E 2033—99	计算机化的射线检测技术（光激发射荧光方法）
E 2104—01	先进航空和汽轮机材料和组件的射线照相检验方法
E 543—02	实施无损检测机构的要求
E 1212—99	无损检测机构质量控制系统的方法
E 1359—02	评定无损检测机构能力的导则

参 考 文 献

1. 许顺生著．金属X射线学．上海：上海科学技术出版社，1962
2. 谢忠信著．X射线光谱分析．北京：科学出版社，1982
3. F.H.Read 著．电磁辐射．宓子宏译．北京：高等教育出版社，1988
4. 卢玉楷等著．放射性核素概论．北京：科学出版社，1987
5. K.R.Kase 著．辐射剂量学的概念．徐丐译．北京：计量出版社，1983
6. 刘圣康编著．中子物理．北京：原子能出版社，1986
7. R.Halmshaw. Industrial Radiology: Theory and Practice. New Jersey: Applied Science Publishers LTD, 1982
8. 中国机械工程学会无损检测学会，航空航天无损检测人员资格鉴定委员会编．射线检测．第2版．北京：机械工业出版社，1994
9. 中国机械工程学会无损检测分会编．射线检测．北京：机械工业出版社，1997
10. 刘德镇主编．现代射线检测技术．北京：中国标准出版社，1999
11. 强天鹏主编．射线检测．昆明：云南科技出版社，2001
12. （日）无损检测学会编．李衍译．射线探伤 A，B．北京：机械工业出版社，1988
13. （日）石井勇五郎著．无损检测学．吴义等译．北京：机械工业出版社，1986
14. （美）C.E.K 米斯，T.H 詹姆斯著．照相过程理论（上册）．陶宏等译．北京：科学出版社，1986
15. （美）C.E.K 米斯，T.H 詹姆斯著．照相过程理论（下册）．陶宏等译．北京：科学出版社，1986
16. （日）菊池真一著．照相化学．赖荫隆译．北京：科学出版社，1983
17. （苏）Б.А.沙什洛夫著．照相原理．魏瑞玲等译．北京：印刷工业出版社，1986
18. 荆其诚著．色度学．北京：科学出版社，1979
19. 李星洪著．辐射防护基础．北京：原子能出版社，1982
20. （日）江藤秀雄著．辐射防护．崔朝辉译．北京：原子能出版社，1986
21. M.姆拉杰诺维奇著．放射性同位素和辐射物理学导论．王选廷等译．北京：原子能出版社，1986
22. 石磊编．探伤用射线防护技术．北京：机械工业出版社，1990
23. 铸造工艺基础联合编写组．铸造工艺基础．北京：北京出版社，1979
24. P.R.比利著．铸造工艺学．林家骝等译．北京：机械工业出版社，1986
25. 张文钺著．金属熔焊原理及工艺（上册）．北京：机械工业出版社，1980
26. 周敏惠等编．焊接缺陷与对策．上海：上海科学技术出版社，1989
27. 徐建铭著．加速器原理．北京：科学出版社，1974
28. （美）金属学会编．金属手册：第十一卷无损检测与质量控制．第 8 版．王庆绥等译．北京：机械工业出版社，1988
29. 李景镇主编．光学手册．西安：陕西科技出版社，1986
30. 航空制造工程手册编委会编．航空制造工程手册（焊接）．北京：航空工业出版社，1996
31. 航空制造工程手册编委会编．航空制造工程手册（热处理）．北京：航空工业出版社，1996